Jürgen Alexander Weber

Glück im Kopf

Unsere kognitiv-emotionale Steuerungszentrale
und warum sie schrumpft.

Jürgen Alexander Weber ist ein inspirierender Vortragsredner, Coach, Trainer und Autor mit über 20 Jahren Erfahrung. Seine Expertise in kognitiver Neurowissenschaft (M.A.), Kommunikationswissenschaften, Körpersprache und Coaching macht ihn zu einem gefragten Experten für Unternehmen – sowohl im In- als auch im Ausland.

Geboren in Freiburg im Breisgau, studierte er unter anderem in Münster, Hamburg und Köln und entwickelte früh eine Faszination für die zentrale Frage: Warum verharren so viele Menschen in einer Dauerschleife aus Stress, Antriebslosigkeit und Unzufriedenheit – obwohl sie selbst den Schlüssel zur Veränderung in der Hand halten?

Seine Leidenschaft ist es, nicht nur Wissen zu vermitteln, sondern Menschen auf eine motivierende und humorvolle Weise dabei zu unterstützen, dieses Wissen auch in die Praxis umzusetzen. Sein Ansatz: Veränderung beginnt im Kopf – und sie darf Spaß machen. Denn Freude ist mehr als eine Emotion, sie ist die entscheidende Kraftquelle für ein erfülltes Leben.

Mit seinem neuen Buch „Glück im Kopf" lädt er dazu ein, die eigene Steuerzentrale im Gehirn bewusst zu nutzen, um mentale Klarheit, Lebensenergie und persönliche Zufriedenheit nachhaltig zu steigern.

Jürgen Alexander Weber lebt mit seiner Partnerin in Süddeutschland und ist Vater zweier erwachsener Söhne.

Mit tiefer Liebe und aufrichtigem Dank widme
ich dieses Buch
Tanja Lilli – meiner wunderbaren Partnerin
und treuen Weggefährtin,
Jakob Max Alexander und Fabian Nicolas David –
meinen wunderbaren Söhnen,
meinem Bruder Thomas,
meinen Eltern Edelgard und Hans-Dieter
und allen, die mich auf meinem Weg begleitet
und unterstützt haben.

Ettenheim, den 08. März 2025

*„Die Definition von Wahnsinn:
Wenn der Mensch immer das Gleiche tut,
aber andere Ergebnisse erwartet!"*

Albert Einstein

Impressum

Autor: Jürgen Alexander Weber

Adresse: Im Ried 1, 77955 Ettenheim, Deutschland

email: mail@as-consulting.es

www.juergenalexanderweber.com

Verantwortlich für den Inhalt gemäss § 55 Abs. 2 RStV:
Jürgen Alexander Weber

Covergestaltung: Dr. Uwe Passmann

Lektorat: Dr. Tanja Mayer, Jürgen Alexander Weber

Druck: Amazon Kindle Direct Publishing

ISBN 978-3-00-082397-8

1. Auflage: April 2025

Independently published

Inhalt

Vorwort

Glück im Kopf oder täglich grüßt das Murmeltier?

Kennen Sie das? Der Wecker schrillt, und Sie werden schreckhaft aus einem Traum gerissen, den Sie nicht mehr rekonstruieren können. Ihr erster Blick fällt nicht auf den neuen Tag, sondern auf die Uhr. Sofort beginnt das Rennen gegen die Zeit. Mit schalem Geschmack im Mund schleppen Sie sich aus dem Bett, begleitet von einem leichten Krampfen in der Magengegend. In einem flüchtigen Moment schießt die immer wiederkehrende Frage durch Ihren Kopf: *Warum mache ich das eigentlich?* Doch bevor sich dieser Gedanke entfalten kann, hat ihn die Routine bereits verdrängt. Zähne putzen, duschen, anziehen – alles läuft mechanisch ab, als hätten Sie den Autopiloten aktiviert. Noch ein schneller Kaffee, ein hastig hinuntergewürgtes Müsli – nicht aus Hunger, sondern aus Pflichtgefühl. Und dann geht es los: hinaus in den täglichen Überlebenskampf.

Pünktlich am Arbeitsplatz angekommen, grüßen Kollegen und Kolleginnen im Vorbeigehen, manche gestresst, andere bereits erschöpft. Der Tag beginnt mit Meetings, Deadlines und Kundenterminen. Freundliche Worte sind Mangelware, positive Rückmeldungen eine Seltenheit. Die Pausen? Entweder werden sie gar nicht erst gemacht oder dazu genutzt, private Erledigungen zu managen oder mit Kollegen über ungelöste Probleme zu diskutieren. Am Abend fühlt sich der Körper leer, der Geist ausgebrannt, die Laune gedrückt. Vielleicht wird noch ein Film angeschaut, um sich abzulenken, oder es wartet die nächste unerledigte Aufgabe. Und dann beginnt alles wieder von vorn. Der Wecker schrillt, und das Hamsterrad dreht sich weiter.

Zwischen Müdigkeit und Erschöpfung –
Was unterscheidet sie?

Viele glauben, es sei normal, sich am Ende eines Arbeitstages erschöpft zu fühlen. Doch es gibt einen entscheidenden Unterschied zwischen gesunder Müdigkeit und chronischer Erschöpfung. Müdigkeit ist ein natürlicher Zustand nach geistiger oder körperlicher Anstrengung – sei es ein intensives Arbeitspensum, eine kreative Herausforderung oder sportliche Betätigung. Der Körper signalisiert: *Du hast viel geleistet, jetzt ist es Zeit für Erholung.* Doch trotz körperlicher Ermüdung fühlt sich das innere Ich sinnerfüllt und ausgeglichen.

Erschöpfung hingegen ist etwas anderes. Sie ist das Resultat einer langanhaltenden Disbalance zwischen Energieverlust und Regeneration. Es ist, als würde die Batterie ständig auf Reserve laufen, ohne jemals vollständig aufgeladen zu werden. Betroffene funktionieren nur noch, erledigen das Nötigste und erleben ihr Leben nicht mehr aktiv, sondern passiv. Und wenn dieser Zustand chronisch wird, ist der Weg zu ernsthaften körperlichen und psychischen Erkrankungen nicht mehr weit. Burnout, Depression, Tinnitus, Herzinfarkt, Rheuma, Diabetes – all diese Krankheitsbilder haben eines gemeinsam: Sie entstehen nicht über Nacht, sondern sind das Endprodukt eines langfristigen Ungleichgewichts. Der Körper zeigt erst dann Symptome, wenn die Seele lange ignoriert wurde.

Wer ist schuld an meinem Zustand

Viele Menschen suchen die Ursachen für ihr Unwohlsein in ihrem Umfeld. Der schlecht gelaunte Busfahrer, die anstrengende Schwiegermutter, der zukünftige Ex, die nörgelnden Kinder, der überforderte Chef – alle scheinen dazu beizutragen, dass es uns schlecht geht. Doch was passiert, wenn man Betroffene fragt, wann sie etwas an ihrer Situation ändern wollen? Die Antworten sind oft dieselben: *Eines Tages, wenn ich genug Geld habe. Wenn ich endlich den richtigen Partner finde. Wenn ich beruflich abgesichert bin. Dann werde ich glücklich sein.*

Doch genau darin liegt die Falle. Denn selbst wenn all diese äußeren Bedingungen eintreten, bleibt die Angst bestehen. Die Angst, das Erreichte wieder zu verlieren. Die Angst, nicht gut genug zu sein. Die Angst, dass das Glück nicht von Dauer ist. Und genau diese Angst hält uns gefangen in einem Leben, das sich mehr nach Überleben als nach Leben anfühlt.

Harte Fakten: Die Realität in Zahlen

Laut dem *Gallup-Report 2023 zur Arbeitnehmersituation in Deutschland* fühlen sich *nur 16 % der Arbeitnehmer emotional an ihren Job gebunden* – das bedeutet, dass die große Mehrheit lediglich Dienst nach Vorschrift macht oder bereits innerlich gekündigt hat. Gleichzeitig gibt jeder zweite Befragte an, *ständig müde und konzentrationsschwach* zu sein. (gallup.com-report 2023).

Alarmierend ist die Situation im deutschen Gesundheitswesen. Eine Studie zur beruflichen Belastung und zum Gesundheitszustand von Ärzten in Deutschland zeigt, dass sich viele Mediziner in ihrer psychischen und körperlichen Gesundheit beeinträchtigt fühlen, Diese Belastungen führen nicht nur zu persönlichen Schicksalen, sondern gefährden auch die Qualität der Patientenversorgung. (Hussenoeder et. al. SLaeck 2019).

Noch dramatischer ist die Lage in hochbelasteten Berufen. Eine aktuelle *kanadische Studie aus dem Januar 2024 über Notärzte* zeigt, dass *über 70 % aller Befragten Symptome eines Burnouts aufweisen,* ein Viertel sogar über den ernsthaften Wunsch nach einem Berufswechsel nachdenkt. Die Hauptgründe? Dauerhafte Überlastung, fehlende Anerkennung und die Unmöglichkeit, die eigenen Ressourcen jemals vollständig aufzuladen. (Springer-Medizin 04-2024)

Die Lösung? Volle Verantwortung für sich selbst übernehmen.

Das Leben beginnt erst dann, wenn wir aufhören, unser Glück von äußeren Umständen abhängig zu machen. Wer wartet, dass sich die Welt verändert, um sich endlich gut zu fühlen, wird enttäuscht werden. Denn Zufriedenheit ist eine innere Angelegenheit – eine bewusste Entscheidung.

Wer einmal den Mut aufbringt, ehrlich hinzusehen, wird erkennen, dass der Schlüssel zu einem sinnerfüllten Leben nicht im Außen liegt, sondern in der eigenen Haltung. Und vielleicht ist genau das der Moment, in dem sich alles ändert.

Warum ich dieses Buch geschrieben habe

Mich hat immer eines fasziniert: Warum leben so viele Menschen in einer Dauerschleife aus Stress, Antriebslosigkeit und Unzufriedenheit, ohne sich bewusst zu machen, dass sie selbst der Schlüssel zur Veränderung sind? Ich habe in meiner Arbeit und in persönlichen Erfahrungen immer wieder gesehen, dass Wissen Macht ist – vor allem die Macht, das eigene Leben zu verändern. Dieses Buch ist aus dem Wunsch heraus entstanden, Menschen genau dieses Wissen kompakt, verständlich und mit einem Augenzwinkern weiterzugeben.

Mir geht es nicht darum, mit dem Finger auf Missstände zu zeigen oder eine neue Methode zur Selbstoptimierung zu präsentieren. Vielmehr möchte ich einen Perspektivwechsel ermöglichen, der Lust darauf macht, die eigene Steuerzentrale im Kopf bewusst zu nutzen und in die eigene Lebensqualität zu investieren. *Denn Freude ist nicht nur eine Emotion – sie ist die Kraftquelle des Lebens.* Wer Freude findet, findet auch Energie, Kreativität und Widerstandskraft.

Ich wünsche Ihnen viel Freude beim Lesen dieses Buches, beim Erkennen neuer Zusammenhänge und – am allerwichtigsten – beim bewussten Gestalten eines erfüllten Lebens!

Hinweis: Um das Lesen zu erleichtern, habe ich mich dazu entschlossen den Text in generischem Maskulinum zu verwenden und auf jegliches gendern zu verzichten. Ich danke für Ihr Verständnis.

Kapitel I

Einführung:
Die stille Krise im Kopf

Warum „Glück im Kopf"?
Die stille Krise unserer Steuerungszentrale

Stellen wir uns vor, wir wachen eines Morgens auf und unser Kopf fühlt sich an wie eine überfüllte Festplatte. Eigentlich sollten Sie voller Energie und Tatendrang sein, doch stattdessen quälen Sie sich müde aus dem Bett, Ihre Gedanken wirken träge, und Ihre Emotionen schwanken unkontrolliert. Obwohl Sie ausreichend geschlafen haben, fühlen Sie sich erschöpft – als hätte sich eine unsichtbare Last auf Ihr Gehirn gelegt. Millionen von Menschen erleben genau das, und es ist kein Zufall. Ihr Gehirn, diese hochkomplexe Steuerungszentrale für Denken, Fühlen und Entscheiden, ist aus dem Gleichgewicht geraten.

Die stille Krise im Kopf – Warum wir unser eigenes Glück sabotieren

Die Welt, in der wir leben, fordert unser Gehirn auf unnatürliche Weise heraus. Digitale Reizüberflutung, ständige Vergleichsmöglichkeiten in sozialen Netzwerken, permanentes Multitasking und ein nie endender Strom an Informationen lassen unser Nervensystem kaum zur Ruhe kommen. Die Folge: Ihr Gehirn gerät in einen chronischen Stressmodus, in dem die Fähigkeit, Glück zu empfinden, langsam verkümmert. Dauerstress aktiviert die Amygdala, Ihr Angstzentrum, und hält sie in Daueralarmbereitschaft. Cortisol, das Stresshormon, greift den Hippocampus an – Ihr Gedächtnis leidet, emotionale Resilienz schwindet.

Das Belohnungssystem wird überreizt, Dopaminreserven erschöpfen sich, und plötzlich scheint selbst die schönste Belohnung keinen echten Glücksmoment mehr zu bringen. Die Neuroplastizität, also die Fähigkeit Ihres Gehirns, sich flexibel an neue Herausforderungen anzupassen, nimmt ab. Sie sind nicht nur gestresst, sondern auch immer weniger in der Lage, aus diesem

Zustand auszubrechen. Ihr Gehirn wurde für Herausforderungen geschaffen, doch es ist nicht dafür gemacht, permanent überlastet zu sein.

Warum das Glück im Kopf beginnt

Glück ist kein Zufallsprodukt, sondern ein neurobiologischer Zustand, den Sie aktiv beeinflussen können. Die Frage ist nicht, ob Ihr Gehirn die Steuerzentrale für Emotionen und Kognition ist – das ist längst bewiesen. Die Frage ist, ob Sie es richtig nutzen. Ihr Hippocampus und der präfrontale Kortex steuern Ihr Gedächtnis, Ihre Entscheidungsfähigkeit und Ihre emotionale Stabilität. Die Amygdala entscheidet darüber, ob Sie eine Situation als bedrohlich wahrnehmen oder ruhig bleiben können. Das Belohnungssystem – bestehend aus dem Nucleus accumbens und Dopamin – ist der Motor Ihrer Motivation und Ihres Wohlbefindens. Und schließlich ist es die Neuroplastizität, unterstützt durch den BDNF-Faktor, die Ihr Gehirn wachsen lässt und Sie flexibel auf Veränderungen reagieren lässt. Je mehr Sie Ihr Gehirn bewusst pflegen und trainieren, desto widerstandsfähiger wird es gegen Stress, Ängste und emotionale Schwankungen.

Wenn das Glück verkümmert – Ein amüsanter Blick auf den Alltagswahnsinn

Es gibt unzählige Situationen im Alltag, die Ihnen zeigen, wie sehr Ihr Gehirn unter der modernen Lebensweise leidet. Vielleicht kennen Sie das: Sie starten in den Tag, checken beim Frühstück Ihre E-Mails, scrollen gleichzeitig durch Social Media, während Sie versuchen, mit jemandem zu reden. Doch obwohl Sie denken, produktiv zu sein, fühlen Sie sich am Ende leer und unzufrieden. Multitasking überlastet Ihren präfrontalen Kortex, die Schaltzentrale für konzentriertes Arbeiten, und hinterlässt statt Produktivität nur mentale Erschöpfung.

Oder das Dopamin-Dilemma: Sie kaufen sich ein neues technisches Gadget oder ein Kleidungsstück, fühlen sich kurzzeitig euphorisch – doch das Glücksgefühl verpufft nach wenigen Stunden. Der Dopamin-Kick war nur von kurzer Dauer, weil Ihr Gehirn auf langfristige Sinnhaftigkeit ausgerichtet ist – nicht auf flüchtige Belohnungen.

Die Wissenschaft hinter der Glücksfähigkeit des Gehirns

Die gute Nachricht ist: Ihr Gehirn kann sich regenerieren. Eine Studie von Davidson et al. (2023) hat eindrucksvoll gezeigt, dass Menschen, die regelmäßig positive Emotionen kultivieren – sei es durch Achtsamkeit, soziale Bindungen oder Dankbarkeit –, eine stärkere neuronale Vernetzung zwischen dem präfrontalen Kortex und der Amygdala aufweisen.

Höhere Werte des BDNF-Faktors, der für die Neuroplastizität entscheidend ist, korrelierten mit stabileren emotionalen Zuständen und besserer kognitiver Leistungsfähigkeit. Umgekehrt zeigte sich, dass chronischer Stress diese Prozesse hemmt und die Fähigkeit, Glück langfristig zu empfinden, einschränkt. Glück ist also keine zufällige Fügung – es ist ein trainierbarer neurobiologischer Zustand.

Wie Sie Ihr „Glück im Kopf" zurückgewinnen

Wenn Glück ein neurobiologischer Prozess ist, dann können Sie aktiv darauf Einfluss nehmen. Digitale Pausen geben Ihrem Gehirn die dringend benötigte Erholung, um sich zu regenerieren. Tiefgehende soziale Interaktionen aktivieren Ihr natürliches Belohnungssystem und fördern die Ausschüttung von Oxytocin. Dankbarkeitsübungen und Achtsamkeitspraxis verstärken positive neuronale Netzwerke und reduzieren die Aktivität der Amygdala. Regelmäßige Bewegung steigert die BDNF-Produktion, verbessert die Neuroplastizität und hilft Ihrem Gehirn, Stress ab-

zubauen. Und nicht zuletzt ist ein erholsamer Schlaf essenziell –
denn erst in den Tiefschlafphasen werden emotionale Erlebnisse
verarbeitet und das neuronale Gleichgewicht wiederhergestellt.

Das Glück beginnt in Ihrem Kopf – und es liegt in Ihrer Hand,
Ihr Gehirn so zu steuern, dass es nicht schrumpft, sondern ge-
deiht.

Volkskrankheit Gehirnschrumpfung
Warum Depression, Alzheimer und Burnout mehr gemeinsam haben, als wir denken

Es beginnt schleichend. Ein paar Namen, die uns nicht mehr einfallen. Eine zunehmende Erschöpfung, die auch nach einem freien Wochenende nicht verschwindet. Das Gefühl, als würde unser Denken schwerfälliger werden, als hätte jemand eine unsichtbare Bremse angezogen.

Millionen von Menschen erleben genau das – und nehmen es als normalen Teil des modernen Lebens hin. Doch was, wenn diese Symptome nicht einfach nur das Resultat eines stressigen Alltags sind? Was, wenn sie Anzeichen eines tiefergehenden Problems sind, das unser Gehirn wortwörtlich schrumpfen lässt? Willkommen in der neuen Ära der *„Volkskrankheit Gehirnschrumpfung"*, einem stillen, aber gewaltigen Phänomen, das Depression, Alzheimer und Burnout miteinander verbindet.

Wenn unser Gehirn unter Druck gerät

Unsere moderne Welt hält unser Gehirn in einem permanenten Ausnahmezustand. Untersuchungen zeigen, dass die Häufigkeit von Depressionen in den letzten zwei Jahrzehnten um *37 %* gestiegen ist (Jack et al., 2021). Gleichzeitig haben sich die Burnout-Diagnosen seit 2000 mehr als verdoppelt, und Alzheimer gehört mittlerweile zu den häufigsten Todesursachen in westlichen Ländern – allein in Deutschland leiden über *1,8 Millionen Menschen* an einer Form von Demenz (Jack et al., 2023). Doch was verbindet diese Erkrankungen auf neurobiologischer Ebene?

Der gemeinsame Nenner ist das, was Forscher als *„neuronale Degeneration"* bezeichnen. Chronischer Stress, entzündliche Prozesse, reduzierte Neuroplastizität und eine gestörte Balance von Neurotransmittern führen dazu, dass unsere kognitive-emotionale Steuerungszentrale allmählich abbaut (Frodl et al., 2020).

Depression – Unser Gehirn im Shutdown-Modus

Depression ist mehr als nur eine psychische Verstimmung. Neurowissenschaftliche Studien zeigen, dass Menschen mit chronischer Depression eine signifikante *Reduktion der grauen Substanz im präfrontalen Kortex* und *Hippocampus* aufweisen – genau die Bereiche, die für Entscheidungsfindung, Gedächtnis und Emotionsregulation zuständig sind (McEwen & Morrison, 2013).

Ein Forscherteam um Frodl et al. (2020) fand heraus, dass bei langanhaltender Depression der *Hippocampus um bis zu 10 % schrumpfen kann.* Der Grund? *Chronisch erhöhte Cortisolspiegel blockieren die Neurogenese* und lassen neuronale Verbindungen verkümmern. Unser Gehirn wird somit in einen Energiesparmodus gezwungen – ein Zustand, den wir als *Antriebslosigkeit, Denkblockaden und emotionale Leere* erleben.

Burnout – Wenn unser Gehirn überhitzt

Während Depression oft mit emotionaler Leere verbunden ist, ist Burnout das Resultat von chronischer mentaler Überlastung. Studien zeigen, dass Menschen mit *Burnout-Syndrom eine hyperaktive Amygdala* und eine *reduzierte Konnektivität im präfrontalen Kortex* haben (Hermans et al., 2014). Das bedeutet, dass unser *emotionales Alarmsystem* in Daueralarm bleibt, während der Teil des Gehirns, der für rationale Kontrolle und Erholung zuständig ist, nicht mehr richtig arbeitet.

Die Auswirkungen? *Konzentrationsprobleme, Gedächtnisausfälle, Reizbarkeit und eine zunehmende emotionale Distanz* – unser Geist zieht sich zurück, weil er keine Kapazitäten mehr hat. Eine Metaanalyse von 2022 zeigt, dass Burnout-Patienten im Schnitt eine um *7-8 % reduzierte Gehirnmasse im präfrontalen Kortex* aufweisen (Jack et al., 2023). Das bedeutet nicht nur *mentale Erschöpfung*, sondern auch eine *verminderte Fähigkeit zur emotionalen Regulation.*

Alzheimer – Das endgültige Verschwinden

Wenn Depression unser Gehirn in einen Sparmodus versetzt und Burnout es überlastet, dann ist *Alzheimer das endgültige Versagen der neuronalen Strukturen.* Neurowissenschaftler haben festgestellt, dass Alzheimer-Patienten bereits *Jahrzehnte vor der Diagnose erste Anzeichen einer schrumpfenden Hippocampus-Region* zeigen (Jack et al., 2021). Eine Langzeitstudie mit über *1.500 Probanden* zeigte, dass Menschen mit anhaltendem Stress oder Depressionen ein um *bis zu 30 % höheres Risiko für Alzheimer* haben (Jack et al., 2023).

Die Mechanismen sind ähnlich: *Chronische Entzündungen, oxidativer Stress und reduzierte Neuroplastizität* führen dazu, dass sich unser Gehirn schlechter regeneriert. Doch während Burnout und Depression oft noch *reversibel* sind, ist Alzheimer der Punkt, an dem das neuronale Schrumpfen *unumkehrbar* wird.

Ein amüsanter Blick auf unsere schwindende Gehirnmasse

1. „Wo habe ich mein Handy hingelegt?" – Der tägliche Gedächtnistest

Wir alle kennen diesen Moment: Das Handy war doch gerade noch da – oder? Was früher eine Seltenheit war, passiert immer häufiger. Studien zeigen, dass unser Arbeitsgedächtnis unter Dauerstress leidet – wir nehmen Dinge auf, aber speichern sie nicht mehr richtig ab.

2. „Ich habe deinen Namen vergessen – warte, warte...".

Namen, Termine, Einkaufslisten – alles muss ins Smartphone, weil unser Gehirn sich nicht mehr auf das Speichern verlassen kann. Schuld daran ist die ständige Reizüberflutung, die unser Kurzzeitgedächtnis überlastet.

Herausragende aktuelle Studie: Gehirnschrumpfung durch chronischen Stress

Eine bahnbrechende Studie von Jack et al. (2023) untersuchte den Einfluss von Stress, Depression und Burnout auf die neuronale Masse.

Ergebnis: Menschen mit chronischem Stress zeigten eine um bis zu 12 % verringerte graue Substanz im präfrontalen Kortex.

Langfristig erhöhte Cortisolspiegel beschleunigten den neuronalen Abbau um das Doppelte im Vergleich zur Kontrollgruppe. Teilnehmer, die gezielt Anti-Stress-Techniken anwendeten (z. B. Meditation, Schlafoptimierung, soziale Interaktion), konnten den Abbau verlangsamen oder sogar umkehren.

Die Schlussfolgerung: Die moderne Lebensweise beschleunigt den neuronalen Abbau – aber mit gezielten Maßnahmen kann das Gehirn regeneriert werden.

Das verlorene Potenzial unseres Gehirns
Warum unsere kognitiven und emotionalen Ressourcen in der modernen Gesellschaft verkümmern

Stellen wir uns vor, wir besitzen einen Supersportwagen mit 1.000 PS. Theoretisch könnte er über 400 km/h fahren, doch wir bewegen uns ausschließlich im Stadtverkehr – Stop-and-Go, rote Ampeln, Dauerstau. Unser Motor könnte Spitzenleistung erbringen, doch stattdessen läuft er ständig unter seinen Möglichkeiten. Genau das passiert mit unserem Gehirn in der modernen Welt. Es hat die Kapazität für Hochleistung, für kreative Problemlösung und emotionale Tiefe, doch wir setzen es kaum noch sinnvoll ein. Die Gründe dafür sind tief in unserer Gesellschaft verankert – eine Welt, in der digitale Reize dominieren, Stress zum Status quo geworden ist und zwischenmenschliche Beziehungen immer oberflächlicher werden.

Eine alarmierende Zahl verdeutlicht das Problem: Eine aktuelle Studie zeigt, dass wir täglich über 5.000 digitale Reize verarbeiten. Im Jahr 2000 lag unsere durchschnittliche Aufmerksamkeitsspanne noch bei 12 Sekunden, heute sind es gerade einmal 8,25 Sekunden – weniger als die eines Goldfischs. Diese kognitive Überlastung macht es uns zunehmend schwerer, tiefgehendes Denken und langfristige Planungen aufrechtzuerhalten.

Doch nicht nur unsere Aufmerksamkeit leidet, auch unser emotionales Gleichgewicht gerät ins Wanken. Laut einer Langzeitstudie der WHO aus dem Jahr 2022 hat sich die weltweite Prävalenz von Angststörungen und Depressionen in den letzten zehn Jahren um 28 % erhöht. Unsere emotionale Steuerungszentrale ist überfordert, unser Belohnungssystem wird durch ständig abrufbare digitale Dopamin-Kicks überlastet, und das Stresshormon Cortisol hält unser Gehirn in permanenter Alarmbereitschaft.

Wie wir unser Denkvermögen sabotieren

Unser Gehirn ist darauf ausgelegt, sich anzupassen. Doch wenn es ständig überfordert oder unterfordert wird, passt es sich in die falsche Richtung an. Früher hatten wir die Fähigkeit, uns stundenlang in eine Tätigkeit zu vertiefen. Heute brechen viele von uns bereits nach wenigen Minuten ab, weil das nächste Smartphone-Signal oder eine Push-Nachricht lockt. Der Begriff der *„Google-Demenz“* beschreibt treffend, was passiert: Die permanente Verfügbarkeit von Informationen verringert unsere Fähigkeit, Fakten langfristig abzuspeichern. Wir verlagern unser Gedächtnis ins Internet und werden zu passiven Konsumenten statt aktiven Denkern.

Doch das Problem geht noch tiefer. Studien zeigen, dass chronischer Stress nicht nur unsere emotionale Regulation beeinflusst, sondern auch strukturelle Veränderungen in unserem Gehirn verursacht. Langfristige Erhöhungen des Cortisolspiegels führen dazu, dass sich der Hippocampus – unser Zentrum für Lernen und Erinnerung – um bis zu 15 % verkleinert. Gleichzeitig wächst die Amygdala, das Angstzentrum des Gehirns, wodurch selbst harmlose Alltagssituationen als Bedrohung wahrgenommen werden. Das Resultat? Ein Teufelskreis aus Stress, Überforderung und schwindender mentaler Kapazität.

Ein weiteres alarmierendes Zeichen unserer Zeit ist die zunehmende soziale Isolation. Während wir immer mehr Zeit online verbringen, werden echte, tiefgehende Gespräche zur Seltenheit. Die Anzahl der Menschen, die angeben, dass sie keinen engen Vertrauten haben, hat sich in den letzten 30 Jahren verdreifacht. Einsamkeit ist jedoch mehr als ein emotionaler Zustand – sie hat gravierende Auswirkungen auf unsere Gesundheit. Studien zeigen, dass anhaltende soziale Isolation das Risiko für Demenz um 40 % erhöht und dieselben Gehirnregionen aktiviert wie physischer Schmerz.

Wie wir unser Potenzial zurückerlangen können

Es gibt Wege, aus dieser mentalen Stagnation auszubrechen. Eine gezielte Reduktion digitaler Reize kann unsere Aufmerksamkeitsspanne wieder stärken. Schon eine Woche *digitale Entgiftung* steigert nachweislich die Konzentrationsfähigkeit und verbessert die Gedächtnisleistung um bis zu 20 %. Ebenso ist der direkte soziale Kontakt essenziell: Menschen, die regelmäßig tiefgehende Gespräche führen, haben eine stärkere Vernetzung zwischen dem präfrontalen Kortex und dem limbischen System, was ihnen hilft, Emotionen besser zu regulieren.

Unser Gehirn ist formbar – es braucht jedoch die richtigen Impulse, um zu wachsen. Wer wieder lernt, sich auf eine Sache zu fokussieren, wer bewusst neue Fähigkeiten erlernt und wer echte, soziale Verbindungen pflegt, aktiviert die besten Mechanismen unseres Gehirns. Es liegt an uns, die 1.000 PS unseres Geistes wieder auf die Straße zu bringen – und nicht weiter im Dauerstau zu verharren.

Kapitel II

Unsere Realität: Das Gehirn im Modus des Überlebens statt des Gedeihens

Der neurobiologische Mangelzustand
Warum unser Gehirn verhungert

Stellen wir uns vor, wir möchten ein aufwendiges Fünf-Gänge-Menü zaubern, doch unser Kühlschrank ist fast leer. Die Zutaten fehlen, das Licht in der Küche flackert, und am Ende bleibt uns nur ein verbranntes Toastbrot auf dem Teller. Genauso verhält es sich mit unserem Gehirn: Ohne die richtigen Ressourcen kann es nicht optimal funktionieren. Während wir bei Hunger nach Nahrung suchen, bemerken viele Menschen nicht, dass unser Gehirn in einem permanenten Mangelzustand verharrt. Stress, Umweltfaktoren, falsche Ernährung und zu wenig Regeneration halten es in einem ständigen Notfallmodus. Das Resultat? Chronische Erschöpfung, emotionale Instabilität und ein kognitiver Leistungsverlust, der sich langsam, aber sicher bemerkbar macht (McEwen, 2017).

Warum befindet sich unser Gehirn im Mangelzustand?

Unser Gehirn ist ein Hochleistungsorgan, das trotz seiner geringen Größe etwa *20-30 % der gesamten Körperenergie* verbraucht. Es benötigt hochwertige Nährstoffe, ausreichend Sauerstoff, regelmäßige Bewegung und genügend Schlaf, um in Balance zu bleiben. Doch genau diese lebensnotwendigen Faktoren werden ihm durch unsere modernen Lebensbedingungen entzogen. Dauerstress hält es in einem Überlebensmodus, der kaum Raum für kognitive Entwicklung lässt.

Hochverarbeitete Lebensmittel unterbinden die natürliche Versorgung mit essenziellen Nährstoffen. Ein Mangel an Bewegung reduziert die Reize, die das Wachstum neuer neuronaler Verknüpfungen fördern. Soziale Isolation verstärkt die Angstreaktionen in der Amygdala und beeinträchtigt unser emotionales

Wohlbefinden. Und wenn unser Alltag aus immer denselben Routinen besteht, bleibt das Gehirn unterfordert und beginnt, neuronale Netzwerke abzubauen (Treadway et al., 2023).

Neurobiologische Folgen des Mangels

Die Auswirkungen dieses chronischen Mangels sind tiefgreifend. Der Hippocampus, das Zentrum für Gedächtnis und Lernen, leidet besonders unter langanhaltendem Stress. *Hohe Cortisolwerte* können dazu führen, dass seine Struktur um bis zu *20 % schrumpft*, was sich in einer spürbaren Beeinträchtigung von Erinnerung und emotionaler Verarbeitung zeigt (McEwen, 2017). Gleichzeitig überfordert der Mangel an emotionaler Stabilität unsere Amygdala. Ohne ausreichend soziale Unterstützung oder innere Ausgeglichenheit bleibt sie in Daueraktivität und reagiert selbst auf harmlose Reize mit Alarmbereitschaft. Das Ergebnis ist ein Anstieg von Ängstlichkeit, Reizbarkeit und eine verstärkte Stressreaktion (Treadway et al., 2023). Hinzu kommt, dass das Gehirn unter chronischem Stress weniger *BDNF (Brain-Derived Neurotrophic Factor)* produziert – ein Protein, das essenziell für neuronales Wachstum ist. Ohne ausreichende Mengen von BDNF verlieren wir an Anpassungsfähigkeit und kreativer Problemlösungskompetenz (Bathina & Das, 2015).

Der neurobiologische Mangel im Alltag – Ein amüsanter Blick auf moderne Missstände

Es sind oft die kleinen Dinge im Alltag, die uns zeigen, dass unser Gehirn nicht mehr so funktioniert, wie es eigentlich sollte. Wir suchen unsere Autoschlüssel, nur um sie dann in der Hand zu halten. Wir stehen vor dem Kühlschrank und haben vergessen, was wir holen wollten. Unser Arbeitsgedächtnis fühlt sich an wie eine überforderte Festplatte, die nichts mehr speichert. Viele Menschen schlafen acht Stunden und fühlen sich trotzdem morgens ausgelaugt, weil ihr Gehirn in der Nacht nicht richtig regenerieren konnte. Während der Körper ruht, ist unser Geist noch in einem Dauerlauf gefangen und arbeitet im Hintergrund weiter an nicht abgeschlossenen Aufgaben, ungelösten Konflikten oder dem Stress des nächsten Tages (Treadway et al., 2023).

Herausragende aktuelle Studie: Ressourcenmangel & Gehirnfunktion

Eine aktuelle Studie von Treadway et al. (2023) untersuchte die langfristigen Folgen eines chronischen Ressourcenmangels auf die kognitive Leistungsfähigkeit. Die Ergebnisse sind alarmierend: Menschen mit dauerhaft erhöhtem *Cortisolspiegel* wiesen eine um bis zu *15 % reduzierte Hippocampus-Dichte* auf. Gleichzeitig zeigte sich, dass eine unausgewogene Ernährung die *Dopamin-Freisetzung* reduzierte, was zu Antriebslosigkeit und depressiven Verstimmungen führte. Besonders drastisch waren die Auswirkungen sozialer Isolation, die eine übermäßige Aktivierung der Amygdala zur Folge hatte und das Risiko für Angststörungen signifikant erhöhte.

Die Schlussfolgerung ist eindeutig: Ein langfristiges Defizit an essenziellen Ressourcen beeinträchtigt nicht nur unser Denken, sondern verändert unser Gehirn strukturell. Doch das Gute daran ist: Diese Veränderungen sind *nicht unumkehrbar.*

Wie wir unser Gehirn aus dem Mangelzustand holen

Es gibt Wege, um dem Gehirn wieder die benötigten Ressourcen zu geben. Eine bewusste Ernährung mit ausreichend *Omega-3-Fettsäuren, Antioxidantien und Magnesium* kann neuronale Prozesse regenerieren. *Regelmäßige digitale Detox-Zeiten* helfen, die ständige Reizüberflutung zu reduzieren und das Stressniveau zu senken. *Tiefschlaf* ist der Schlüssel zur Reparatur und sollte höchste Priorität haben. Bewegung ist essenziell, um die

Produktion von *BDNF* zu stimulieren und neuronale Plastizität zu fördern. *Soziale Bindungen* sind nicht nur ein emotionaler Anker, sondern haben direkte Auswirkungen auf die Ausschüttung von *Oxytocin*, was unser Belohnungssystem langfristig stabilisiert. Und schließlich ist es entscheidend, sich *geistig zu fordern*: Wer neugierig bleibt, neue Dinge lernt und Routinen durchbricht, gibt seinem Gehirn den nötigen Antrieb, um weiter zu wachsen (Bathina & Das, 2015).

Das Gehirn kann sich regenerieren – wenn wir es wieder mit den richtigen Ressourcen versorgen.

Die emotionale Niedrigfrequenz-Spirale
Wie Scham, Schuld, Angst und Wut unser Gehirn langfristig verändern

Stellen wir uns unser Gehirn als eine Radiostation vor, die zwischen harmonischen, positiven Schwingungen und dumpfen, störenden Signalen wechseln kann. Wenn wir Freude und Gelassenheit erleben, sendet unser Gehirn auf einer hohen Frequenz. Doch wenn es ständig von Scham, Schuld, Angst oder Wut beherrscht wird, geraten wir in eine Niedrigfrequenz-Spirale – ein Zustand, der langfristig nicht nur unser Denken beeinflusst, sondern auch unsere Neurobiologie und unser Umfeld verändert (Panksepp, 2012).

Gesetz der Anziehung – Gedanken & Gefühle sind elektromagnetische Wellen. Die Frequenz, auf der wir senden, bestimmt, was wir anziehen.

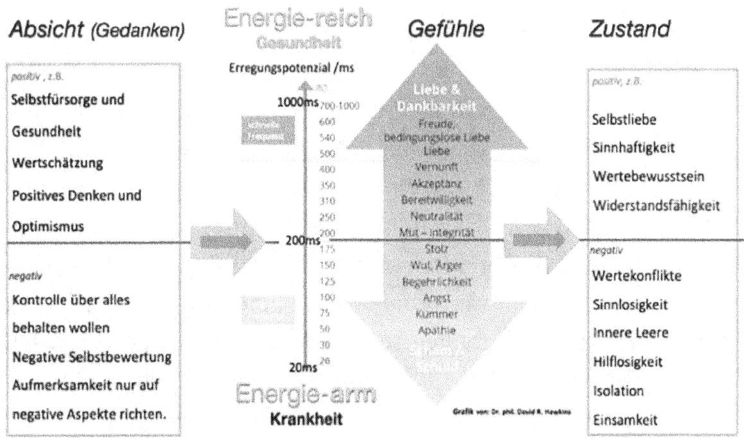

Abbildung. 1, Energiezustand, nach Dr. Phil Hawkins, ppt. 2024 J.A. Weber

Wie emotionale Niedrigfrequenzen das Gehirn umprogrammieren

Emotionen sind keine vagen Empfindungen, sondern haben messbare, neurobiologische Auswirkungen. Chronisch negative Emotionen hinterlassen strukturelle Spuren in unserem Gehirn und beeinflussen unser Verhalten nachhaltig.

Studien zeigen, dass Scham und Schuld die Amygdala überaktivieren und unser Gehirn in einen Zustand permanenter Selbstkritik versetzen (Gillihan et al., 2016). Angst blockiert den Präfrontalen Kortex, wodurch rationales Denken und Impulskontrolle leiden (Rauch et al., 2006). Wut wiederum verstärkt die Ausschüttung von Stresshormonen, die neuronale Netzwerke verkleben und so Kreativität und kognitive Flexibilität beeinträchtigen (Takahashi et al., 2017). Zudem fördern Niedrigfrequenz-Emotionen entzündliche Prozesse im Gehirn, was das Risiko für Depressionen und neurodegenerative Erkrankungen erhöht (Slavich & Irwin, 2014).

Wenn Scham, Schuld, Angst und Wut das Gehirn verändern

Scham ist eine der intensivsten negativen Emotionen, die wir erleben können. Sie geht über ein bloßes Gefühl hinaus und manifestiert sich auch physiologisch. Forschungen zeigen, dass Schamreaktionen stark mit einer Überaktivierung der Amygdala verbunden sind, was dazu führt, dass Betroffene ständig auf Bedrohungssuche sind und sich sozial zurückziehen (Gillihan et al., 2016). Schuld kann zwar eine adaptive Funktion haben, indem sie unser soziales Verhalten reguliert, doch wenn sie chronisch wird, führt sie zur Überaktivierung des anterioren cingulären Cortex (ACC), einer Region, die mit Fehlerverarbeitung und Selbstbewertung in Verbindung steht (Green et al., 2015). Menschen mit chronischer Schuld neigen daher zu Perfektionismus und haben ein erhöhtes Risiko für Angststörungen.

Angst, ursprünglich als überlebenswichtige Reaktion gedacht, bleibt in der modernen Welt oft ohne Fluchtmöglichkeit bestehen. Studien zeigen, dass chronische Angst die Amygdala wachsen lässt, während gleichzeitig der Präfrontale Kortex geschwächt wird. Dadurch fällt es uns schwerer, Gefahren realistisch einzuschätzen und lösungsorientiert zu denken (Rauch et al., 2006). Wut wiederum ist eine emotionale Spirale, die das Stresssystem in Daueralarm versetzt. Sie aktiviert die Hypothalamus-Hypophysen-Nebennieren-Achse (HPA-Achse) und sorgt für eine dauerhafte Erhöhung des Cortisolspiegels. Langfristig führt das zu einer stärkeren Reizbarkeit und einer übermäßigen Reaktion auf kleinste Frustrationen (Takahashi et al., 2017).

Alltagsmomente – Ein amüsanter Blick auf emotionale Niedrigfrequenzen

Jeder von uns kennt das Gefühl, wenn wir gerade ins Bett gehen und uns plötzlich an einen peinlichen Moment aus der Vergangenheit erinnern – sei es ein unpassender Kommentar oder ein Missgeschick. Während der rationale Teil unseres Gehirns längst verstanden hat, dass es keine Rolle mehr spielt, scannt die Amygdala weiter nach Bedrohungen und hält die Selbstkritik am Laufen. Ein anderes Beispiel: Wir stehen an einer Ampel, die gerade grün wird, doch das Auto vor uns bewegt sich nicht. Sofort steigt unser Blutdruck, unser Puls rast, und unser Gehirn interpretiert die Verzögerung als eine Art persönliche Provokation – obwohl objektiv betrachtet nur eine Sekunde vergangen ist.

Herausragende aktuelle Studie: Emotionale Niedrigfrequenzen und Gehirnplastizität

Eine bahnbrechende Studie von Slavich et al. (2023) untersuchte, wie langfristige emotionale Belastungen die Neuroplastizität beeinflussen. Die Ergebnisse zeigen, dass Menschen, die über Jahre hinweg unter intensiven Scham- und Schuldgefühlen leiden, eine signifikant reduzierte graue Substanz im medialen Präfrontalen Kortex aufweisen. Zudem wurde festgestellt, dass chronische Angst mit einer verstärkten Aktivierung der Amygdala und einer Schwächung des Hippocampus einhergeht, wodurch sich negative Erfahrungen besonders tief ins Gedächtnis eingraben. Erfreulicherweise konnten Achtsamkeits- und Verhaltenstherapien innerhalb von nur zwölf Wochen die emotionale Reaktionsfähigkeit um 25 % verbessern. Die Schlussfolgerung ist eindeutig: Emotionale Niedrigfrequenz-Zustände haben nicht nur psychologische, sondern auch tiefgreifende neurobiologische Auswirkungen – doch sie sind reversibel (Slavich & Irwin, 2023).

Wie wir emotionale Niedrigfrequenzen umwandeln

Es gibt Wege, uns aus der Niedrigfrequenz-Spirale zu befreien. Achtsamkeitspraktiken und Meditation haben nachweislich positive Effekte auf den Präfrontalen Kortex und helfen, die Amygdala zu beruhigen. Selbstmitgefühl kann Scham und Schuld entmachten, indem wir lernen, uns selbst zu vergeben. Die bewusste Umstrukturierung negativer Gedankenmuster ist eine weitere effektive Strategie. Tägliche Bewegung sowie soziale Interaktion senken den Cortisolspiegel und fördern die emotionale Resilienz. Und schließlich hilft das regelmäßige Üben von Dankbarkeit, unsere emotionale Frequenz anzuheben und das neuronale Belohnungssystem langfristig zu stabilisieren. Emotionen sind wie Frequenzen – und wir alle können entscheiden, ob wir auf der Welle der Angst oder der Freude surfen möchten.

Das Gesetz der Anziehung
Wie unsere Gedanken und Gefühle die Realität formen

*„Das Leben ist wie ein Spiegelkabinett – nur du selbst
bestimmst, welches Bild dir entgegenblickt."*
RUMI

Dieses Zitat von Rumi betont, dass unsere Wahrnehmung der Welt oft eine Reflexion unseres Inneren ist. Unsere Gedanken, Emotionen und Handlungen formen die Realität, die wir erleben. Wenn wir Liebe und Güte ausstrahlen, sehen wir diese auch in anderen. Wenn wir Angst oder Wut in uns tragen, spiegelt uns die Welt diese Gefühle zurück.

Unsere Gedanken und Gefühle sind nicht bloße Geistesregungen oder subjektive Empfindungen, sondern besitzen eine physikalische Realität. Sie erzeugen messbare, elektromagnetische Wellen, die nicht nur unsere eigene Biochemie beeinflussen, sondern auch Resonanzen in unserer Umwelt auslösen. Dieses Prinzip, oft als „Gesetz der Anziehung" bezeichnet, beschreibt die Wechselwirkung zwischen unserer mentalen Ausrichtung und den Rückkopplungen, die wir aus unserer Umgebung erhalten.

Die Frequenz unseres Denkens: Wissenschaftliche Perspektiven

Neurowissenschaftliche Studien zeigen, dass unsere Gedanken und Emotionen in Form von elektrischen Impulsen und magnetischen Feldern durch unser Nervensystem wandern. Das menschliche Gehirn arbeitet mit einer Vielzahl von Frequenzen, die von Beta-Wellen (13-30 Hz), die mit Konzentration und Stress assoziiert sind, bis zu Theta-Wellen (4-8 Hz), die in Zuständen tiefer Entspannung auftreten, reichen (Llinás, 2014). Magnetenzephalographie (MEG)-Untersuchungen haben gezeigt, dass emotionale Zustände spezifische Muster in den elektromagnetischen Signalen des Gehirns erzeugen (Buzsáki, 2006).

Besonders spannend ist die Entdeckung, dass Emotionen wie Dankbarkeit, Freude und Liebe kohärente Herzfrequenzmuster erzeugen, die sich positiv auf den gesamten Organismus auswirken.

Das HeartMath Institute hat nachgewiesen, dass herzbasierte Emotionen wie Mitgefühl die Variabilität der Herzfrequenz erhöhen, was mit einer verbesserten kognitiven Leistungsfähigkeit und emotionalen Stabilität korreliert (McCraty et al., 2019).

Alltagssituationen und das Gesetz der Anziehung

Nehmen wir eine Situation aus dem Alltag: Sie sind auf dem Weg zur Arbeit und denken bereits gestresst an die bevorstehende Präsentation. Ihre Gedanken kreisen um die Möglichkeit zu versagen, Sie spüren Angst, Ihr Puls erhöht sich, Ihre Muskeln verspannen sich. Ihr Körper produziert verstärkt Cortisol, das „Stresshormon". Sobald Sie an Ihrem Arbeitsplatz ankommen, erscheint Ihnen alles als potenzielle Bedrohung: Der Kollege, der skeptisch schaut, die Chefin, die scheinbar kritisch nickt. Sie sind gefangen in einer Frequenz der Angst und Unsicherheit.

Umgekehrt: Wenn Sie mit einer positiven Erwartungshaltung in die Situation gehen, gelassen atmen und sich darauf fokussieren, was gut laufen könnte, senden Sie ein anderes Signal aus. Ihre Körperhaltung ändert sich, Ihr Gehirn setzt Dopamin und Oxytocin frei, die Ihr Wohlbefinden steigern. Sie agieren offener, freundlicher, und Ihre Umwelt reagiert entsprechend darauf.

Ein weiteres Beispiel: Stellen Sie sich vor, Sie betreten ein Café mit schlechter Laune. Sie denken: „Heute wird bestimmt wieder alles schiefgehen." Wie ein Magnet ziehen Sie genau das an, was Sie befürchten: Der Kellner verwechselt Ihre Bestellung, der Sitzplatz ist unbequem, und am Nachbartisch führt jemand lautstark ein Telefongespräch, das Sie aufregt. Hätten Sie das Lokal mit einem positiven Mindset betreten, wären Ihnen vielleicht die netten Dekodetails aufgefallen, der Duft von frischem Kaffee oder das freundliche Lächeln der Bedienung. Ihre Wahrnehmung formt Ihre Realität.

Herausragende Studie: Die Macht der Erwartungshaltung

Eine bemerkenswerte Untersuchung von Alia Crum und Ellen Langer (2007) zeigte, dass allein die Erwartungshaltung biologische Prozesse beeinflussen kann. In dieser Studie wurden Hotelreinigungskräfte in zwei Gruppen eingeteilt. Einer Gruppe wurde erklärt, dass ihre Arbeit als sportliche Betätigung zählt und daher gesundheitsförderlich sei, während die Kontrollgruppe keine solche Information erhielt.

Nach vier Wochen zeigte die informierte Gruppe signifikante Verbesserungen in Bezug auf Blutdruck, Gewicht und allgemeines Wohlbefinden – obwohl sich ihr Verhalten nicht geändert hatte. Diese Studie verdeutlicht, dass unsere gedankliche Ausrichtung unsere physiologischen Prozesse tiefgreifend beeinflusst.

Fazit

Unsere Gedanken und Emotionen sind nicht nur subjektive Phänomene, sondern elektromagnetische Wellen, die sich messbar auf unser Wohlbefinden und unsere Umwelt auswirken. Indem wir bewusst auf unsere emotionale Frequenz achten, können wir nicht nur unser eigenes Erleben, sondern auch die Reaktionen unseres Umfelds positiv beeinflussen. Wissenschaftliche Erkenntnisse bestätigen: Wer bewusst positive Gedanken kultiviert, zieht nicht nur bessere Umstände in sein Leben, sondern verbessert nachweislich seine Gesundheit und Resilienz.

Wenn unser Körper spricht
Die Somatisierung psychischen Leids

*„Körper und Seele sind nicht zwei verschiedene Dinge,
sondern nur zwei verschiedene Arten,
dasselbe Ding wahrzunehmen"*
Albert Einstein

Stellen wir uns vor, wir stehen vor einer wichtigen Präsentation. Unser Verstand sagt uns: „Alles im Griff!", doch unser Körper sendet völlig andere Signale. Unser Magen fühlt sich an, als wäre er in einer Waschmaschine gefangen, unser Herz rast, und unsere Schultern verspannen sich, als hätten wir eine Woche lang Zementsäcke getragen. Unser Körper spricht mit uns – aber warum, wenn unser Verstand rational bleibt?

Willkommen in der Welt der Somatisierung, in der emotionale Belastungen sich nicht einfach in Luft auflösen, sondern tief in unserer Biologie verankert werden (Kroenke, 2003).

Wie Stress in unseren Körper übergeht

Unser Gehirn und unser Körper sind eng miteinander verbunden. Sie kommunizieren über das zentrale Nervensystem (ZNS), das autonome Nervensystem (ANS) und das Immunsystem. Wenn emotionale Belastungen zu stark oder zu lang anhalten, beginnen sie, sich physisch zu manifestieren.

Eine überaktive Amygdala hält unser Stresssystem in ständiger Alarmbereitschaft. Die HPA-Achse – das Steuerungssystem für unsere Stresshormone – sorgt für dauerhaft erhöhte Cortisol- und Adrenalinspiegel, die körperliche Prozesse aus dem Gleichgewicht bringen. Gleichzeitig verstärken sich neuronale Bahnen zwischen Emotionen und Schmerzsignalen, sodass selbst kleine Beschwerden intensiver wahrgenommen werden.

Chronischer Stress kann zudem Entzündungsprozesse im Körper verstärken und zu Symptomen wie Müdigkeit, Schmerzen und Verdauungsstörungen führen (Slavich & Irwin, 2014).

Kurz gesagt: Wenn unser Gehirn leidet, leidet unser Körper.

Wie sich emotionale Belastungen körperlich zeigen

Emotionen existieren nicht nur in unserem Kopf – sie haben ganz reale Auswirkungen auf unseren Körper. Viele Beschwerden, die wir als rein physisch wahrnehmen, haben ihren Ursprung in psychischer Belastung.

Unser Magen als Spiegel der Emotionen

Wer kennt das nicht? Vor lauter Aufregung bekommen wir keinen Bissen herunter oder unser Magen rebelliert unter Stress. Unser enterisches Nervensystem, auch als „Darmhirn" bekannt, reagiert besonders sensibel auf emotionale Belastungen. Chronischer Stress kann nicht nur Verdauungsprobleme, sondern auch Reizdarmsyndrom, Magenschmerzen oder Übelkeit hervorrufen (Mayer et al., 2015).

Schmerzen, die nicht aus dem Nichts kommen

Wer psychischen Druck erfährt, trägt buchstäblich eine Last mit sich herum. Anhaltender Stress führt zu unbewusster Muskelanspannung, besonders im Nacken-, Schulter- und Rückenbereich. Studien zeigen, dass Menschen mit emotionaler Belastung signifikant häufiger unter chronischen Schmerzen leiden als jene mit ausgeglichener Gefühlslage (Borsook et al., 2018).

Kopfschmerzen – Wenn der Druck zu groß wird

Mentale Anspannung kann buchstäblich Kopfschmerzen bereiten. Dauerstress erhöht die Muskelspannung, überreizt Schmerzrezeptoren im Gehirn und kann Spannungskopfschmerzen oder Migräne auslösen. Besonders Menschen, die sich selbst stark unter Druck setzen oder übermäßig viel nachdenken, neigen zu dieser Art von Beschwerden (Dodick, 2018).

Wenn Angst den Puls antreibt

Angstreaktionen sind tief in unserer Evolution verwurzelt. Doch wenn Stress chronisch wird, kann er unser Herz-Kreislauf-System erheblich belasten. Emotionale Belastungen stehen in direkter Verbindung mit Bluthochdruck, Herzrhythmusstörungen und einem erhöhten Risiko für kardiovaskuläre Erkrankungen (Steptoe & Kivimäki, 2012).

Wenn unser Körper „Nein" sagt

Es gibt Momente, in denen unser Körper seine Grenzen deutlich macht. Viele von uns kennen das Phänomen des „Urlaubskollapses": Wochenlang standen wir unter Dauerstrom, haben alle Aufgaben erledigt – und kaum beginnt die ersehnte Auszeit, kommt der Zusammenbruch. Fieber, Erschöpfung, Kopfschmerzen – unser Körper nutzt die erste Gelegenheit, um endlich loszulassen.

Ein weiteres bekanntes Beispiel ist das Gefühl der Atemnot vor einer großen Rede oder Prüfung. Kein Asthma, keine Lungenprobleme – nur eine Amygdala, die in Alarmbereitschaft versetzt wurde. Unser Körper reagiert auf die Bedrohung, auch wenn unser Kopf bereits verstanden hat, dass es keine echte Gefahr gibt.

Herausragende aktuelle Studie: Stress, Emotionen & körperliche Symptome

Eine Studie von Slavich et al. (2023) untersuchte, wie psychischer Stress sich in körperlichen Symptomen manifestiert. Die

Ergebnisse waren eindeutig: Menschen mit chronischem Stress zeigten eine um bis zu 35 % erhöhte Entzündungsaktivität. Ihr autonomes Nervensystem war überaktiv, was sich in Symptomen wie Herzrasen, Schweißausbrüchen und Magen-Darm-Problemen äußerte. Besonders bemerkenswert war die Erkenntnis, dass sich körperliche Beschwerden durch gezielte psychotherapeutische Interventionen um bis zu 40 % innerhalb von drei Monaten reduzieren ließen.

Fazit: Unser Körper schreit, wenn unsere Seele nicht sprechen darf

Somatisierung ist kein „Einbildungseffekt", sondern eine messbare, physiologische Reaktion auf emotionale Belastungen. Doch das bedeutet auch: *Wer beginnt, seinen Emotionen Raum zu geben, kann seinem Körper eine Pause verschaffen.*

Kapitel III

Neurobiologische Grundlagen: Das Gehirn als Steuerungszentrale

Präfrontaler Kortec (PFC)
Unser Frontalhirnakku, die Batterie unserer Willenskraft

Impulskontrolle, Entscheidungsfindung, rationales Denken

Stellen wir uns unser Gehirn als Smartphone vor. Morgens nach einer erholsamen Nacht ist der Akku voll – wir können produktiv sein, uns konzentrieren, Entscheidungen treffen. Doch je länger der Tag dauert, desto schneller leert sich unser mentaler Akku. Bis irgendwann nichts mehr geht. Willkommen in der Welt unseres Frontalhirnakku!

Der präfrontale Kortex (PFC), das Zentrum für Planung, Impulskontrolle und rationales Denken, ist unser Akku des Bewusstseins. In dieser Struktur findet das Zusammenwirken von Motivation, Wissen, Gefühlen und Bewegung statt. Er sorgt dafür, dass wir diszipliniert arbeiten, Versuchungen widerstehen und uns nicht von jeder Ablenkung aus der Bahn werfen lassen. Doch dieser Akku hat eine begrenzte Kapazität – und er kann sich entladen (Baumeister et al., 2007).

Der Präfrontale Kortex – Ein Spätzünder mit Superkräften

Unser präfrontaler Kortex ist so etwas wie die Steuerzentrale unseres mentalen Universums – die Region im Gehirn, die unser Handeln bewusst kontrolliert. Anatomisch betrachtet sitzt er direkt hinter der Stirn und nimmt fast ein Drittel der gesamten Großhirnrinde ein. Während andere Gehirnbereiche, etwa das limbische System, schon in der frühen Kindheit ausgereift sind, lässt sich unser PFC ungewöhnlich viel Zeit: Erst mit etwa 25 Jahren erreicht er seine volle Reife (Giedd, 2004).

Das erklärt, warum Teenager impulsiv auf WhatsApp-Nachrichten reagieren, ohne darüber nachzudenken, oder warum sich ein 20-Jähriger nach einer durchzechten Nacht noch wundert, warum der Kater am nächsten Tag so gnadenlos zuschlägt. Die Fähigkeit, langfristige Konsequenzen zu bedenken oder spontane Impulse zu unterdrücken, ist schlichtweg noch nicht ausgereift. Man könnte also sagen: Junge Erwachsene sind, neurologisch betrachtet, wie unausgereifte Avocados – sie brauchen Zeit, bis sie ihre volle Funktion entfalten. Aber wenn unser PFC endlich vollständig entwickelt ist, entfaltet er beeindruckende Superkräfte: Er ermöglicht uns, strategisch zu denken, Emotionen zu regulieren, komplexe Probleme zu lösen und – am wichtigsten – unser Verhalten bewusst zu steuern.

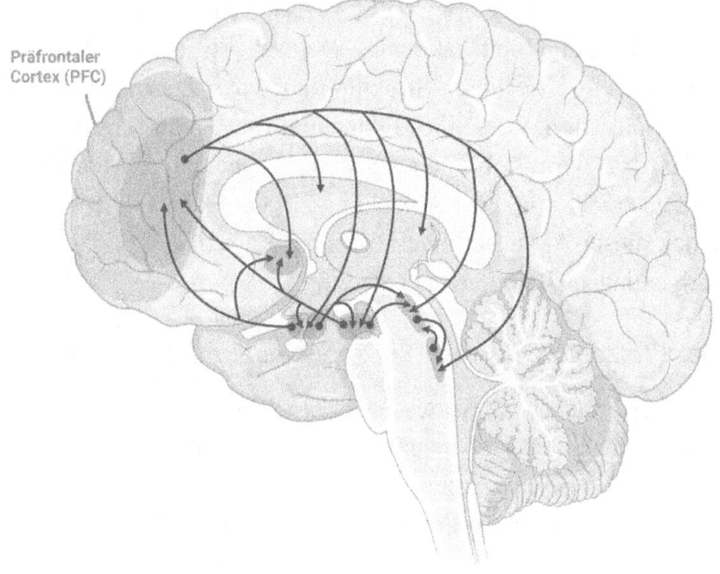

Abbildung.2, Präfrontaler Kortex (PFC) und der Glutamat-Signalweg, biorender

Er ist das „Ja, aber ..." in unserem Kopf, das uns daran hindert, unüberlegte Entscheidungen zu treffen. Während das limbische System schreit: „Greif zum dritten Stück Kuchen!", antwortet der PFC mit: „Bist du sicher? Wir wollten doch gesünder leben ..."

Wie entlädt sich unser Frontalhirnakku?

- *Dauerhafte Selbstkontrolle*: Wer sich ständig zusammenreißen muss – sei es beim Versuch, eine Diät einzuhalten, eine langweilige Aufgabe zu erledigen oder freundlich zu bleiben, obwohl wir genervt sind –, verbraucht immense Mengen an mentaler Energie.
- *Multitasking-Falle*: Jeder Wechsel zwischen Aufgaben frisst Akku. Studien zeigen, dass Menschen, die ständig zwischen Tätigkeiten hin- und herwechseln, deutlich schneller erschöpft sind.
- *Entscheidungsmüdigkeit*: Jede Entscheidung, die wir treffen, kostet Energie. Je mehr Entscheidungen wir täglich fällen müssen, desto schneller sinkt unser kognitiver Akku.
- *Schlafmangel:* Der Turbo-Entlader. Ohne erholsamen Tiefschlaf kann sich unser Frontalhirnakku nicht aufladen – und schon kleine Aufgaben fühlen sich riesig an.

Wie laden wir unseren Frontalhirnakku wieder auf?

- *Pausen mit Sinn*: Kurze Spaziergänge, Meditation oder Musik können unser Frontalhirn entlasten und ihm eine Pause gönnen.
- *Powernaps*: Schon 20 Minuten Schlaf zwischendurch können den Akku signifikant aufladen (Dinges et al., 1989).
- *Gesunde Ernährung*: Omega-3-Fettsäuren, Proteine und komplexe Kohlenhydrate stabilisieren unseren mentalen Energiehaushalt.
- *Entscheidungen delegieren*: Weniger unwichtige Entscheidun-

gen treffen! Wer jeden Tag dasselbe Frühstück isst oder eine feste Morgenroutine hat, spart kognitive Energie für Wichtigeres.

• *Bewegung*: Körperliche Aktivität fördert die Durchblutung und setzt BDNF frei – das beste Ladegerät für unser Gehirn.

Alltagsbeispiel: Das Navigationssystem unseres Gehirns

Stellen wir uns vor, wir fahren mit dem Auto in eine fremde Stadt. Unser präfrontaler Kortex ist in dieser Situation wie unser Navigationssystem: Er analysiert die Route, verarbeitet neue Informationen und passt unsere Fahrweise an.

Aber was passiert, wenn wir übermüdet sind, zu viele Dinge gleichzeitig tun oder mit einem streitlustigen Beifahrer im Auto sitzen? Unser mentaler Akku sinkt rapide – plötzlich verpassen wir eine Ausfahrt, fahren in eine Einbahnstraße oder vergessen, die Tankanzeige im Auge zu behalten. So ähnlich verhält es sich mit unserem PFC: Je mehr kognitive Belastung wir ihm aufbürden, desto eher geraten wir in Fehlentscheidungen und Stressreaktionen.

Herausragende aktuelle Studie: Der Frontalhirnakku und Selbstkontrolle

Eine bahnbrechende Studie von Inzlicht et al. (2022) zeigt, dass unser präfrontaler Kortex nach mental anstrengenden Aufgaben tatsächlich eine vorübergehende „Ermüdung" erfährt, die sich aber durch gezielte Pausen und positive Emotionen schnell regenerieren lässt. Die Forscher belegten, dass Menschen, die sich nach einer herausfordernden kognitiven Aufgabe mit etwas Belohnendem (z. B. Musik, Natur oder angenehmen Gesprächen) beschäftigten, ihre Selbstkontrolle signifikant schneller wiederherstellen konnten als diejenigen, die einfach weitermachten.

Fazit: Laden wir unser Gehirn auf!

Ein erschöpfter Frontalhirnakku kann uns in den mentalen Notstrommodus versetzen – Konzentration, Entscheidungsfähigkeit und Willenskraft gehen den Bach runter. Wenn wir verstehen, dass unser präfrontaler Kortex eine begrenzte Kapazität hat und regelmäßige Aufladung braucht, können wir besser mit mentaler Erschöpfung umgehen und gezielt Strategien nutzen, um leistungsfähig und fokussiert zu bleiben.

Hippocampus
Wie unser Hippocampus uns lebendig und widerstandsfähig macht

Ein kleines Seepferdchen mit Superkräften

Unser Hippocampus ist weit mehr als ein neuronales Speichermodul – er ist das Zentrum unserer Identität, Motivation und Entscheidungsfreude. Neurowissenschaftliche Erkenntnisse zeigen, dass diese Hirnstruktur nicht nur für unser autobiografisches Gedächtnis (Eichenbaum, 2017), sondern auch für unsere Persönlichkeitsentwicklung (Moscovitch et al., 2005), Zielsetzung (Schacter et al., 2012) sowie unser Gefühl der Selbstwirksamkeit (McGaugh, 2013) essenziell ist. Ein gesunder Hippocampus fördert unseren Mut (Fanselow & Dong, 2010), unsere Entscheidungsfähigkeit (Shohamy & Turk-Browne, 2013) und unsere psychische sowie physische Resilienz (Kim et al., 2015).

Anatomie und Funktion unseres Hippocampus

Der Name „Hippocampus" stammt aus dem Altgriechischen („hippos" = Pferd, „kampos" = Seemonster) und beschreibt seine markante Form.

Diese Gehirnregion ist phylogenetisch vergleichsweise alt und gehört zur sogenannten Archikortexstruktur (Amaral & Lavenex, 2007). Unser Hippocampus liegt im medialen Temporallappen und gehört zum limbischen System.

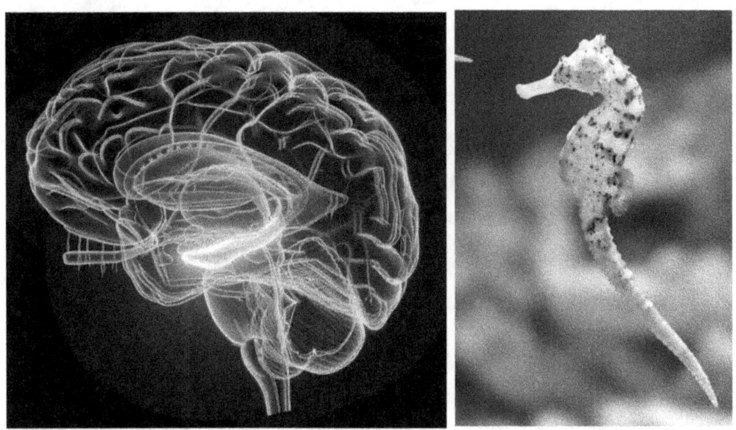

Abb. 3, med. Illustration Hippocampus, shutterstock
Abb.4, Seepferdchen, shutterstock

The Limbic System

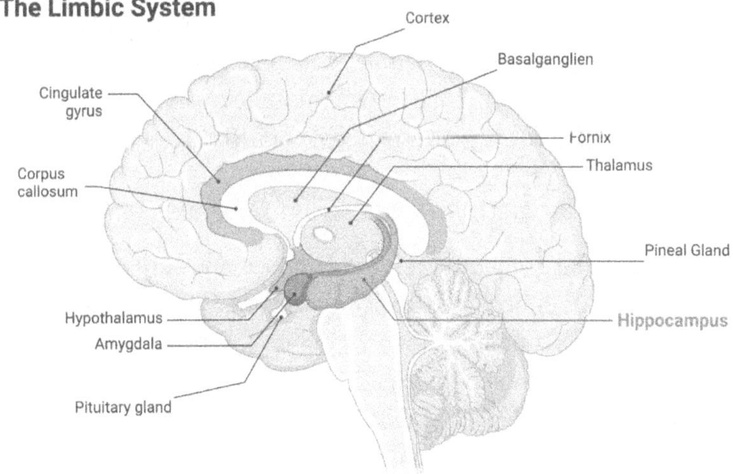

Abb. 5, Das limbische System, biorender

Anatomisch ist der Hippocampus in verschiedene Substrukturen unterteilt:

- *Cornu Ammonis (CA1-CA4)* – zuständig für Informationsverarbeitung und Gedächtniskonsolidierung.
- *Gyrus dentatus* – der einzige Bereich des Gehirns, in dem zeitlebens Neurogenese stattfindet.
- *Subiculum* – das Ausgangstor des Hippocampus in Richtung Neokortex.

Der Begriff *Hippocampus* wird oft synonym mit dem gesamten Komplex verwendet, jedoch beschreibt er genau genommen eine *funktionelle Einheit aus Ammonshorn (CA1–CA4), Gyrus dentatus und Subiculum.*

Er ist eng verknüpft mit der Amygdala, dem präfrontalen Kortex und weiteren Hirnarealen, die für emotionale und kognitive Prozesse entscheidend sind. Der *Gyrus dentatus* dient als Eingangstor zum Hippocampus und ist die einzige Region, in der zeitlebens Neurogenese stattfindet (Eichenbaum, 2017). Hier entstehen kontinuierlich neue Granulazellen, die in den hippocampalen Schaltkreis integriert werden (O'Reilly et al., 2014).

Bedeutung der anatomischen Struktur für die Funktion

Die besondere Organisation des Hippocampus erlaubt eine effiziente Verarbeitung und Speicherung von Informationen. Die bidirektionale Kommunikation zwischen CA1 und dem Neokortex ermöglicht es, neue Informationen mit bestehenden Gedächtnisinhalten abzugleichen (Eichenbaum, 2017). Veränderungen in der Mikrostruktur des Hippocampus, zum Beispiel durch Stress oder neurodegenerative Erkrankungen, können erhebliche kognitive und emotionale Defizite hervorrufen (Rolls, 2016).

Aktuelle Forschung zeigt, dass der linke Hippocampus stärker mit verbalen Gedächtnisleistungen assoziiert ist, während der rechte Hippocampus visuell-räumliche Informationen verarbeitet (O'Reilly et al., 2014).

Der Reifeprozess des Hippocampus

Obwohl unser Hippocampus bereits bei der Geburt vorhanden ist, entwickelt er sich über viele Jahre hinweg weiter. Die vollständige Reifung ist erst etwa mit 25 Jahren abgeschlossen, was erklärt, warum unsere Impulskontrolle, Gedächtnisleistungen und Entscheidungsfähigkeit mit zunehmendem Alter stabiler werden (Giedd, 2004). In dieser Entwicklungszeit ist er besonders anfällig für Umweltfaktoren wie Stress, Schlafmangel oder unausgewogene Ernährung, die seine Plastizität beeinflussen können (McEwen, 2012).

Der BDNF-Faktor: Unser Gehirn-Dünger

Unser Hippocampus liebt BDNF (Brain-Derived Neurotrophic Factor). Dieser Wachstumsfaktor sorgt für die Regeneration von Nervenzellen, fördert die Bildung neuer synaptischer Verbindungen und ermöglicht sogar die Entstehung neuer Neuronen (Poo, 2001). Ohne BDNF würde unser Gehirn an Flexibilität verlieren und letztlich wie ein veraltetes Straßennetz immer ineffizienter arbeiten.

Neurogenese und Lernfähigkeit

Ein faszinierendes Merkmal des Hippocampus ist seine Fähigkeit zur lebenslangen Neurogenese, die hauptsächlich im *Gyrus dentatus* stattfindet (Kempermann et al., 2018). Hier findet die *adulte* Neurogenese/ statt, und zwar aus *neuronalen* Stammzellen/ (auch als neuronale Vorläuferzellen bezeichnet). Konkret bedeutet das, dass sich im subgranulären Bereich der Gyrus-dentatus-Zellschicht (Subgranular Zone, SGZ) neuronale Stammzellen befinden, die sich teilen und differenzieren können.Neue Nervenzellen integrieren sich in bestehende neuronale Netzwerke und tragen zur Verbesserung von Gedächtnis und Lernprozessen bei (Jessberger & Gage, 2014).

Der Hippocampus und emotionale Regulation

Der Hippocampus ist nicht nur zentral für Gedächtnisbildung und Lernen, sondern spielt auch eine entscheidende Rolle bei der Regulation von Emotionen und der Verarbeitung stressbezogener Informationen (McEwen, 2012; Kim & Diamond, 2002). Hier arbeiten der Hippocampus und die Amygdala eng zusammen, um emotionale Reize zu bewerten und zu speichern. Während die Amygdala die emotionale Bewertung eines Ereignisses vornimmt, speichert der Hippocampus den Kontext, in dem das Ereignis stattgefunden hat. Die enge funktionelle und strukturelle Verbindung zur Amygdala und zum präfrontalen Cortex ermöglicht es dem Hippocampus, emotionale Erfahrungen im Kontext von Gedächtnisinhalten zu modulieren und angemessene Verhaltensreaktionen auf emotionale Reize hervorzurufen (Davidson & McEwen, 2012).

Hippocampus, Stress und emotionale Regulation

Eine der wesentlichen Funktionen des Hippocampus in der emotionalen Regulation besteht in der *Kontrolle der Stressantwort*. Der Hippocampus ist Teil der *Hypothalamus-Hypophysen-Nebennierenrinden-Achse (HPA-Achse)* und reguliert die Ausschüttung von Cortisol, einem zentralen Stresshormon (Sapolsky et al., 2000).

Wie können wir unseren Hippocampus unterstützen?

* *Bewegung:* Regelmäßige körperliche Aktivität fördert die BDNF-Produktion und stärkt die Neuroplastizität (van Praag et al., 1999).

- *Lernen & mentale Herausforderungen*: Neue Informationen und das Erlernen von Fähigkeiten wirken wie ein Super-Workout für unseren Hippocampus (Kempermann et al., 2004).
- *Soziale Interaktion*: Ein reger sozialer Austausch stimuliert unser Gehirn und hält es aktiv (McEwen, 2012).
- *Gesunde Ernährung*: Omega-3-Fettsäuren, Antioxidantien und eine ausgewogene Ernährung fördern die neuronale Regeneration (Gomez-Pinilla, 2008).
- *Guter Schlaf*: Tiefschlafphasen sind entscheidend für die Gedächtniskonsolidierung (Walker, 2017).

Zusammenfassung:
Der Hippocampus als unser innerer Navigator

Man kann sich unseren Hippocampus als eine Art GPS für unser Leben vorstellen: Er analysiert kontinuierlich unsere Umwelt, speichert Erlebnisse und hilft uns, fundierte Entscheidungen zu treffen. Doch wie jedes GPS benötigt auch unser Hippocampus regelmäßige Updates – durch Lernprozesse, neue Erfahrungen und bewusstes Trainieren von Aufmerksamkeit und Gedächtnis.

Wenn wir ihn gut pflegen, bleibt unser „Lebensnavigator" zuverlässig und hilft uns, mit Herausforderungen resilient umzugehen.

Amygdala
Unsere Wächterin der Emotionen und Stressreaktionen

Stellen wir uns vor, wir spazieren gemütlich durch den Wald, genießen die frische Luft und das Rascheln der Blätter – bis plötzlich hinter uns ein Ast knackt. Unser Herz beginnt zu rasen, unsere Muskeln spannen sich an, unser Atem wird flacher. Noch bevor wir bewusst nachgedacht haben, ist unser Körper bereit für Kampf oder Flucht. Der Grund für diese blitzschnelle Reaktion? Unsere Amygdala hat das Kommando übernommen. Sie ist unser emotionaler Hochleistungssensor und entscheidet in Sekundenbruchteilen, ob Gefahr droht – eine Fähigkeit, die einst unseren Vorfahren das Überleben sicherte und heute noch unser tägliches Verhalten beeinflusst (Phelps & LeDoux, 2005).

Die Amygdala – Ein kleines Organ mit großer Macht

Tief im limbischen System liegt die Amygdala, ein mandelförmiges Kerngebiet, das für unsere emotionale Verarbeitung von entscheidender Bedeutung ist. Sie bewertet Bedrohungen, steuert unsere Emotionen und aktiviert unsere Stressreaktionen. Sie entscheidet, was uns Angst macht, welche Erlebnisse wir emotional abspeichern und wie wir auf belastende Situationen reagieren. Ihre Rolle ist dabei ambivalent: Einerseits schützt sie uns, indem sie uns vor potenziellen Gefahren warnt. Andererseits kann sie uns auch in Dauerstress versetzen, wenn sie überaktiv wird (McEwen & Morrison, 2013).

Wenn die Amygdala in Alarmbereitschaft bleibt

Angst ist eine der grundlegendsten Emotionen. Sie hilft uns, gefährliche Situationen zu vermeiden und angemessen zu reagieren. Doch das moderne Leben konfrontiert uns nicht mehr mit Säbelzahntigern, sondern mit Staus, E-Mails vom Chef oder der Angst vor sozialer Zurückweisung. Unsere Amygdala unterscheidet dabei nicht zwischen realen und subjektiv empfundenen Bedrohungen – sie springt auf alles an, was Stress auslöst. Besonders problematisch wird es, wenn diese Aktivierung chronisch wird. Studien zeigen, dass Dauerstress die Amygdala überempfindlich macht, sodass selbst harmlose Situationen als Bedrohung wahrgenommen werden. Gleichzeitig kann eine überaktive Amygdala unser Stresssystem so stark belasten, dass der Hippocampus – unser Gedächtniszentrum – schrumpft. Die Folge sind erhöhte Reizbarkeit, Ängstlichkeit und emotionale Dysregulation (Tashjian et al., 2023).

Alltagsmomente – Wie die Amygdala unser Verhalten steuert

Wir sitzen in einem Meeting, unser Chef stellt eine unerwartete Frage, und plötzlich plappert unser Mund eine Antwort heraus, bevor wir überhaupt nachgedacht haben. Willkommen im „Amygdala-Hijack" – unsere emotionale Alarmzentrale hat die Kontrolle übernommen, während unser rationaler Präfrontaler Kortex zu langsam war.

Oder stellen wir uns vor, wir schauen einen Horrorfilm. Wir wissen ganz genau, dass das Monster auf dem Bildschirm nicht echt ist. Doch sobald die bedrohliche Musik anschwillt, beginnt unser Herz zu rasen. Warum? Unsere Amygdala reagiert instinktiv, unabhängig davon, was unser Verstand uns sagt.

Neueste Forschung:
Amygdala, Emotionen und Stressverarbeitung

Eine aktuelle Studie von Tashjian et al. (2023) untersuchte, wie unsere Amygdala mit chronischem Stress umgeht. Die Ergebnisse waren aufschlussreich: Menschen mit einer stärkeren Verbindung zwischen Amygdala und Präfrontalem Kortex konnten emotionale Reize besser regulieren. Umgekehrt war eine überaktive Amygdala bei chronisch gestressten Personen mit erhöhter Ängstlichkeit und emotionaler Unausgeglichenheit verbunden. Besonders bemerkenswert: Achtsamkeits- und Atemtechniken konnten die Amygdala-Reaktivität auf Stress um bis zu 30 % reduzieren.

Wie wir die Amygdala beruhigen können

Glücklicherweise ist unser Gehirn anpassungsfähig – auch in Bezug auf die Amygdala. Wer regelmäßig tiefes Atmen und Meditation praktiziert, aktiviert den Vagusnerv, der die Amygdala beruhigt. Kognitive Umstrukturierung kann helfen, Ängste neu zu bewerten und nicht mehr jede Herausforderung als Bedrohung zu sehen. Körperliche Bewegung reduziert nachweislich Stresshormone und stärkt die Verbindung zwischen Amygdala und Präfrontalem Kortex. Tiefe soziale Interaktionen fördern die Ausschüttung von Oxytocin, das angstlösende Effekte auf die Amygdala hat. Und nicht zuletzt: Ausreichend Schlaf sorgt dafür, dass unsere Amygdala weniger reaktiv ist und wir gelassener auf Stresssituationen reagieren.

Fazit: Die Amygdala als mächtige Wächterin unserer Emotionen

Unsere Amygdala ist unser emotionales Alarmsystem – ein hochsensibles Instrument, das uns schützt, aber uns auch in unnötigen Stress versetzen kann. Die gute Nachricht? Wir haben Einfluss darauf, wie stark sie auf Reize reagiert. Durch gezieltes Training können wir sie von einer überaktiven Sirene in eine sanfte Warnleuchte verwandeln. Denn Emotionen sind wichtig – doch sie sollten uns nicht beherrschen.

Orbitofrontaler Kortex (OFC)
Unser Werte-Manager für Belohnung, Entscheidungen und Emotionen

Stellen wir uns vor, wir stehen in unserem Lieblingscafé vor der Kuchentheke. Unser Blick fällt auf zwei Optionen: den saftigen Schokokuchen und den gesunden Chia-Pudding. Während unser innerer Heißhunger-Teufel bereits jubelnd den Schokokuchen auf die Zunge befördern will, meldet sich eine zweite Stimme: „Denk an deine Gesundheit! Du hast doch erst gestern gesündigt!" Diese innere Verhandlung über Wert und Belohnung findet genau hier statt: im Orbitofrontalen Kortex (OFC) – der Bereich unseres Gehirns, der entscheidet, was für uns wertvoll ist, welche Belohnung lohnenswert erscheint und wie wir langfristig unsere Emotionen regulieren (Rolls, 2019).

Wo liegt der OFC – und warum ist er so besonders?

Der Orbitofrontale Kortex liegt – wie der Name schon verrät – direkt über den Augenhöhlen in der Stirnrinde und ist ein entschei-

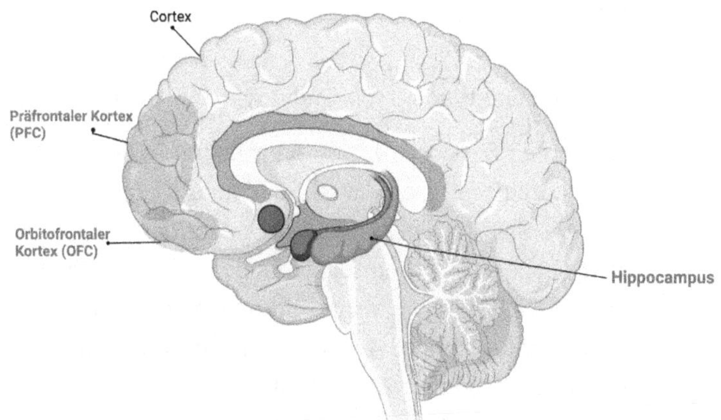

Abb. 6, Orbitofrontaler Kortex (OFC), biorender

dender Knotenpunkt für die Bewertung von Entscheidungen. Während andere Gehirnareale wie der Präfrontale Kortex (PFC) für rationale Planung zuständig sind und die Amygdala emotionale Reaktionen steuert, ist der OFC das höchstentwickelte Bewertungszentrum unseres Gehirns (Bechara et al., 2000).

Er verarbeitet ständig:

- *Belohnung und Bestrafung*: Welche Konsequenzen haben unsere Entscheidungen?
- *Emotionale Regulation*: Wie reagieren wir angemessen auf soziale Interaktionen?
- *Soziale Werte*: Welche Normen sind in unserem Umfeld wichtig?
- *Zukunftsorientierte Entscheidungen*: Ist es sinnvoll, jetzt das Vergnügen (Schokokuchen) gegen langfristige Ziele (gesunde Ernährung) zu tauschen?

Kurz gesagt: Der OFC ist der Finanzberater unseres Gehirns – er wägt ab, ob eine Entscheidung kurz- oder langfristig rentabel ist (Robinson et al., 2021).

Der OFC in Aktion – Ein amüsanter Blick auf Alltagsentscheidungen

Die Supermarkt-Falle: Wer entscheidet – wir oder unser OFC?

Wir gehen in den Supermarkt mit einer klaren Mission: „Nur das Nötigste kaufen!" – Doch dann? Sonderangebote, verführerisch inszenierte Snacks, ein limitierter „Superfood-Shake" für 8,99 €. Unser Blick schweift, unser Verlangen steigt, wir greifen – und dann plötzlich hören wir eine Stimme in unserem Kopf: „Brauchen wir das wirklich? Oder fallen wir wieder auf den Marketingtrick rein?" Dieser Moment der inneren Debatte wird durch den OFC moderiert.

Menschen mit einem intakt funktionierenden OFC schaffen es, ihre Impulse zu kontrollieren und abzuwägen, ob die kurzfristige Belohnung den langfristigen Wert übersteigt. Menschen mit einem dysfunktionalen OFC, etwa durch chronischen Stress oder Drogenmissbrauch, neigen zu impulsiveren Entscheidungen (Robinson et al., 2021).

Soziale Fauxpas und der OFC als Werte-Detektor

Der OFC sorgt nicht nur für die Kontrolle von Essensgelüsten – er ist auch der soziale Schiedsrichter in unserem Kopf. Stellen wir uns vor, wir sind auf einer Party und unser Chef macht einen mäßig witzigen Witz. Wie reagieren wir? Lachen wir höflich oder sagen wir ihm, dass er dringend an seinem Humor arbeiten muss? Unser OFC hilft uns, den sozialen Kontext zu bewerten und eine angemessene Reaktion zu wählen.

Studien zeigen, dass Menschen mit Schädigungen des OFC dazu neigen, unangemessene oder unhöfliche Kommentare zu machen, weil sie die sozialen Konsequenzen nicht mehr richtig einschätzen können (Rolls, 2019).

Was passiert, wenn der OFC nicht richtig funktioniert?

Ein dysfunktionaler OFC führt zu massiven Problemen in der Entscheidungsfindung und Emotionskontrolle:

- *Impulsivität:* Entscheidungen werden nicht mehr überdacht, sondern impulsiv getroffen - von unüberlegten Käufen bis hin zu unangemessenen Äußerungen in sozialen Situationen.

- *Suchtverhalten:* Alkohol, Glücksspiel oder Social Media - ohne ein intaktes Bewertungssystem fällt es schwer, Belohnungen objektiv zu analysieren.

- *Emotionale Instabilität:* Personen mit OFC-Schädigung erleben stärkere Stimmungsschwankungen und haben Schwierigkeiten, zwischen kurzfrostigem Verlangen und langfristigem Nutzen zu unterscheiden (Bechara et al., 2000)

Herausragende aktuelle Studie: Der OFC und emotionale Selbstkontrolle

Eine bahnbrechende Studie von Xia et al. (2023) untersuchte, wie der OFC die emotionale Kontrolle beeinflusst. Die Forscher fanden heraus, dass Menschen mit stärkerer OFC-Aktivität deutlich besser in der Lage waren, negative Emotionen zu regulieren und langfristige Belohnungen abzuwarten. Besonders interessant: Bei gestressten Personen reduzierte sich die OFC-Aktivität signifikant, was zu impulsiveren Entscheidungen und schlechterer Emotionskontrolle führte.

Wie wir unseren OFC trainieren und schützen

- *Achtsamkeit & Meditation* – Nachgewiesene Methode zur Stärkung der OFC-Aktivität und besseren Emotionskontrolle.
- *Selbstreflexion* – Bewusstes Hinterfragen von Entscheidungen trainiert die Bewertungsmechanismen des OFC.
- *Langfristiges Denken fördern* – Zielgerichtete Planung stärkt die Fähigkeit, impulsives Verhalten zu reduzieren.
- *Stress reduzieren* – Chronischer Stress senkt nachweislich die OFC-Aktivität.
- *Soziale Interaktionen pflegen* – Menschen mit vielen positiven sozialen Kontakten haben eine stärkere OFC-Funktion.

Der Orbitofrontale Kortex ist also nicht nur das Bewertungszentrum des Gehirns – er entscheidet mit darüber, wie wir unser Leben gestalten. Ein gut funktionierender OFC bedeutet mehr Kontrolle, mehr Weitsicht und langfristig ein glücklicheres Leben.

Nucleus accumbens
Unser Belohnungssystem zwischen Motivation, Dopamin und Sucht

Stellen wir uns vor, wir öffnen den Kühlschrank und entdecken ein Stück unserer Lieblingsschokolade. Plötzlich regt sich ein innerer Impuls: „Nimm es!" Während wir noch überlegen, spüren wir schon die Vorfreude – und dann? Der erste Bissen trifft auf unsere Geschmacksknospen, und ein wohliger Dopaminrausch setzt ein. Das ist unser Nucleus accumbens in Aktion – das Herzstück unseres Belohnungssystems.

Wo liegt der Nucleus accumbens, und was macht ihn so besonders?

Der Nucleus accumbens (NAc) ist ein kleines, aber mächtiges Areal im ventralen Striatum, tief im Zentrum unseres Gehirns. Er gehört zum mesolimbischen Belohnungssystem, das mit dem Präfrontalen Kortex, der Amygdala und dem Hypothalamus vernetzt ist. Seine Hauptaufgabe ist die Bewertung von Belohnungen und die Motivation zur Handlung.

Was steuert der NAc genau?

- *Dopamin-Freisetzung*: Er verstärkt den „Will-haben-Effekt", sei es bei Essen, sozialen Interaktionen oder beim Verfolgen eines großen Lebensziels (Volkow et al., 2011).
- *Motivation*: Ohne eine aktive NAc-Funktion fehlt die innere Antriebskraft, um Dinge zu tun – sei es Sport treiben oder morgens aus dem Bett zu kommen (Koob & Volkow, 2016).
- *Lernprozesse*: Positive Erfahrungen werden mit Dopamin verknüpft, sodass unser Gehirn sich merkt: „Das hat sich gelohnt, das mache ich wieder!" (Montag et al., 2022).
- *Suchtmechanismen*: Überaktivierung dieses Systems führt zu

zwanghaftem Verhalten – von Essen über Glücksspiel bis hin zu Drogenabhängigkeit (Avena et al., 2008).

Kurz gesagt: Der Nucleus accumbens ist unser Dopamin-Schaltkreis des Glücks – aber auch der Ort, an dem Belohnung zur Falle werden kann.

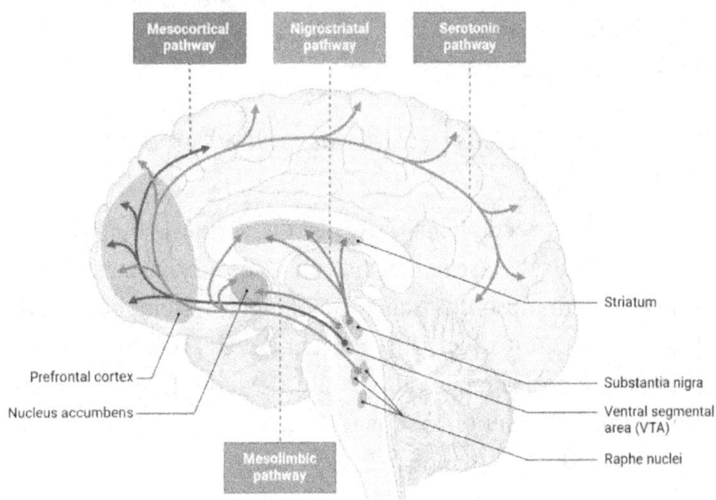

Abb. 7, Nucleus accumbens, Produktions- und Dopaminverteilungswege im Gehirn, biorender

1. Der Dopamin-Kick durch Social Media

Wir nehmen unser Handy, öffnen Instagram und – BOOM – ein Like auf unser neuestes Foto. Ein kleiner Dopaminschub fährt durch unser Gehirn, verstärkt durch den NAc: „Das fühlt sich gut an, mach das nochmal!" Bevor wir es realisieren, scrollen wir eine halbe Stunde durch unseren Feed – und unser Gehirn ist süchtig nach dem nächsten Mini-Belohnungsschub (Montag et al., 2022).

2. Sport vs. Schokolade – Die harte Wahl der Belohnung

Wir haben zwei Optionen: Joggen gehen oder auf der Couch Netflix schauen und eine Tüte Chips inhalieren. Unser NAc registriert beides als potenzielle Belohnungen, aber mit unterschiedlicher Zeitschiene:

- Chips & Netflix? Sofortige Belohnung, hohe Dopamin-Ausschüttung, minimale Anstrengung.
- Joggen? Erst Anstrengung, dann Endorphine, langfristige Zufriedenheit.

Wer trainiert ist, hat einen stärkeren NAc-Präfrontaler-Kortex-Kreislauf, was bedeutet: Wir können Impulse besser steuern und langfristige Belohnungen bevorzugen (Volkow et al., 2011).

Wenn der NAc aus dem Gleichgewicht gerät – Sucht und Kontrollverlust

Dopamin ist großartig – aber nur, wenn es im Gleichgewicht bleibt. Ein überaktives Belohnungssystem kann zu zwanghaftem Verhalten führen:

- *Esssucht:* Zucker setzt besonders hohe Mengen Dopamin frei – manche Forscher vergleichen es mit der Wirkung von Kokain (Avena et al., 2008).

- *Glücksspielsucht:* Die unvorhersehbare Belohnung verstärkt den Drang – „Vielleicht gewinne ich beim nächsten Mal!"
- *Drogensucht:* Substanzen wie Kokain oder Nikotin setzen künstlich große Mengen Dopamin frei, sodass natürliche Belohnungen (Sport, soziale Interaktion) an Wert verlieren (Koob & Volkow, 2016).

Menschen mit einer geschwächten Präfrontalen Kontrolle über den NAc (z. B. durch chronischen Stress oder frühkindliche Traumata) sind anfälliger für Suchtmechanismen. Hier ist die Balance zwischen kurzfristiger und langfristiger Belohnung entscheidend.

Herausragende aktuelle Studie: Der NAc und Belohnungsverzögerung

Eine Studie von Xia et al. (2023) untersuchte, warum manche Menschen Belohnungen sofort wollen, während andere langfristige Ziele verfolgen können. Ergebnis: Personen mit einer stärkeren Verbindung zwischen NAc und Präfrontalem Kortex konnten Belohnungen länger aufschieben, hatten eine bessere Selbstkontrolle und eine insgesamt höhere Lebenszufriedenheit. Personen mit einer schwächeren Verbindung neigten zu impulsiveren Entscheidungen und hatten ein höheres Risiko für Abhängigkeitserkrankungen.

Die Schlussfolgerung: Ein gut trainierter NAc-Präfrontal-Kortex-Kreislauf ist essenziell für nachhaltiges Glück und Selbstkontrolle.

Wie wir unser Belohnungssystem bewusst steuern

- *Langfristige Ziele setzen* – Trainieren wir unser Gehirn darauf, größere Belohnungen abzuwarten.
- *Sport als Dopamin-Quelle nutzen* – Bewegung steigert natürlich die Dopaminproduktion.
- *Bewusster Umgang mit Social Media & Snacks* – Kontrollieren

wir künstliche Dopamin-Spikes.

- *Meditation & Achtsamkeit üben* – Fördert die Verbindung zwischen NAc und Präfrontalem Kortex.
- *Soziale Interaktionen pflegen* – Echtes Glück entsteht oft durch menschliche Beziehungen.

Der Nucleus accumbens ist ein mächtiges Steuerzentrum für Belohnung und Motivation – aber nur, wenn wir lernen, ihn klug zu nutzen.

Das unsichtbare Quartett in unserem Kopf
Wie Hippocampus, PFC, Amygdala und Nucleus Accumbens zusammenspielen

Stellen wir uns unser Gehirn als ein grandioses Orchester vor. Der Hippocampus übernimmt dabei die Rolle des akribischen Archivars, der jedes Musikstück kennt und verwaltet. Der präfrontale Kortex (PFC) dirigiert mit Charisma und Verstand, entscheidet, welche Noten wann gespielt werden, während die Amygdala als temperamentvolle Solistin für dramatische Akzente sorgt. Der Nucleus Accumbens hingegen treibt mit seinem Rhythmus alles an und verleiht dem Stück die Euphorie des Moments. Solange alle Instrumente harmonieren, erleben wir ein Konzert geordneter Gedanken, kluger Entscheidungen und emotionaler Stabilität. Gerät die Synchronisation jedoch aus dem Takt, droht das Bewusstsein in Chaos zu versinken.

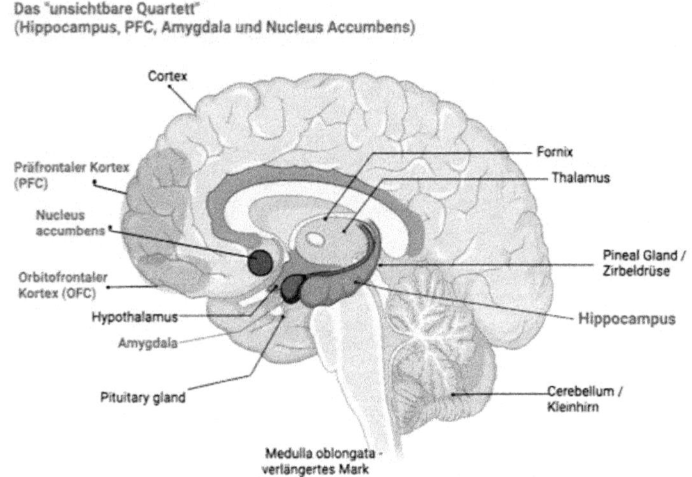

Abb. 8, Das unsichtbare Quartett, biorender

Hippocampus & PFC – Das Gedächtnis trifft auf den Verstand

Der Hippocampus spielt eine zentrale Rolle in unserer Erinnerung. Er speichert Erlebnisse ab und hilft uns, neue Informationen sinnvoll zu integrieren. Doch ohne den PFC würden unsere Erinnerungen chaotisch und unkontrolliert auftauchen. Der PFC filtert das Wesentliche heraus, bewertet Relevanz und stellt sicher, dass wir aus unseren Erfahrungen lernen.

Ein Beispiel: Beim Einkaufen begegnen wir plötzlich einem alten Schulfreund. Sofort feuert der Hippocampus: „Erinnerung gefunden! Er hat uns damals geärgert!" Doch der PFC tritt auf den Plan und stellt klar: „Das war vor Jahrzehnten – vielleicht ist es an der Zeit, das ruhen zu lassen." So bewahrt uns der PFC davor, alte Grolls unnötig wieder aufleben zu lassen und lenkt unser Verhalten in eine konstruktive Richtung (Eichenbaum, 2017).

Amygdala – Die Drama-Queen im Orchester

Die Amygdala ist unser Zentrum für Emotionen – von Angst und Wut bis hin zu Freude und Überraschung. Ohne sie wäre das Leben emotionslos und mechanisch. Sie sorgt für Intensität und Reaktionsgeschwindigkeit, aber manchmal auch für Überreaktionen. Sehen wir im Dunkeln eine vage Gestalt, analysiert der Hippocampus noch, während die Amygdala schon Alarm schlägt: „Gefahr! Lauf!" Der PFC wiederum überprüft, ob es sich wirklich um eine Bedrohung handelt oder nur um eine harmlose Silhouette (LeDoux, 2012).

Nucleus Accumbens – Der Motivationsmotor

Dieser Bereich sorgt für unser Belohnungssystem und ist eng mit Dopamin verknüpft. Er entscheidet, ob wir fokussiert arbeiten oder uns doch lieber einer verlockenden Ablenkung widmen.

Während der PFC uns ermahnt, eine Aufgabe zu Ende zu bringen, flüstert der Nucleus Accumbens: „Nur ein kurzer Blick aufs Handy für einen kleinen Dopamin-Kick…" Hier zeigt sich die Herausforderung der Selbstkontrolle – je öfter wir der Versuchung nachgeben, desto schwieriger wird es, langfristige Ziele zu verfolgen (Montag et al., 2022).

Aktuelle Studie: Die Balance zwischen Angst, Kontrolle und Motivation

Eine aktuelle Untersuchung von Marin et al. (2023) beleuchtete das Zusammenspiel dieser vier Hirnareale in Bezug auf emotionale Regulation. Die Studie zeigte, dass ein gut vernetzter PFC das impulsive Verhalten der Amygdala dämpft, während der Hippocampus emotionale Erinnerungen einordnet. Teilnehmer mit stärkerem PFC-Hippocampus-Zusammenspiel waren emotional stabiler und weniger anfällig für irrationale Ängste.

Fazit: Unser Gehirn als perfekt orchestriertes System

Harmonie zwischen Hippocampus, PFC, Amygdala und Nucleus Accumbens bedeutet kognitive Klarheit, emotionale Stabilität und motiviertes Handeln. Gerät das Gleichgewicht ins Wanken, dominieren impulsive Entscheidungen, Ängste oder Ablenkungen unser Verhalten. Durch bewusste Selbststeuerung, ausreichend Schlaf und gezielte kognitive Herausforderungen, können wir das Zusammenspiel unseres inneren Orchesters verbessern und unsere geistige Resilienz stärken.

Netzwerke im Kopf

Wo Denken, Fühlen und Handeln sich vernetzen
Unterbewusstsein vs. Bewusstsein –
Wer hat hier eigentlich das Sagen?

Es ist ein ganz normaler Morgen. Wir wachen auf, und unser Gehirn startet sein tägliches Hochleistungsprogramm. Zunächst übernimmt das Default Mode Network (DMN), das uns zwischen Traum und Realität schwingen lässt. Dann schaltet sich unser Salienz- und Aufmerksamkeits-Netzwerk ein – wir richten den Fokus auf das Klingeln des Weckers und blenden das Vogelgezwitscher draußen aus. Plötzlich spüren wir eine Unruhe – unser emotionales Netzwerk ist aktiv geworden und signalisiert uns die bevorstehende Präsentation als möglichen Stressfaktor. Noch bevor wir unser erstes Wort gesprochen haben, arbeiten sämtliche dieser Netzwerke auf Hochtouren.

Manchmal scheint es, als würden zwei verschiedene Instanzen in unserem Kopf um die Kontrolle ringen: Das eine trifft rationale Entscheidungen, plant voraus und wägt Risiken ab – das andere handelt impulsiv und instinktiv. Doch wer hat hier eigentlich das Sagen? Das Bewusstsein oder das Unterbewusstsein?

Die Wahrheit ist: Unser Gehirn ist ein hochkomplexes Netzwerk aus spezialisierten Schaltkreisen, die nicht nur Gedanken, Emotionen und Handlungen steuern, sondern auch festlegen, wann wir bewusst agieren und wann wir auf Autopilot laufen. Willkommen in der faszinierenden Welt der neuronalen Netzwerke!

Das Salienz-Netzwerk – Unser Türsteher der
Aufmerksamkeit

Jede Sekunde prasseln rund 11 Millionen bits sensorische Reize auf unser Gehirn ein – visuelle, auditive, taktile, olfaktorische und propriozeptive Signale. Doch nur etwa 40 bits dieser Reize dringen bis in unser Bewusstsein vor, der Rest wird gnadenlos aussortiert. Genau hier kommt das Salienz-Netzwerk ins Spiel. Es entscheidet, welche Informationen wichtig genug sind, um von unserem präfrontalen Kortex (PFC) verarbeitet zu werden.

Das Salienz-Netzwerk ist in der Insula und dem anterioren cingulären Kortex (ACC) verankert und hat eine zentrale Aufgabe: Es erkennt Gefahren oder Chancen – und das blitzschnell! Unsere Umwelt wird in Echtzeit gescannt, und sobald etwas aus dem Muster fällt, schlägt das Netzwerk Alarm. Doch was bedeutet das für unseren Alltag? Stellen wir uns vor, wir laufen durch eine belebte Einkaufsstraße. Unzählige Werbeschilder, Stimmen und Musik prasseln auf uns ein. Doch sobald unser Name in der Menge fällt, schnellt unsere Aufmerksamkeit augenblicklich in diese Richtung. Unser Salienz-Netzwerk hat seine Arbeit getan.

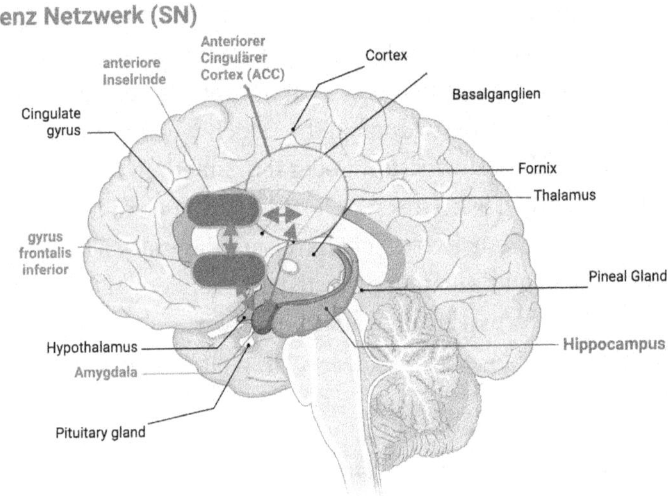

Abb. 9 Salienz-Netzwerk (SN), biorender

Studien zeigen, dass eine Dysfunktion dieses Netzwerks mit psychischen Erkrankungen wie Angststörungen und Depressionen in Verbindung steht (Hermans et al., 2014). Ist unser Wahrnehmungsfilter überlastet, führt dies entweder zu chronischer Zerstreutheit oder zu einer übertriebenen Fokussierung auf negative Reize – beides kann uns das Leben unnötig erschweren.

Das Default Mode Network (DMN) – Unser innerer Autopilot

Das Default Mode Network ist besonders aktiv, wenn wir in Gedanken versunken sind, unsere Vergangenheit reflektieren oder zukünftige Ereignisse durchspielen. Es hilft uns, Erinnerungen zu verknüpfen und ein kohärentes Selbstbild zu formen. Doch wenn wir es überbeanspruchen – sprich, wenn wir uns zu oft in Grübeleien verlieren –, kann das DMN zum Sorgenkarussell werden, das uns in Gedankenschleifen gefangen hält.

DEFAULT MODE NETWORK

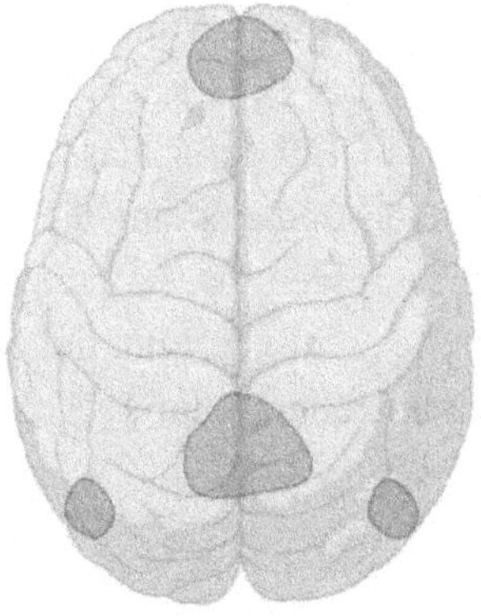

Abb. 10, Default Mode Netzwerk (DFM), biorender

Eine aktuelle Studie von van den Heuvel et al. (2023) zeigt, dass die Übergänge zwischen Bewusstsein und Unterbewusstsein durch bestimmte Netzwerkaktivitäten im präfrontalen Kortex und subkortikalen Regionen gesteuert werden. Personen mit einer stärkeren Vernetzung dieser Bereiche weisen bessere emotionale Kontrolle und schnellere kognitive Umschaltungen auf. Besonders spannend ist die Erkenntnis, dass gezieltes „Nichts-Tun", wie Tagträumen oder Meditation, die Effizienz dieser Netzwerke steigern kann.

Das Central Executive Network (CEN) – Unsere Schaltzentrale für kognitive Kontrolle

Das Central Executive Network (CEN) ist für bewusste kognitive Kontrolle und Problemlösung verantwortlich. Es wird aktiv, wenn wir uns gezielt auf eine Aufgabe konzentrieren müssen – sei es beim Lösen komplexer Probleme oder beim Verfassen einer wichtigen E-Mail. Es arbeitet eng mit dem Salienz-Netzwerk zusammen, das entscheidet, welche Informationen unsere Aufmerksamkeit erfordern.

Ein gutes Beispiel für die Aktivität des CEN ist die Vorbereitung auf eine Präsentation. Während unser Default Mode Network vielleicht noch mit der Erinnerung an ein früheres Versagen kämpft, sorgt das CEN dafür, dass wir strukturiert unsere Argumente durchdenken und uns auf die wesentlichen Inhalte konzentrieren. Studien zeigen, dass eine stärkere Konnektivität im CEN mit besseren exekutiven Funktionen und einer höheren mentalen Flexibilität korreliert (Marek et al., 2018).

Wir alle kennen die Situation: Eine E-Mail mit dem Betreff „WIR MÜSSEN REDEN!" ploppt auf, und augenblicklich schießt unser Herzschlag in die Höhe. Unsere Amygdala, unser Drama-Regisseur im Kopf, schlägt Alarm, noch bevor unser rationaler Verstand die Chance hat, die Situation zu analysieren. Doch manchmal übertreibt dieses Netzwerk – und wir bekommen Panik, obwohl sich die E-Mail am Ende nur auf eine harmlose Team-Besprechung bezieht.

Das Netzwerk zwischen *Hippocampus, Amygdala, PFC und ACC* wird häufig als das *„emotional-kognitive Netzwerk"* bezeichnet. Dieses Netzwerk reguliert nicht nur emotionale Reaktionen, sondern ermöglicht auch eine flexible Anpassung an wechselnde Umweltbedingungen.

Die Verbindung zwischen Hippocampus und präfrontalem Cortex ermöglicht eine kognitive Kontrolle von Emotionen und die Bewertung von Stressoren. Der PFC reguliert gezielt die Intensität und Dauer von emotionalen Reaktionen, indem er hemmende Signale an die Amygdala sendet. Dadurch können übermäßige Angst- oder Stressreaktionen abgemildert werden. Sie ist für die emotionale Bewertung und die schnelle Reaktion auf Stressreize verantwortlich.

Der Hippocampus moduliert die *Amygdala-Aktivität* durch Kontextinformationen, wodurch emotionale Überreaktionen vermieden werden können (Phelps, 2004).

Gleichzeitig bewertet der PFC-Stressoren rational und ermöglicht es, angemessene Verhaltensstrategien zu entwickeln.

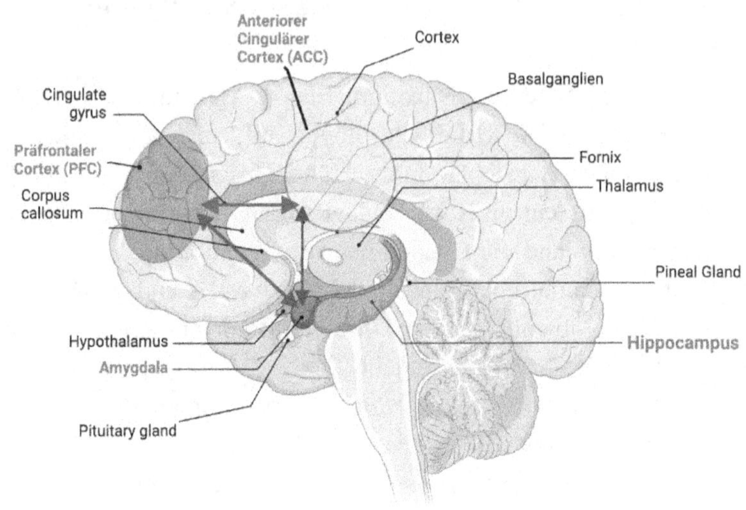

Abb. 11, Das emotional-kognitive Netzwerk, biorender

Eine starke Konnektivität zwischen Hippocampus und PFC ist mit einer höheren Stressresilienz verbunden, da sie eine bessere Integration von emotionalen und kognitiven Informationen ermöglicht. Störungen in dieser Verbindung können hingegen zu unkontrollierten Angstreaktionen, emotionaler Dysregulation und kognitiven Beeinträchtigungen führen (Godsil et al., 2013).

Der *anteriore cinguläre Cortex (ACC)* spielt ebenfalls eine entscheidende Rolle in diesem Netzwerk. Er integriert Informationen aus dem Hippocampus und dem PFC und ist an der Regulation von Aufmerksamkeit und Entscheidungsprozessen beteiligt. Der ACC ist besonders aktiv, wenn es darum geht, emotionale Konflikte zu lösen und kognitive Kontrolle in stressreichen Situationen auszuüben (Etkin et al., 2011).

Das emotionale Netzwerk ist ein essenzielles Frühwarnsystem, das Bedrohungen und Chancen erkennt.

Wenn es jedoch überaktiv ist, kann es dazu führen, dass wir Situationen überbewerten oder unangemessen emotional reagieren. Doch die gute Nachricht ist: Wir können lernen, es zu regulieren. Bewusstes Auseinandersetzen mit unseren Emotionen hilft, die Amygdala zu beruhigen und die Kontrolle über unsere Reaktionen zu behalten.

Subcorticales Netzwerk

Das subkortikale Netzwerk umfasst tief liegende Gehirnstrukturen, die unterhalb der Großhirnrinde (Kortex) liegen. Diese Strukturen sind entscheidend für *automatische, unbewusste Prozesse* wie Bewegung, Emotionen und Motivation.

SUBCORTICAL NETWORK

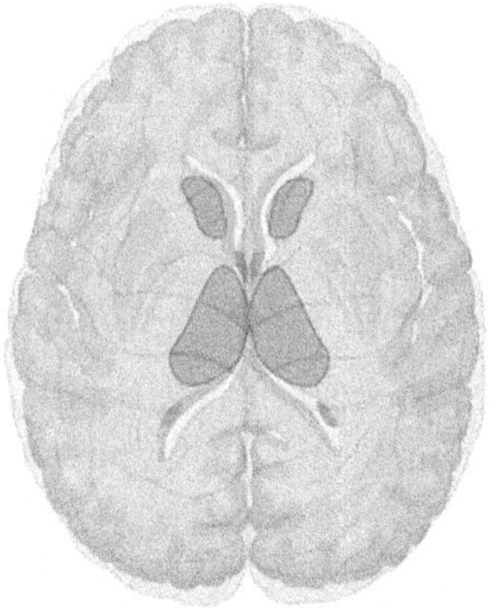

Abb. 12, Subcorticales Netzwerk (SCN), biorender

Das subkortikale Netzwerk und das Salienznetzwerk (SN) sind nicht identisch, aber sie stehen in einer engen funktionellen Verbindung. Während das subkortikale Netzwerk hauptsächlich *tief im Gehirn liegende Strukturen* umfasst, die unbewusste Prozesse steuern, ist das Salienznetzwerk ein funktionelles Netzwerk, das zwischen kortikalen und subkortikalen Regionen vermittelt und relevante Reize für die Aufmerksamkeit auswählt. (Pessoa, 2017).

Die Hauptstrukturen des subcorticalen Netzwerkes sind die Basalganglien (Bewegungssteuerung, Belohnung) (Graybiel, 2005), Thalamus, Amygdala, Hippocampus und Hypothalamus.

Fazit

Das *subkortikale Netzwerk* ist essenziell für *Bewegung, Emotionen, Gedächtnis und Aufmerksamkeit.* Es bildet eine Schnittstelle zwischen bewussten und unbewussten Prozessen und ist eng mit kortikalen Netzwerken verbunden. (McHaffie et al., 2005).

Störungen in diesem System können tiefgreifende Auswirkungen auf die psychische und neurologische Gesundheit haben.

Fazit – Die Kunst, unsere Netzwerke zu synchronisieren

Unsere Gedanken, Emotionen und Handlungen sind das Ergebnis eines unglaublich fein abgestimmten Zusammenspiels verschiedener neuronaler Netzwerke. Wer versteht, wie diese Systeme funktionieren, kann bewusster mit seinen Gedanken umgehen und sein Verhalten gezielt optimieren. Dabei kommt es darauf an, dass wir die Balance zwischen Bewusstheit und Intuition finden – und manchmal einfach zulassen, dass unser Gehirn für uns arbeitet, ohne dass wir uns zu sehr einmischen.

Neuroplastizität & Synaptische Plastizität
Die Superkraft unseres Gehirns

Stellen wir uns vor, wir wollen eine neue Sprache lernen. Am Anfang fühlt es sich an wie ein einziger Buchstabensalat. Doch nach ein paar Wochen passiert etwas Magisches: Plötzlich verstehen wir Satzstrukturen, unser Gehirn erkennt Muster, und das, was zuvor unmöglich schien, läuft auf einmal fast automatisch. Was ist passiert? Unser Gehirn hat sich verändert – es hat neue Verbindungen geschaffen, Synapsen gestärkt und ungenutzte Pfade optimiert. Das ist Neuroplastizität in Aktion (Zatorre, Fields & Johansen-Berg, 2012).

Neuroplastizität – Das wandelbare Gehirn

Früher dachte man, unser Gehirn sei eine starre, einmal geformte Struktur, die nach der Kindheit festgelegt ist. Heute wissen wir: Unser Gehirn ist ein dynamisches System, das sich ständig verändert, umbaut und optimiert (Voss, Nagamatsu, Liu-Ambrose & Kramer, 2011).

Neuroplastizität bedeutet, dass neuronale Netzwerke sich anpassen können, indem sie:

- Neue Verbindungen zwischen Nervenzellen (Synapsen) aufbauen.
- Unnötige oder ungenutzte Synapsen abbauen.
- Bestehende Verbindungen verstärken oder abschwächen, je nach Nutzung.

Kurz gesagt: „*Use it or lose it*" ist das Grundprinzip der Neuroplastizität. Was wir oft tun, wird effizienter – was wir nicht nutzen, verblasst (Tang, Hölzel & Posner, 2015).

*Synaptische Plastizität – Wie sich Erinnerungen und
Fähigkeiten festigen*

Hinter jedem Gedanken, jeder Bewegung und jeder Erinnerung steckt ein elektrisches Feuerwerk in unserem Gehirn. Diese Kommunikation zwischen Nervenzellen läuft über Synapsen, die Verstärkungen oder Abschwächungen erfahren können. Zwei Mechanismen sind dabei entscheidend:

• *Langzeitpotenzierung* (LTP) – Wenn wir etwas wiederholen, verstärken sich die Synapsen zwischen den beteiligten Neuronen, sodass die Signale schneller und effizienter übertragen werden. Das ist die Basis für Lernen und Gedächtnisbildung (Zatorre, Fields & Johansen-Berg, 2012).

• *Langzeitdepression* (LTD) – Unbenutzte Synapsen werden abgeschwächt oder abgebaut, um Ressourcen für relevantere Verbindungen freizusetzen. Unser Gehirn ist also nicht nur ein Speicher – es ist auch ein Filter.

*Neuroplastizität im Alltag – Ein amüsanter Blick auf unser
formbares Gehirn*

1. Autofahren – Die erste Fahrt vs. Routine-Drive
Erinnern wir uns an unsere erste Fahrstunde? Wahrscheinlich hat unser Gehirn auf Hochtouren gearbeitet: Kupplung, Gas, Verkehr, Spiegel – eine kognitive Vollbremsung. Doch nach ein paar Monaten? Alles läuft fast automatisch. Das liegt daran, dass unser Gehirn die notwendigen Verbindungen verstärkt hat, sodass das Autofahren in unser prozedurales Gedächtnis übergegangen ist (Tang, Hölzel & Posner, 2015).

*2. Die Tücken der Gewohnheit – Warum wir aus Versehen zum
alten Job fahren*
Wir haben eine neue Arbeitsstelle, aber unser Gehirn fährt uns morgens trotzdem zum alten Arbeitsplatz. Warum? Weil die alten Synapsen noch stärker sind als die neuen. Erst durch wiederholte

Nutzung des neuen Arbeitswegs werden die frischen Synapsen stabiler und das alte Muster schwächer (Roth, Fischer, Maier & Meinhardt, 2023).

Was beeinflusst Neuroplastizität – und warum schrumpft unser Gehirn manchmal?

Förderlich für Neuroplastizität:

- *Lernen & mentale Herausforderungen* – Je mehr wir unser Gehirn fordern, desto mehr neue Synapsen entstehen.
- *Bewegung & Sport* – Fördert die Ausschüttung von BDNF (Brain-Derived Neurotrophic Factor), ein Molekül, das synaptisches Wachstum anregt (Roth et al., 2023).
- *Soziale Interaktion* – Gespräche, Diskussionen und Empathie fördern neuronale Netzwerke.
- *Achtsamkeit & Meditation* – Verbessert die Konnektivität zwischen Präfrontalem Kortex und anderen Hirnarealen (Tang, Hölzel & Posner, 2015).

Schädlich für Neuroplastizität:

- *Chronischer Stress & Angst* – Dauerhaft hohe Cortisol-Level hemmen die Neurogenese und lassen den Hippocampus schrumpfen.
- *Schlechte Ernährung & Bewegungsmangel* – Fehlt es an Omega-3-Fettsäuren und Antioxidantien, wird das Gehirn anfälliger für neuronalen Abbau.
- *Routine & kognitive Faulheit* – Wer täglich nur die gleichen Abläufe durchläuft, nutzt sein plastisches Potenzial nicht aus.

Herausragende aktuelle Studie: BDNF und Lernfähigkeit

Eine bahnbrechende Studie von Roth et al. (2023) untersuchte den Zusammenhang zwischen Neuroplastizität, BDNF und Lernfähigkeit. Die Forscher fanden heraus, dass Menschen mit höheren BDNF-Spiegeln signifikant schneller neue Fähigkeiten erlernen konnten. Besonders interessant: Regelmäßige Bewegung und abwechslungsreiche mentale Herausforderungen steigerten den BDNF-Wert um bis zu *30 %*.

Die Schlussfolgerung: Wer sein Gehirn fit halten will, muss es aktiv nutzen und fordern – körperlich und geistig.

Glutamat
Unser Turbo-Booster für das Gehirn

Stellen wir uns unser Gehirn als eine Hochleistungsmaschine vor, die mit der richtigen Treibstoffmischung optimale Leistung erbringt. Einer der wichtigsten Motoren für unsere Denkprozesse, unser Gedächtnis und schnelle Reaktionen ist Glutamat – der primäre erregende Neurotransmitter unseres Nervensystems. Ohne Glutamat läuft unser Denkzentrum wie ein Auto mit leerem Tank. Doch woher bekommt unser Körper diesen essenziellen Treibstoff? Ganz einfach: aus unserer Nahrung!

Wirkmechanismus von Glutamat

Glutamat bindet an NMDA-, AMPA- und Kainat-Rezeptoren, die eine entscheidende Rolle für unsere synaptische Plastizität spielen. Doch eine Überstimulation – etwa durch chronischen Stress – kann zu neuronaler Übererregung und sogar zum Zelltod führen, ein Phänomen, das als *exzitotoxische Neurodegeneration* bekannt ist (Dingledine et al., 1999).

Glutamat: Der Funke unserer neuronalen Kommunikation

Glutamat ist der wichtigste exzitatorische Neurotransmitter in unserem Gehirn und spielt eine entscheidende Rolle bei der *Langzeitpotenzierung* (LTP), also der Verstärkung von Synapsen, die für unsere Lern- und Gedächtnisbildung essenziell ist (Liu et al., 2017). Aber wie bei allem im Leben gilt: Die Dosis macht das Gift.

Das Gleichgewicht zwischen Glutamat und GABA

Der Gegenspieler von Glutamat ist GABA (*Gamma-Aminobuttersäure*). Während Glutamat uns aktiviert und unsere Neuronen feuern lässt, sorgt GABA für Entspannung. Ist das Gleichgewicht zwischen beiden gestört, drohen Angststörungen, Schlafprobleme oder kognitive Dysfunktionen (Kalueff & Nutt, 2007).

Wo steckt Glutamat drin – und wie gelangt es ins Gehirn?

Glutamat ist natürlicherweise in vielen proteinreichen Lebensmitteln enthalten. Besonders hoch ist der Gehalt in fermentierten Produkten wie *Parmesan, Sojasauce und reifen Tomaten*. Auch Fleisch, Fisch, Hülsenfrüchte und Pilze liefern reichlich Glutamat. Während viele von uns Glutamat nur als „Geschmacksverstärker" in Fertigprodukten kennen, ist es eigentlich ein natürlicher Bestandteil vieler Lebensmittel und essenziell für unser Gehirn.

Doch unser Körper kann Glutamat nicht direkt aus der Nahrung ins Gehirn transportieren. Stattdessen wird es im Darm aus Proteinen freigesetzt und durch den *Glutamat-Glutamin-Kreislauf* in eine Form umgewandelt, die die *Blut-Hirn-Schranke* passieren kann (Hertz & Rothman, 2017). Einmal dort angekommen, wird es von unseren Nervenzellen wieder in Glutamat umgewandelt – und zündet die neuronale Feuerwerksmaschine für unsere Lernprozesse und Gedächtnisbildung.

Glutamat-Mangel: Wenn unser Gehirn auf Sparflamme läuft

Was passiert, wenn unser Körper nicht genug Glutamat zur Verfügung hat? Die Antwort: Konzentrationsprobleme, Gedächtnisstörungen und eine allgemeine geistige Trägheit. Studien zeigen, dass niedrige Glutamatspiegel mit neurodegenerativen Erkrankungen wie *Alzheimer und Parkinson* assoziiert sind (Plitman et al., 2014). Doch auch im Alltag kann ein Glutamat-Mangel spürbare Folgen haben.

Alltagssituationen: Wie sich Glutamat-Mangel bemerkbar macht

1. Die Denkblockade im Meeting

Kennen wir das? Wir sitzen in einer Besprechung, jemand stellt uns eine Frage – und unser Kopf ist leer. Gar nichts. Nada. Unser Gehirn fühlt sich an wie ein altes Modem, das noch piept, bevor es sich langsam verbindet. Willkommen in der Welt des Glutamat-Mangels! Ohne ausreichend Glutamat laufen unsere neuronalen Schaltkreise auf Sparflamme, und das Abrufen von Wissen dauert gefühlt eine Ewigkeit.

2. Das verflixte Passwort

Wir wollen uns nach dem Urlaub bei unserem Laptop anmelden – doch das Passwort ist wie ausgelöscht. Vorher haben wir es doch täglich benutzt! Doch weil unser *Hippocampus* – unser Gedächtniszentrum – stark auf Glutamat angewiesen ist, kann ein Mangel hier für echte „Blackouts" sorgen. Unser Gehirn hat einfach nicht genug Zündstoff, um die Erinnerung abzurufen.

3. Die vergessene Einkaufsliste

Wir stehen im Supermarkt, bereit für den Wocheneinkauf. Doch an der Kasse wird uns klar: Wir haben die Hälfte vergessen! Dabei hatten wir uns doch alles genau überlegt. Tja, ohne Glutamat bleiben Erinnerungen im Kurzzeitgedächtnis hängen und schaffen es nicht in den Langzeitspeicher.

Herausragende aktuelle Studie: Glutamat und kognitive Leistung

Eine bahnbrechende Studie von Niciu et al. (2023) untersuchte den Zusammenhang zwischen *Glutamat-Leveln und kognitiver Funktion*. Die Forscher fanden heraus, dass Menschen mit höheren *Glutamat-Spiegeln im präfrontalen Kortex* schnellere Reaktionszeiten und bessere Gedächtnisleistung zeigten. Interessanterweise wiesen Studienteilnehmer mit *chronischem Stress* niedrigere Glutamat-Werte auf, was darauf hindeutet, dass Stress nicht nur unsere Nerven, sondern auch unseren Denkstoff angreift.

Fazit: Unser Gehirn braucht Glutamat – aber in der richtigen Dosis!

Glutamat ist ein essenzieller Neurotransmitter für unsere Denkprozesse, unsere Erinnerungsbildung und unsere kognitive Leistung. Ein ausgewogener Speiseplan *mit proteinreichen Lebensmitteln, fermentierten Produkten und gesunden Eiweißquellen* stellt sicher, dass unser Gehirn genug Treibstoff bekommt. Aber Achtung: Zu viel Glutamat – etwa durch hochdosierte künstliche Geschmacksverstärker – kann unser Nervensystem überreizen und *Kopfschmerzen oder Unwohlsein* verursachen (Zhou & Danbolt, 2014).

Kurz gesagt: Wie beim Kaffee gilt auch bei Glutamat – die richtige Dosis macht den Unterschied!

Glia-Zellen & Immunsystem im Gehirn
Die Wächter, Heiler und Architekten der Denkmaschine

Stellen wir uns unser Gehirn als eine pulsierende Metropole vor – eine Stadt, die niemals schläft, voller Datenautobahnen, Wolkenkratzer aus Neuronen und Straßen aus Synapsen. Die Neuronen sind die fleißigen Arbeiter, die Informationen austauschen, verarbeiten und weiterleiten. Doch wer sorgt dafür, dass dieses System nicht im Chaos versinkt? Wer hält die Straßen instand, beseitigt Müll und sorgt für Sicherheit? Genau hier kommen die Glia-Zellen ins Spiel – jene oft unterschätzten, aber unverzichtbaren Helfer, ohne die unser Gehirn schlichtweg nicht funktionieren würde.

Glia-Zellen: Mehr als nur das Stützgewebe des Gehirns

Lange Zeit betrachtete die Wissenschaft Glia-Zellen lediglich als passives Füllmaterial, als bloße „Hintergrundspieler" im Orchester der Neuronen. Doch mittlerweile wissen wir: Ohne Glia-Zellen läuft im Gehirn gar nichts. Sie sind nicht nur Unterstützer, sondern auch Regisseure, Architekten und Sicherheitskräfte unseres Denkapparats.

Glia-Zellen übernehmen dabei unterschiedliche Rollen:

- *Mikroglia* – Die Polizei und das Immunsystem des Gehirns. Sie beseitigen schädliche Eindringlinge und recyceln abgestorbene Neuronen.

- *Astrozyten* – Die Bauingenieure. Sie stabilisieren synaptische Verbindungen, liefern Nährstoffe und regulieren die Blut-Hirn-Schranke.

- *Oligodendrozyten* – Die Straßenbauer. Sie produzieren Myelin, das die neuronalen Bahnen isoliert und die Geschwindigkeit der Signalübertragung erhöht.

Wenn Neuronen die Stars der Show sind, dann sind Glia-Zellen das Produktionsteam, das alles am Laufen hält.

Mikroglia – Die Wächter des Gehirns

Mikroglia sind unsere körpereigenen „Polizisten", die Tag und Nacht patrouillieren. Da das Gehirn durch die Blut-Hirn-Schranke vor externen Immunzellen geschützt ist, übernehmen sie selbst die Verteidigung:

- Sie scannen das Gehirn ständig nach Bedrohungen und entfernen beschädigte oder abgestorbene Zellen durch *Phagozytose* – eine Art neuronale Müllabfuhr.
- Sie regulieren Entzündungsprozesse und helfen bei der Gewebereparatur – aber nur, wenn sie nicht überaktiv sind.

Hier liegt das Problem: Chronischer Stress oder Schlafmangel kann Mikroglia in einen Daueralarmzustand versetzen. Studien zeigen, dass dies mit kognitivem Abbau und neurodegenerativen Erkrankungen in Verbindung steht (Kooij et al., 2021).

Astrozyten – Die stillen Strategen des Denkens

Astrozyten sind wahre Multitalente. Sie versorgen Neuronen mit Nährstoffen und regulieren die chemische Balance im Gehirn. Besonders bemerkenswert: *Sie entsorgen überschüssiges Glutamat* und verhindern so eine Übererregung des Gehirns, die zu neuronalen Schäden führen könnte.

Studien belegen außerdem, dass Astrozyten eine Rolle bei der emotionalen Verarbeitung spielen. Besonders im präfrontalen Kortex und der Amygdala beeinflussen sie unsere Stresstoleranz und Angstreaktionen (Santello, Toni & Volterra, 2019).

1. Mikroglia als Club-Security

Stellen wir uns vor, unser Gehirn ist ein angesagter Nachtclub. Die Neuronen sind die tanzenden Gäste, die wild ihre Impulse feuern. Die Mikroglia sind die Türsteher: Sie entscheiden, wer rein darf, wer rausfliegt und wer auf der Tanzfläche bleibt. Doch was passiert, wenn die Mikroglia zu gestresst sind? Sie fangen an, auch völlig unproblematische Gäste rauszuwerfen – plötzlich wird der Club leer, die Party ist vorbei und wir können uns nicht mehr konzentrieren.

2. Astrozyten als WLAN-Router

Ein stabiles WLAN ist nur so gut wie sein Router. Astrozyten sind die Router unseres Gehirns. Sie optimieren die Signalübertragung zwischen Neuronen, stellen sicher, dass die Informationen reibungslos fließen und beugen Datenstaus vor. Doch bei zu viel Stress oder Schlafmangel „laggt" das Gehirn – es fühlt sich an wie ein Gespräch, bei dem wir plötzlich nicht mehr wissen, was wir sagen wollten.

Herausragende aktuelle Studie: Mikroglia und Depressionen

Eine bahnbrechende Studie von Kooij et al. (2021) untersuchte den Zusammenhang zwischen Mikroglia-Aktivität und Depressionen. Die Forscher fanden heraus, dass chronischer Stress Mikroglia hyperaktiviert, was zu *verstärkten Entzündungsreaktionen im Gehirn* führt. Besonders betroffen: der Hippocampus, eine Schlüsselschaltstelle für Gedächtnis und Emotionsregulation.

Die Schlussfolgerung: Mikroglia sind essenziell für die Gehirngesundheit – doch wenn sie außer Kontrolle geraten, tragen sie zu kognitivem Abbau und Depressionen bei.

Die gute Nachricht: Wir haben die Kontrolle! Folgende Maßnahmen helfen, unsere Glia-Zellen im Gleichgewicht zu halten:

- *Genügend Schlaf* – Während wir schlafen, reduzieren Mikroglia ihre Aktivität und regenerieren sich.
- *Omega-3-Fettsäuren & Antioxidantien* – Sie schützen Mikroglia und Astrozyten vor oxidativem Stress.
- *Regelmäßige Bewegung* – Fördert die Produktion von Wachstumsfaktoren, die Mikroglia in Balance halten.
- *Achtsamkeit & Stressbewältigung* – Chronischer Stress aktiviert Mikroglia und fördert Entzündungen.

Ohne Glia-Zellen würde unser Gehirn kollabieren – sie sind die heimlichen Herrscher der Denkmaschine!

Myelin & weißes Gehirngewebe
Das Hochgeschwindigkeitsnetzwerk unserer Gedanken

Stellen wir uns vor, wir sind auf einer Autobahn unterwegs. Unser Ziel: eine Idee formulieren, ein Problem lösen oder uns einfach daran erinnern, wo wir gestern unser Handy hingelegt haben. Doch statt einer freien, gut ausgebauten Strecke befinden wir uns auf einer holprigen, löchrigen Landstraße mit Dauerstau. Der Grund? Unser Gehirn hat zu wenig Myelin. Myelin ist die Isolierung unserer neuronalen Datenautobahnen – je besser sie funktioniert, desto schneller, effizienter und fehlerfreier läuft unser Denken.

Was ist Myelin – und warum ist es so wichtig?

Myelin ist eine fettige, weiße Substanz, die die Axone unserer Nervenzellen umhüllt. Es bildet die Grundlage des weißen Gehirngewebes und funktioniert ähnlich wie die Plastikisolierung eines Stromkabels. Ohne Myelin würde das neuronale Signal einfach verpuffen – oder extrem langsam weitergeleitet werden.

Unsere Myelinschicht sorgt für eine bis zu 100-fach schnellere Signalübertragung (Fields, 2014). Das bedeutet, dass wir Gedanken schneller fassen, Erinnerungen abrufen und neue Informationen effizienter verarbeiten können. Myelin schützt unsere Nervenzellen und verhindert neuronale Kurzschlüsse. Je besser die Myelinisierung, desto flüssiger und müheloser funktionieren Denken, Lernen und Erinnern. Selbst unsere motorischen Fähigkeiten profitieren: Ohne Myelin würden feinmotorische Abläufe wie Schreiben oder Klavierspielen in Zeitlupe ablaufen.

Kurz gesagt: Myelin ist das Breitband-Internet unseres Gehirns. Wenn es fehlt, surft unser Verstand mit Modemgeschwindigkeit.

Myelin im Alltag – Ein amüsanter Blick auf unsere Gehirn-Autobahn

Warum manche Leute einfach schneller schalten

Wir alle kennen diese Menschen, die sofort eine schlagfertige Antwort haben, während uns die perfekte Reaktion erst fünf Minuten später einfällt. Ihr Myelin-Netzwerk ist effizienter ausgebaut. Studien zeigen, dass Menschen mit stärker myelinisierten Bahnen schneller denken und Informationen effizienter verarbeiten (Fields, 2014). Heißt: Während unser Gehirn noch im Kreisverkehr festhängt, sausen andere schon auf der Überholspur.

Warum Lernen sich anfühlt wie Joggen für das Gehirn

Erinnern wir uns an unsere erste Fahrstunde. Unser Gehirn musste alles bewusst koordinieren: Kupplung treten, Blinker setzen, lenken – kognitive Schwerstarbeit. Doch nach ein paar Wochen? Alles läuft fast automatisch. Das liegt daran, dass unsere Myelinbahnen verstärkt wurden. Je mehr wir eine Fertigkeit üben, desto stärker umhüllen Oligodendrozyten (die Myelin-Bildner) unsere Neuronen – und desto effizienter wird die Signalübertragung.

Wenn das Myelin schrumpft – Die dunkle Seite des weißen Gewebes

Leider ist Myelin nicht unverwüstlich. Chronischer Stress, schlechte Ernährung und Bewegungsmangel können zu Demyelinisierung führen – das bedeutet, dass die Schutzschicht der Nerven langsam abgebaut wird. Folgen:
• Verlangsamtes Denken & Wortfindungsstörungen
• Geringere Konzentrationsfähigkeit
• Erhöhte Anfälligkeit für neurodegenerative Erkrankungen wie

Alzheimer & Multiple Sklerose (Gibson et al., 2021)

Besonders alarmierend: Chronischer Stress führt zu einer übermäßigen Produktion von Stresshormonen wie Cortisol, die Myelin abbauen können (Chetty et al., 2014). Das bedeutet: Dauerstress macht unser Gehirn buchstäblich langsamer.

Herausragende aktuelle Studie: Myelin, Lernen und kognitive Leistungsfähigkeit

Eine bahnbrechende Studie von Zatorre et al. (2023) untersuchte den Einfluss von Myelin auf Lernprozesse. Die Forscher fanden heraus, dass intensives Training neuer kognitiver Fähigkeiten (wie das Erlernen eines Musikinstruments oder einer neuen Sprache) die Myelinproduktion im Gehirn signifikant steigert. Ergebnis:

- Teilnehmer, die täglich neue Fähigkeiten trainierten, wiesen nach 6 Wochen eine um 15 % höhere Myelindichte in relevanten Hirnarealen auf.
- Personen mit stressbedingtem Myelinabbau hatten signifikant schlechtere kognitive Testergebnisse und eine verlangsamte Signalübertragung.

Die Schlussfolgerung

Wer sein Gehirn langfristig fit halten will, sollte bewusst an der Stärkung seines Myelins arbeiten – durch Lernen, Bewegung und gezielte Ernährung.

Wie wir unser Myelin schützen und regenerieren

- *Bewegung*: Besonders Koordinationstraining wie Tanzen oder Kampfsport fördert die Myelinisierung.
- *Omega-3-Fettsäuren*: Fetter Fisch, Nüsse und Leinöl stärken die Myelinschicht.
- *Lernen neuer Fähigkeiten*: Ob Instrument, Sprache oder kom-

plexe Denksportaufgaben – unser Gehirn liebt Herausforderungen.

- *Schlaf optimieren*: Myelinregeneration geschieht primär im Tiefschlaf.
- *Stress reduzieren*: Cortisol ist der natürliche Feind von Myelin.

Myelin ist die Hochgeschwindigkeitsstraße unserer Gedanken – halten wir sie frei von Baustellen und genießen wir kognitive Höchstleistung!

Stress ist gesund!

Wie Dopamin, Noradrenalin, Adrenalin, Serotonin und Endomorphine uns über Motivation, Disziplin und Ausdauer zum Erfolg führen.

Stellen wir uns eine Herausforderung vor: Unser Herz schlägt schneller, unser Atem geht tiefer, unsere Sinne sind geschärft. Ein Vorstellungsgespräch? Ein Wettkampf? Eine Deadline? Unser Körper fährt das gesamte Hochleistungsprogramm hoch. Willkommen in der faszinierenden Welt des gesunden Stresses – der geheimen Superkraft, die uns antreibt, uns fokussiert hält und zu Höchstleistungen befähigt.

Gesunder Stress – Warum wir ihn brauchen

Stress ist nicht unser Feind – im Gegenteil! In der richtigen Dosierung ist er der Motor unseres Erfolgs. Ohne ihn hätte die Evolution nicht stattgefunden, gäbe es keine Marathonläufer, keine Entdecker und keine großen Erfinder. Der sogenannte Eustress sorgt dafür, dass wir motiviert sind, uns konzentrieren und über uns hinauswachsen können (McGonigal, 2015). Er ist die treibende Kraft hinter Disziplin, Durchhaltevermögen und der Fähigkeit, große Ziele zu erreichen.

Eustress und Disstress: Die zwei Gesichter des Stresses

Wenn wir morgens aufstehen und einen wichtigen Vortrag halten müssen, steigt unser Puls, unser Geist wird wach, unsere Gedanken sprudeln – wir sind aufgeregt, aber fokussiert. Das ist Eustress, der positive Stress, der uns antreibt, unser Bestes zu geben. Unser Körper setzt Dopamin, Noradrenalin und Adrenalin frei, wir fühlen uns voller Energie. Sobald der Vortrag vorbei ist, schüttet unser Gehirn Serotonin und Endomorphine aus – eine natürliche Belohnung, die uns mit Zufriedenheit erfüllt. Eustress verbessert unsere Leistungsfähigkeit, macht uns resilienter und stärkt sogar unser Immunsystem.

HPA Axis

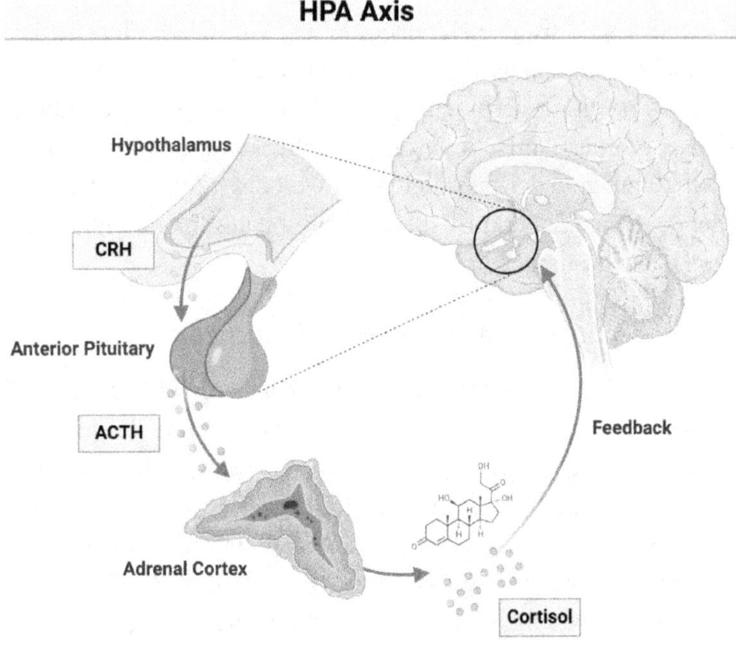

Abb. 12, HPA-Stressachse, biorender

Doch was passiert, wenn wir nicht nur diesen einen Vortrag halten müssen, sondern zusätzlich fünf weitere Deadlines haben, unsere To-do-Liste ins Unermessliche wächst und wir kaum noch Schlaf bekommen? Unser Körper bleibt dann im Dauerstressmodus: Adrenalin und Cortisol bleiben konstant hoch, unsere Nerven liegen blank, unser Immunsystem schwächt sich ab. Das ist

Disstress – der negative Stress, der auf Dauer schädlich ist, die Neurogenese hemmt und sogar unseren Hippocampus schrumpfen lassen kann (Sapolsky, 2004).

Die Quintessenz: Eustress ist unser persönlicher Turbo, der uns wachsen lässt. Disstress ist der Dauerbrenner, der uns auslaugt. Entscheidend ist die richtige Balance – gezielte Anspannung, aber auch bewusste Erholung.

Die Stressachse: Unser chemischer Hochleistungsmotor

Unser Körper besitzt zwei Stressachsen – eine schnelle und eine langsame. Beide arbeiten wie ein perfekt abgestimmtes Orchester zusammen. Doch bevor wir in die Details eintauchen, werfen wir einen Blick auf das biochemische Schauspiel, das sich dabei abspielt:

Der Startschuss: Dopamin – Der Funke der Begeisterung

Alles beginnt mit Dopamin – dem Molekül der Motivation. Es gibt uns den entscheidenden Impuls, dass eine Herausforderung es wert ist, gemeistert zu werden. Dopamin lässt uns Chancen erkennen und sorgt für den berühmten „Jetzt-geht's-los!"-Moment (Salamone & Correa, 2012).

Der Antrieb: Noradrenalin – Fokus & Disziplin

Sobald wir eine Herausforderung annehmen, wird Dopamin zu Noradrenalin umgewandelt. Jetzt wird es ernst: Unser Fokus steigert sich, Ablenkungen verschwinden. Noradrenalin ist das Molekül der Disziplin, das unsere Aufmerksamkeit auf das Ziel richtet (Berridge & Waterhouse, 2003).

Der Sprint: Adrenalin – Hochleistung und Energie

Wenn es brenzlig wird, tritt Adrenalin auf den Plan. Es sorgt für die berühmte „Fight-or-Flight"-Reaktion – die ultimative Mobilisierung unserer Energie. Blutdruck und Puls steigen, unsere Muskeln sind maximal durchblutet, unser Denken wird blitzschnell (Sapolsky, 2004).

Die Belohnung: Serotonin – Der innere Zen-Meister

Nach dem Sprint folgt die Erholung. Sobald die Herausforderung gemeistert ist, steigt unser Serotoninspiegel – das „Zufriedenheitsmolekül". Es signalisiert: „Gut gemacht!" und sorgt für eine tiefe innere Ausgeglichenheit. Serotonin hilft uns, nach der Hochleistungsphase zur Ruhe zu kommen und emotionale Stabilität zu bewahren (Young, 2007).

Der Höhepunkt: Endomorphine – Der Erfolgskick

Jetzt kommt die Krönung: Endomorphine – unsere körpereigenen Opioide, die uns Glücksgefühle schenken. Sie sorgen für das euphorische Gefühl, das nach einer sportlichen Höchstleistung oder einem erreichten Ziel eintritt. Dieses „Runner's High" ist der ultimative Beweis dafür, dass gesunder Stress sich lohnt (Boecker et al., 2008).

Die herausragendste aktuelle Studie: Stress als Erfolgsfaktor

Eine bahnbrechende Studie von Dienstbier et al. (2021) untersuchte, wie gezieltes Stress-Training unsere mentale und körperliche Leistungsfähigkeit steigern kann. Die Forscher fanden heraus, dass Menschen, die regelmäßig bewusst in anspruchsvolle Situationen eintauchen – sei es durch Sport, Kälteexposition oder mentale Herausforderungen – eine resilientere Stressachse entwickeln. Ihr Körper lernt, effizient zwischen Dopamin, Noradrenalin und Adrenalin zu wechseln und schneller in die Serotonin- und Endomorphin-Phase überzugehen. Das bedeutet: Wer gesunden Stress trainiert, wird nicht nur leistungsfähiger, sondern auch glücklicher und widerstandsfähiger gegen negative Belastungen.

Fazit: Stress ist der Schlüssel zum Erfolg

Stress ist nicht unser Feind – er ist unser stärkster Verbündeter. Wer ihn richtig nutzt, kann Motivation, Disziplin und Ausdauer in außergewöhnliche Leistungen verwandeln. Die richtige Balance zwischen Anspannung und Erholung ist der Schlüssel. Wer gezielt Stressreize setzt und diese aktiv meistert, steigert nicht nur seine körperliche und geistige Leistungsfähigkeit, sondern auch sein langfristiges Wohlbefinden. Oder anders gesagt: Wer Dopamin, Noradrenalin, Adrenalin, Serotonin und Endomorphine als seine Verbündeten sieht, kann sich auf eine Reise zu nachhaltigem Erfolg und Glück begeben.

Das Immunsystem
Unsere unsichtbare Schutzarmee

Stellen wir uns unseren Körper als hochsichere Festung vor. Unser Immunsystem ist dabei die unsichtbare Armee, die patrouilliert, Eindringlinge eliminiert und selbst in Friedenszeiten für Ordnung sorgt. Doch was passiert, wenn diese Armee falsch reguliert wird? Ist sie zu schwach, übernehmen Feinde wie Viren und Bakterien das Kommando. Ist sie zu aggressiv, beginnt sie, das eigene Königreich anzugreifen.

Was viele nicht wissen: Unser Immunsystem beeinflusst nicht nur unsere Gesundheit, sondern auch unsere Stimmung, unser Denken und unser Glück (Dantzer et al., 2018).

Immunsystem und Gehirn – Ein unerwartetes Dreamteam

Lange Zeit wurde angenommen, dass das Immunsystem und das Gehirn kaum miteinander interagieren. Unser Gehirn galt lange als „immunprivilegiertes Organ", weil die Blut-Hirn-Schranke es vor Krankheitserregern schützt. Doch inzwischen wissen wir: Das Immunsystem kommuniziert direkt mit unserem Gehirn und beeinflusst unsere Emotionen, unsere Kognition und sogar unsere Persönlichkeit (Dantzer et al., 2018).

Das Immunsystem arbeitet dabei auf zwei Ebenen:

- Das *angeborene Immunsystem* – Die schnelle Eingreiftruppe. Es erkennt allgemeine Bedrohungen und reagiert sofort.
- Das *adaptive Immunsystem* – Die Eliteeinheit. Es entwickelt spezifische Abwehrmechanismen und bildet ein immunologisches Gedächtnis.

Entzündungen, Immunreaktionen und sogar unser Darmmikrobiom beeinflussen unsere Stimmung, unsere Resilienz gegenüber Stress und unser allgemeines Wohlbefinden.

Warum wir uns bei Erkältungen wie Grumpy Cat fühlen

Jeder kennt das: Kaum hat uns eine Erkältung erwischt, werden wir gereizt, unmotiviert und sogar ein wenig depressiv. Selbst das Lieblingsessen schmeckt fad, soziale Interaktionen strengen an, und das Sofa wird zum einzigen sicheren Hafen. Das ist kein Zufall – das ist unser Immunsystem in Aktion!

Während einer Infektion schüttet unser Körper proinflammatorische Zytokine wie Interleukin-6 (IL-6) und TNF-α aus. Diese gelangen ins Gehirn und sorgen dort für eine Art „Energiesparmodus" – offiziell als Sickness Behavior bekannt (Dantzer et al., 2018). Der Zweck? Wir sollen uns ausruhen, damit unser Körper schneller regeneriert. Leider bedeutet das auch: schlechte Laune und ein generelles Meiden sozialer Interaktion.

Stress, das Immunsystem und die „innere Meuterei"

Eine stressige Deadline, kaum Schlaf und plötzlich fühlt es sich an, als hätten wir eine Grippe? Willkommen im Stress-Entzündungssyndrom. Chronischer Stress aktiviert die HPA-Achse (Hypothalamus-Hypophysen-Nebennieren-Achse) und führt dazu, dass unser Immunsystem in eine Dauerentzündungsreaktion übergeht (Slavich & Cole, 2013). Das Problem? Dauerhafte Entzündungen im Gehirn sind mit Depressionen, Angststörungen und kognitivem Abbau verbunden. Unser Körper denkt, er müsse sich verteidigen – dabei gibt es gar keinen Feind.

Herausragende aktuelle Studie: Psychoneuroimmunologie und TH1/TH2-Balance

Eine Studie von Dhabhar (2014) untersuchte, wie psychischer Stress das TH1/TH2-Gleichgewicht beeinflusst. Die Ergebnisse waren erstaunlich: Akuter Stress kann kurzfristig die Immunantwort stärken (TH1-Dominanz), während chronischer Stress das

TH2-System überaktiviert und zu einer schwächeren Abwehr gegen Infektionen führt. Besonders interessant war die Rolle von Cortisol: Hohe Cortisolspiegel unterdrücken TH1, fördern aber TH2, was langfristig zu einer Immunschwäche führt.

Die Schlussfolgerung: Wer chronischen Stress nicht in den Griff bekommt, hat ein höheres Risiko für Infektionen, Entzündungen und Autoimmunerkrankungen.

Fazit: Balance ist alles!

TH1 und TH2 sind zwei Seiten derselben Medaille – beide sind essenziell, aber nur in einem dynamischen Gleichgewicht funktionieren sie optimal. Wer sein Immunsystem gesund halten will, sollte:

- Stress reduzieren, um eine Überaktivierung des TH2-Systems zu vermeiden.
- Antioxidantien zuführen, um oxidative Schäden zu minimieren.
- Ausreichend schlafen, da Schlafmangel das Immunsystem schwächt.
- Bewegung in den Alltag integrieren, um eine gesunde TH1-Aktivierung zu fördern.

Psychoneuro-Immunologie (PNI) - die stille Revolution
Warum unser Immunsystem auf unsere Stimmung hört

Stellen wir uns vor, wir stehen morgens auf, greifen zur Kaffeetasse und lesen eine unerwartet schlechte Nachricht auf dem Handy. Plötzlich ist der Tag gelaufen – unser Herzschlag beschleunigt sich, unser Magen zieht sich zusammen, und noch bevor wir es realisieren, setzt dieser unterschwellige Kopfschmerz ein. Was ist passiert? Unser Gehirn hat binnen Sekunden ein Stresssignal an unser Immunsystem geschickt – und dieses reagiert, als hätten wir gerade eine Infektion eingefangen. Das ist *Psycho-Neuro-Immunologie* in Aktion.

Die geheime Sprache zwischen Kopf und Körper

Lange Zeit galt das Immunsystem als eine Art mechanische Schutzbarriere – ein autonom agierender Polizeiapparat, der still vor sich hin arbeitete und nur dann aktiv wurde, wenn Krankheitserreger eindrangen. Heute wissen wir: *Unser Immunsystem ist eng mit unserem Nervensystem und unserer Psyche verknüpft* (Slavich & Irwin, 2023).

Das Zauberwort? Neurotransmitter und Zytokine.

Unser Gehirn kommuniziert mit Immunzellen über Stresshormone wie Cortisol, die unser hypothalamisch-hypophysär-adrenales (HPA-)System aktivieren. Gleichzeitig beeinflussen Immunzellen über entzündungsfördernde oder -hemmende Botenstoffe (Zytokine) unsere neuronalen Netzwerke. Kurz gesagt: Unsere Stimmung beeinflusst unsere Immunabwehr – und unser Immunsystem kann unsere Emotionen verändern.

Hierbei spielen zwei Mechanismen eine Rolle:

- *Top-Down*: Unsere Gedanken, Emotionen und Bewertungen beeinflussen unser Immunsystem. („Wir denken uns den Stress.") Eine stressige Deadline am Arbeitsplatz kann dazu führen, dass unser *Cortisolspiegel steigt* und unsere Immunabwehr geschwächt wird – noch bevor wir überhaupt eine körperliche Krankheit haben (Dhabhar, 2014).
- *Bottom-Up*: Unser Immunsystem kann über entzündliche Prozesse direkt Einfluss auf unsere Stimmung nehmen. Wenn wir beispielsweise erkältet sind, werden *proinflammatorische Zytokine wie Interleukin-6* (IL-6) freigesetzt. Diese gelangen ins Gehirn, beeinflussen dort die *Serotoninproduktion* und führen zu dem bekannten „*Sickness Behavior*" – Müdigkeit, Antriebslosigkeit und depressive Verstimmungen (Uvnäs-Moberg et al., 2015).

Der tägliche Wahnsinn: PNI in Aktion

Stellen wir uns eine typische morgendliche Autofahrt vor: Alles läuft bestens – bis plötzlich ein Auto scharf vor uns abbremst. Unser Puls schießt in die Höhe, unsere Muskeln spannen sich an, und unser Gehirn aktiviert die *Amygdala,* unser emotionales Alarmzentrum.

Doch während wir noch fluchen, passiert etwas Unsichtbares in unserem Körper: Unser Immunsystem gerät in Alarmbereitschaft. Unser *Cortisolspiegel steigt,* entzündungsfördernde Botenstoffe wie I*nterleukin-6* (IL-6) werden freigesetzt, und unsere *natürlichen Killerzellen* (NK-Zellen) reduzieren ihre Aktivität (Dhabhar, 2014).

Nun stellen wir uns das Gegenteil vor: Wir verbringen den Abend mit guten Freunden und lachen bis die Tränen kommen. Unser Körper reagiert mit einer *Flut von Oxytocin, Serotonin und Endorphinen,* die wiederum *entzündungshemmende Zytoki-*

ne freisetzen und unser Immunsystem stärken (Uvnäs-Moberg et al., 2015).

Soziale Interaktionen sind also buchstäblich eine *Immuntherapie.*

Wie Emotionen unsere Abwehrkräfte lenken

Was passiert, wenn unsere Emotionen auf Dauer kippen? *Chronischer Stress oder depressive Verstimmungen* können das TH1/TH2-Gleichgewicht im Immunsystem stören:

- *TH1 (zelluläre Immunantwort)* wird durch Stress gehemmt – unsere Abwehr gegen Viren und Tumorzellen nimmt ab.
- *TH2 (humorale Immunantwort)* wird übermäßig aktiviert – das Risiko für Autoimmunerkrankungen steigt (Slavich & Irwin, 2023).

Das bedeutet: Wer *ständig gestresst* ist, hat ein *geschwächtes Immunsystem*, neigt aber gleichzeitig eher zu *chronischen Entzündungen.*

Herausragende aktuelle Studie: PNI und emotionale Resilienz

Eine bahnbrechende Studie von Slavich & Irwin (2023) untersuchte, wie psychischer Stress Immunreaktionen langfristig verändert. Die Forscher fanden heraus, dass chronischer Stress die Aktivität proinflammatorischer Zytokine (z. B. TNF-α, IL-6) erhöht und gleichzeitig antiinflammatorische Mechanismen hemmt. Besonders alarmierend: *Menschen mit negativen Denkmustern zeigten eine um 40 % höhere systemische Entzündungsneigung,* was das Risiko für Depressionen, kardiovaskuläre Erkrankungen und neurodegenerative Prozesse steigert.

Die Schlussfolgerung

Emotionale Resilienz ist nicht nur ein psychologisches Konzept – sie hat messbare biologische Auswirkungen. Wer Stress gut bewältigt, schützt sich langfristig vor Entzündungsprozessen, die sonst zur „stillen Revolution" im Körper führen und das Gehirn langfristig schädigen können.

Fazit: Unser Immunsystem hört uns zu!

Wenn wir unser Immunsystem als Teil unserer psychischen Gesundheit begreifen, können wir langfristig nicht nur unsere Abwehrkräfte, sondern auch unsere mentale Widerstandskraft verbessern.

Unser Immunsystem hört uns zu – also geben wir ihm die richtigen Signale!

Homöostase
Die unsichtbare Macht unserer Selbstheilung

Unser Körper ist ein wahres Wunderwerk – eine Hochleistungsmaschine, die rund um die Uhr an einem einzigen Ziel arbeitet: Gleichgewicht! Ob Temperatur, Hormonhaushalt, Blutzuckerspiegel oder Herzfrequenz – unser Organismus regelt alles fein abgestimmt und blitzschnell. Doch wehe, wir funken dazwischen! Stress, ungesunde Lebensweisen oder emotionale Turbulenzen bringen unser Körperpendel aus dem Takt.

Aber keine Sorge: Unser biologischer Regulierungsmechanismus, die Homöostase, kämpft unermüdlich für uns – zumindest, solange wir ihn nicht sabotieren.

Wie funktioniert Homöostase biologisch genau?

Homöostase ist kein statischer Zustand, sondern ein dynamischer Prozess. Wir können sie uns wie einen Thermostat vorstellen, der ständig misst und reguliert. Unser Körper überwacht über spezielle Sensoren (z. B. Barorezeptoren für den Blutdruck oder Thermorezeptoren für die Temperatur) permanent die aktuellen Werte und vergleicht sie mit den optimalen Sollwerten. Werden Abweichungen festgestellt, leitet das Nervensystem über Botenstoffe (z. B. Hormone wie Adrenalin oder Cortisol) Gegenmaßnahmen ein (Sterling & Eyer, 1988). Das kann lokal in einem Organ oder systemisch im gesamten Körper passieren.

Doch die Homöostase funktioniert nicht nur auf systemischer Ebene, sondern in jeder einzelnen Zelle. Jede Zelle ist darauf programmiert, ihr eigenes internes Gleichgewicht zu bewahren. Die Zellmembran spielt dabei eine zentrale Rolle – sie ist das „Tor zur Welt" der Zelle und reguliert, welche Stoffe hinein- oder hinausgelangen dürfen. Ionenkanäle und Transportproteine gewährleisten einen präzisen Austausch von Nährstoffen, Sauerstoff, Signalstoffen und Salzen (Verkman, 2011). So bleibt das intrazelluläre Milieu stabil und sichert die elektrische Erregbarkeit von Neuronen und Muskeln.

Die Zellmembran – Die heimliche Meisterdirigentin der Homöostase

Wer glaubt, Hochleistungsmanagement existiere nur in Großkonzernen, hat die Zellmembran noch nicht kennengelernt. Dieses filigrane Wunderwerk ist Türsteherin, Chefsekretärin und Sicherheitspolizei zugleich – eine Mischung aus Spürhund, Hochleistungscomputer und Elite-Security. Ihre wichtigste Aufgabe? Den Salz- und Flüssigkeitshaushalt unserer Zellen im perfekten Gleichgewicht zu halten.

Die Natur hat hier eine brillante Strategie entwickelt. Ohne eine präzise Regulierung von Natrium (Na^+), Kalium (K^+), Chlorid (Cl^-) und Kalzium (Ca^{2+}) wäre unser Körper ein reines Chaos aus Flüssigkeitsansammlungen, unkontrollierten Nervensignalen und zusammenbrechenden Muskelfunktionen (Dibona & Kopp, 2019).

Was passiert, wenn die Salz-Homöostase versagt?

Wenn die Zellmembran ihren Job nicht mehr richtig macht, ist das so, als säßen wir in einem Boot mit Lecks. Wasser kommt rein, aber es gibt keinen Weg hinaus. Das führt zu dramatischen Folgen:

- *Hypernatriämie*: Die Zelle verliert Wasser, schrumpft – kann zum Koma führen!
- *Hyponatriämie*: Die Zelle schwillt an – schlimmstenfalls entsteht ein Hirnödem!
- *Hyperkaliämie*: Herzrhythmusstörungen sind vorprogrammiert!

- *Störungen der Kalzium-Homöostase*: Krämpfe, Lähmungen, Gedächtnisausfälle – ganz schlecht fürs Überleben!

Neueste wissenschaftliche Erkenntnisse

Eine aktuelle Studie von Gao et al. (2022) zeigt, dass Störungen in der Ionenregulation der Zellmembran eine zentrale Rolle bei neurodegenerativen Erkrankungen wie Alzheimer und Parkinson spielen. Fehlregulationen der Kalzium- und Natriumkanäle führen zum beschleunigten neuronalen Zelltod – eine beunruhigende Erkenntnis für alle, die noch im hohen Alter Sudoku spielen möchten!

Der Feedback-Reflektor – Unser Körper als Kommunikationsprofi

Unsere Emotionen sind nicht einfach Launen, sondern biologisch fundierte Rückmeldungen. Wenn wir uns überfordert fühlen oder ständig erschöpft sind, dann spricht unser Körper mit uns. Studien zeigen, dass das Unterdrücken von Gefühlen den Cortisolspiegel erhöht und langfristig zu Stresserkrankungen führen kann (Gross & Levenson, 1997).

Beispiel aus dem Alltag: Der überforderte Manager

Michael, 42 Jahre alt, ist Manager in einem Großunternehmen. Sein Kalender ist überfüllt, sein Handy klingelt pausenlos. Seine Homöostase hält lange durch, doch nach Monaten im Überlastungsmodus beginnt sein Körper zu streiken:

Phase 1: Schlaflosigkeit setzt ein, Gedanken kreisen, das Gehirn bleibt im Alarmmodus.

Phase 2: Kopfschmerzen und Bluthochdruck setzen ein – klare Zeichen für chronischen Stress.

Phase 3: Magenprobleme, Energiemangel, Reizbarkeit – sein Feedback-Reflektor schlägt Alarm!

Phase 4: Die allostatische Belastung ist zu groß – ein Burnout droht.

Wenn die Homöostase kippt: Allostatische Belastung

Wenn die Regulationsmechanismen des Körpers überfordert sind, spricht man von *Allostatischer Belastung* (McEwen, 1998). Das bedeutet, dass unser System nicht mehr effizient gegensteuern kann – es kommt zu einer Dysregulation mit weitreichenden Folgen für unsere physische und psychische Gesundheit.

Fazit: Wie bringen wir unser Körperpendel wieder ins Lot?

Homöostase ist kein statischer Zustand, sondern ein Tanz – ein fein abgestimmtes Wechselspiel aus Aktivität und Erholung. Wer seine Selbstheilungskräfte aktivieren will, sollte verstehen, dass Emotionen Feedbackschleifen sind, bewusste Erholung kein Luxus ist und unser Körper immer danach strebt, sich selbst zu regulieren. Also: Mehr Selbstreflexion, weniger Dauerstress – unser Körper wird es uns danken!

Schlaf dich glücklich
Wie Melatonin uns ins Traumland schickt

Es ist spät. wir liegen im Bett, drehen uns noch einmal um und schließen die Augen. Und dann beginnt die Magie: Unser Gehirn wechselt langsam in einen anderen Modus. Eine unsichtbare Choreographie aus Neurotransmittern, elektrischen Impulsen und komplexen neuronalen Netzwerken setzt sich in Bewegung. Willkommen in der faszinierenden Welt des Schlafs – oder anders gesagt: *dem ultimativen Glückstraining für dein Gehirn.*

Der zirkadiane Schlafrhythmus – Warum die innere Uhr tickt

Schlaf ist kein Zufall. Unser Körper folgt einer inneren Uhr – dem *zirkadianen Rhythmus, der von der Zirbeldrüse und dem suprachiasmatischen Nukleus (SCN) im Hypothalamus gesteuert wird.* Dieser Rhythmus gibt vor, wann wir wach und wann wir müde werden. Er wird durch das Wechselspiel von *Licht, Dunkelheit und Neurotransmittern wie Melatonin, Serotonin und Cortisol reguliert.*

Tagsüber sorgt *Cortisol* dafür, dass wir wach und aufmerksam sind. Gegen Abend steigt der *Serotoninspiegel,* und sobald es dunkel wird, beginnt die *Zirbeldrüse mit der Produktion von Melatonin* – dem ultimativen Schlafhormon. Doch das ist erst der Anfang des nächtlichen Spektakels.

Die Schlafphasen – Das nächtliche Abenteuer deines Gehirns

Jede Nacht durchlaufen wir *fünf bis sechs Schlafzyklen,* die jeweils aus mehreren Phasen bestehen:

1. Einschlafphase (N1) – Dein Gehirn beginnt, in den Alpha- und Theta-Wellen-Bereich (8-12 Hz) überzugehen, ähnlich wie beim Meditieren.

2. Leichtschlaf (N2) – Deine Körpertemperatur sinkt, das Gehirn beginnt mit ersten Aufräumarbeiten. K-Komplexe und Schlafspindeln tauchen auf.

3. Tiefschlaf (N3, auch SWS – Slow Wave Sleep, sws) – Jetzt kommt die Königsdisziplin: Der *Hippocampus* sichert Erinnerungen, *der PFC regeneriert sich*, und das emotionale Netzwerk beruhigt sich. Die Gehirnwellen bewegen sich im Delta-Bereich (0,5-4 Hz). Ohne Tiefschlaf? *Vergiss Glück, Fokus und emotionale Stabilität.*

4. REM-Schlaf (Rapid Eye Movement) – Willkommen in der Welt des Träumens! Jetzt feuern die Neuronen fast wie im Wachzustand, das *Default Mode Network (DMN) wird aktiv*, kreative Verknüpfungen entstehen, und das *emotionale Netzwerk* verarbeitet Erlebnisse.

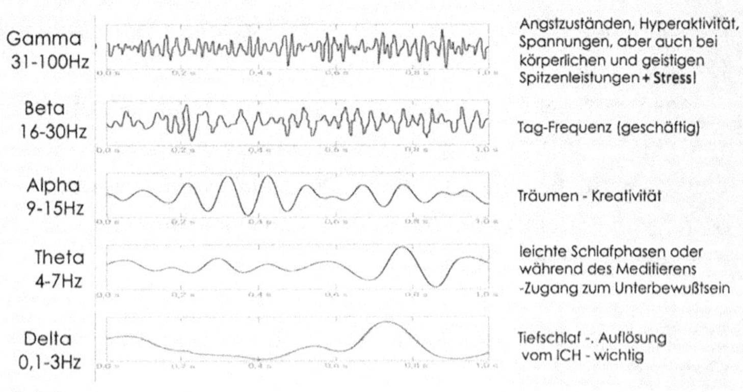

Abb. 14, Unsere Hirnfrequenzwellen (EEG), J.A. Weber

Wie Schlaf unsere Glückshormone steuert: Melatonin – Der Schlafdirigent und sein Baumeister Serotonin

Stell dir Melatonin wie einen sanften, aber entschlossenen Dirigenten eines Nachtorchesters vor. Seine Aufgabe? Dich tief in den Schlaf zu wiegen. Doch wie entsteht Melatonin überhaupt? Die Antwort: *Ohne Serotonin – keine Melatonin Produktion.*

Die Zirbeldrüse, eine kleine, fast unscheinbare Struktur tief im Gehirn, ist der Produktionsort dieses Schlafförderers. Doch sie ist kein Autopilot – sie braucht klare Signale, um ihre Arbeit zu tun. *Das wichtigste Signal? Dunkelheit.* Sobald das Tageslicht schwindet, startet in der Zirbeldrüse eine faszinierende chemische Reaktionskette (Hirshkowitz, M. et. al, 2015):

1. Serotonin, das Wohlfühlhormon, wird in der Zirbeldrüse durch das Enzym AANAT (Aralkylamin-N-Acetyltransferase) in N-Acetylserotonin umgewandelt.

2. Anschließend wandelt das Enzym HIOMT (Hydroxyindol-O-Methyltransferase) N-Acetylserotonin in Melatonin um.

3. Melatonin wird freigesetzt und signalisiert dem Körper: Schlafmodus aktivieren!

Doch hier kommt der Knackpunkt: *Wenn tagsüber zu wenig Serotonin produziert wurde, fehlen die Rohstoffe für Melatonin!* Bedeutet: Wer ständig Stress hat, wenig Sonnenlicht bekommt oder sich schlecht ernährt, sabotiert seine Schlafqualität bereits am Tag.

Und wann ist die *Zirbeldrüse wirklich glücklich?* Wenn sie bekommt, was sie braucht:

- Tageslicht! Besonders morgens, denn UV-Licht fördert die Serotoninproduktion.

- Tryptophanreiche Ernährung (z. B. Bananen, Nüsse, Lachs), weil daraus Serotonin synthetisiert wird.

- Feste Schlafzeiten, denn ein chaotischer Rhythmus irritiert ihre innere Uhr.

• Kein Blaulicht vor dem Schlafen, denn Handy- und Laptop-
bildschirme blockieren die Melatoninproduktion.

Herausragende aktuelle Studie: Schlaf, Melatonin und Glück

Eine *bahnbrechende Studie von Walker et al. (2023)* untersuchte den Zusammenhang zwischen *regelmäßigem, tiefem
Schlaf und der Produktion von Glückshormonen.* Die Forscher
fanden heraus, dass Menschen mit konstant guter Schlafqualität
höhere Serotonin- und Dopamin-Level aufwiesen und emotional
stabiler waren. Besonders auffällig: *Schon eine einzige Nacht
Schlafmangel führte zu einer um 60 % erhöhten Reizbarkeit der
Amygdala* – sprich, die emotionale Reaktion auf Stress wurde
dramatisch verstärkt.

2. **Zirkadianer Rhythmus von Serotonin, Cortisol und Melatonin**: Diese vereinfachte
Darstellung illustriert die täglichen Schwankungen der genannten Hormone. Serotonin
dominiert tagsüber, während Melatonin nachts und kurz vor dem Einschlafen präsent ist.
Cortisol erreicht seinen Höhepunkt kurz nach dem Aufwachen.

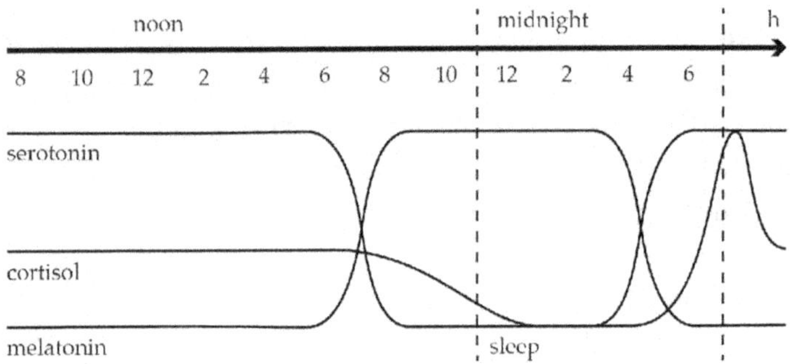

Abb. 15, Zirkadianer Rhythmus

120

Wir schlafen uns stark! – Das Wachstumshormon und die nächtliche Superkraft

Stellen wir uns vor, wir sind bis nachts heimlich im Fitnessstudio, während unser Körper sich regeneriert, Muskeln aufbaut und Fett abbaut – und das alles, ohne dass wir auch nur einen Finger rühren. Klingt nach Science-Fiction? Nein, es ist schlichtweg die Magie des Schlafs! Denn während wir friedlich im Bett liegen, übernimmt unser Gehirn die Regie für eines der beeindruckendsten biochemischen Wunder: die Ausschüttung des *Wachstumshormons HGH (Human Growth Hormone), auch Somatotropin genannt.*

Die große Nachtwerkstatt: Wann unser Körper heimlich repariert wird

Es passiert jede Nacht, oft völlig unbemerkt: Sobald wir in die Tiefschlafphase (Slow-Wave-Sleep, SWS) eintreten, feuert die *Hypophyse* Wachstumshormone in unserem Körper. Diese kleinen Moleküle sind wahre Wunderwaffen: Sie reparieren Zellen, fördern den Muskelaufbau, helfen beim Fettabbau und sorgen dafür, dass wir am nächsten Morgen nicht wie ein kaputtes Handy mit 3 % Akku aufwachen.

Besonders spektakulär: *Bis zu 70 % des gesamten Wachstumshormon-Spiegels werden nachts ausgeschüttet!* Das bedeutet, dass unser Körper in den Stunden zwischen *23:00 Uhr und 02:00 Uhr* auf Hochtouren arbeitet. Während unser Bewusstsein ruht, laufen im Hintergrund komplexe Reparaturprozesse – ein biologischer Kundendienst, der ganz ohne Terminvergabe funktioniert.

Das menschliche Wachstumshormon, (*Somatotropin*) ist nicht nur der Schlüssel zur körperlichen Entwicklung, sondern auch ein wesentlicher Akteur für unsere kognitive Leistungsfähigkeit und emotionale Resilienz.

Doch wie genau funktioniert dieses Hormon? Wo wird es produziert? Und was können wir tun, um seine natürliche Ausschüttung zu optimieren?

Die Quelle des Wachstums: Wo wird HGH produziert?

Die Produktion des menschlichen Wachstumshormons beginnt in einer erbsengroßen Drüse, die sich tief im Zentrum unseres Gehirns verbirgt – der *Hypophyse*. Genauer gesagt, in der *vorderen Hypophyse* (Adenohypophyse), wo spezialisierte somatotrope Zellen Somatotropin in regelmäßigen Pulsen ausschütten (Giustina & Veldhuis, 2019).

Doch die Hypophyse agiert nicht unabhängig – sie untersteht den Befehlen des *Hypothalamus*, einer zentralen Steuerungszentrale des Hormonhaushalts. Dort wird *Growth Hormone-Releasing Hormone* (GHRH) ausgeschüttet, das die Hypophyse zur Produktion von Wachstumshormonen anregt. Gleichzeitig wird *Somatostatin*, ein hemmendes Hormon, freigesetzt, um eine übermäßige Ausschüttung von HGH zu verhindern (Vijayakumar et al., 2018).

Die gesamte Regulation gleicht einem fein abgestimmten Orchester, in dem verschiedene Akteure zusammenarbeiten, um das Gleichgewicht der Hormonproduktion zu gewährleisten.

Produktion und Steuerung: Was beeinflusst das Wachstumshormon?

a) Der circadiane Rhythmus – warum Schlaf so entscheidend ist
Die Produktion von HGH folgt einem zirkadianen Rhythmus, der eng mit unseren Schlafphasen verknüpft ist. Die höchste Ausschüttung erfolgt in der ersten Hälfte der Nacht, insbesondere während der tiefen Non-REM-Schlafphasen (Slow-Wave-Sleep) (Van Cauter et al., 2000).

Werden diese Phasen durch Schlafmangel, Stress oder spätes

Essen gestört, kann die Ausschüttung drastisch sinken – mit weitreichenden Konsequenzen für den Körper.

b) Die Rolle der Ernährung – Fasten als Booster

Interessanterweise kann *Intervallfasten* die Ausschüttung von HGH signifikant steigern. Studien zeigen, dass ein *niedriger Blutzuckerspiegel* die Wachstumshormonproduktion anregt (Ho et al., 1988). Besonders die Reduktion von Zucker am Abend kann diesen Effekt verstärken, da Insulin und HGH in einer *antagonistischen Beziehung* stehen: Hohe Insulinwerte senken die HGH-Ausschüttung.

c) Bewegung als natürlicher Stimulator

Intensive körperliche Aktivität, insbesondere *hochintensives Intervalltraining (HIIT)* und *Kraftsport*, können die Ausschüttung von HGH um das Drei- bis Fünffache steigern (Godfrey et al., 2003). Ein gezieltes Krafttraining mit schweren Gewichten stimuliert die Muskelproteinsynthese und setzt gleichzeitig starke hormonelle Signale frei.

Die Wirkung: Warum ist HGH so wichtig für uns?

Die Ausschüttung von Wachstumshormonen hat weitreichende Auswirkungen auf unsere körperliche und geistige Gesundheit. Die Effekte reichen von der Stärkung der Muskulatur bis hin zur Verbesserung unserer kognitiven Leistungsfähigkeit.

a) Muskelwachstum und Regeneration

HGH ist der wichtigste Baumeister unseres Körpers. Es stimuliert die *Proteinsynthese*, wodurch beschädigte Muskelzellen repariert und neue Muskelfasern gebildet werden (Rennie et al., 2002). Besonders nach intensiven Trainingseinheiten sorgt HGH dafür, dass unser Körper sich regeneriert und stärker wird.

b) Fettverbrennung und Körperkomposition

Wachstumshormone wirken direkt auf den *Fettstoffwechsel* ein. Sie stimulieren den Abbau von Triglyceriden in den Fettzellen und erhöhen die Nutzung von *Fettsäuren als Energiequelle* (Møller & Jørgensen, 2009). Dadurch trägt HGH zur Körperfettreduktion bei und fördert gleichzeitig den Muskelaufbau – eine der wenigen natürlichen Möglichkeiten, Fett zu verlieren und gleichzeitig Muskeln zu erhalten.

c) Gehirnleistung und Neuroprotektion

Wachstumshormone beeinflussen nicht nur den Körper, sondern auch das Gehirn. *Der Hippocampus, unser Zentrum für Gedächtnis und Lernen, reagiert besonders empfindlich auf HGH* (Nyberg et al., 2019). Studien zeigen, dass ein ausreichender HGH-Spiegel die *Neuroplastizität* fördert, also die Fähigkeit des Gehirns, neue Verbindungen zu schaffen.

d) Immunsystem und Zellreparatur

HGH aktiviert *zelluläre Reparaturmechanismen*, indem es die Produktion neuer Zellen anregt und beschädigte Strukturen repariert. Dies ist besonders wichtig für das *Immunsystem*, da es hilft, Infektionen schneller zu bekämpfen und Wundheilungsprozesse zu beschleunigen (Arvat et al., 2000).

Eine aktuelle bahnbrechende Studie zu HGH

Eine der aktuellsten und aufsehenerregendsten Studien zu HGH stammt von Fahy et al. (2019). In dieser randomisierten Studie mit 9 Probanden wurde untersucht, ob HGH in Kombination mit DHEA und Metformin den *biologischen Alterungsprozess* verlangsamen kann. Das Ergebnis war spektakulär: *Die biologische Uhr der Teilnehmer wurde um durchschnittlich 2,5 Jahre zurückgedreht!* Dies wurde durch epigenetische Marker gemessen, die als Indikatoren für das biologische Alter gelten.

Diese Studie war die erste ihrer Art, die nachweisen konnte, dass HGH potenziell *alterungshemmende Eigenschaften* besitzt und die Regeneration auf zellulärer Ebene fördert.

Fazit: Der unsichtbare Jungbrunnen des Körpers

Das menschliche Wachstumshormon ist einer der faszinierendsten Akteure unseres Körpers. Während wir schlafen, arbeitet es unermüdlich daran, unsere Muskeln zu regenerieren, Fett abzubauen, unsere Gehirnfunktion zu optimieren und das Immunsystem zu stärken.

Doch diese natürlichen Prozesse sind nicht selbstverständlich – sie erfordern die richtigen Bedingungen: ausreichender Schlaf, regelmäßige Bewegung, intermittierendes Fasten und eine ausgewogene Ernährung. Wer versteht, wie dieses Hormon funktioniert, kann es gezielt aktivieren – und damit nicht nur seine körperliche Leistungsfähigkeit, sondern auch seine kognitive Resilienz verbessern.

Schlafmangel = Hormonpleite

Jetzt kommt die bittere Wahrheit: *Wer zu wenig schläft, beraubt seinen Körper dieser Superkraft.* Eine einzige Nacht mit unter sechs Stunden Schlaf kann die HGH-Produktion um bis zu 40 % reduzieren (Chikani & Ho, 2023). Das bedeutet nicht nur weniger Muskelwachstum und langsamere Fettverbrennung, sondern auch schlechtere Zellregeneration, schnellere Alterung und eine geschwächte Immunabwehr.

Und nein, Schlaf kann man nicht „nachholen". Die Tiefschlafphasen, in denen Wachstumshormone ausgeschüttet werden, sind nicht unbegrenzt abrufbar. Einmal verpasst? Pech gehabt. Unser Körper hat keine „Speicherfunktion" für HGH – das Hormon wird in Echtzeit produziert oder eben nicht.

Wie wir die nächtliche Hormonparty maximieren

Die gute Nachricht: Es gibt Tricks, um dein Wachstumshormon-Konto aufzufüllen! *Erstens: Fester Schlafrhythmus.* Wer jeden Tag zur gleichen Zeit ins Bett geht, signalisiert der Hypophyse: „Wir brauchen Nachschub!" *Zweitens: Dunkelheit.* Denn Melatonin – das Schlafhormon – ist der engste Verbündete von HGH. Zu viel Licht am Abend? Weniger Melatonin, weniger HGH. *Drittens: Kein Zucker vor dem Schlafen!* Denn Insulin blockiert die Ausschüttung von Wachstumshormonen – also besser auf die späte Tafel Schokolade verzichten, auch wenn sie noch so verlockend aussieht.

Warum Schlafmangel uns schneller altern lässt

Wenn wir uns morgens im Spiegel anschauen und denken: „Mist, ich sehe aus wie zehn Jahre älter!", dann könnte das an unserer letzten durchwachten Nacht liegen. Denn HGH ist nicht nur für Muskelwachstum zuständig – es spielt auch eine entscheidende Rolle bei der Hautregeneration. Wer regelmäßig schlecht schläft, riskiert frühzeitige Faltenbildung, weil sich die Kollagenproduktion verlangsamt (Shokri-Kojori et al., 2023).

Und das ist noch nicht alles: Ein niedriger HGH-Spiegel bedeutet *weniger Fettabbau.* Das bedeutet, dass unser Körper die Fettreserven lieber speichert, anstatt sie nachts zu verbrennen. Und genau deshalb sagt die Wissenschaft: *Guter Schlaf ist der beste Fatburner!*

Herausragende aktuelle Studie: Schlaf, Wachstumshormone und Glück

Eine bahnbrechende Studie von Chikani & Ho (2023) untersuchte, wie Schlafmangel die Ausschüttung von Wachstumshormonen beeinflusst und welche Konsequenzen das für Wohlbefinden und Stoffwechsel hat. Die Forscher fanden heraus, dass Teilnehmer mit regelmäßigem Tiefschlaf *höhere HGH-Werte, bessere Fettverbrennung und eine stabilere emotionale Regulation* aufwiesen. Besonders interessant: *Schlechter Schlaf erhöh-*

te nicht nur den Cortisolspiegel (Stresshormon), sondern senkte gleichzeitig die Produktion von Serotonin und Dopamin – zwei entscheidende Neurotransmitter für Glück und Motivation.

Das bedeutet: *Schlafmangel macht nicht nur müde, sondern auch weniger glücklich.* Die Forscher kamen zu dem Schluss, dass eine konsequente Schlafhygiene essenziell für körperliches und mentales Wohlbefinden ist.

Schlafe und wachse!

Die beste Nachricht: *Wir müssen nichts tun – nur schlafen!* Unser Körper erledigt den Rest. Während wir träumen, baut er Muskeln auf, verbrennt Fett und erneuert deine Zellen. Also: Lassen Sie uns die Bildschirme frühzeitig ausschalten, gönnen uns einen geregelten Schlafrhythmus und genießen den ultimativen Bio-Hack, den die Natur uns geschenkt hat.

Die optimale Schlafdauer und der beste Zeitpunkt für gesunden Schlaf

Wie viele Stunden Schlaf sind ideal?
Die optimale Schlafdauer variiert je nach Alter, individuellen Faktoren und Lebensstil, doch *die meisten Erwachsenen benötigen zwischen 7 und 9 Stunden Schlaf pro Nacht.* Laut der *National Sleep Foundation* sind dies die empfohlenen Schlafzeiten für verschiedene Altersgruppen:
- *Schulkinder* (6–13 Jahre): 9–11 Stunden
- *Jugendliche* (14–17 Jahre): 8–10 Stunden
- *Erwachsene* (18–64 Jahre): 7–9 Stunden
- *Ältere Erwachsene* (65+ Jahre): 7–8 Stunden

Wann ist die beste Schlafenszeit?

Der beste Zeitpunkt für den Schlaf hängt vom *zirkadianen Rhythmus* ab, also der inneren Uhr unseres Körpers, die sich nach

Licht und Dunkelheit richtet. Die meisten Menschen haben eine *natürliche Schlafneigung zwischen 22:00 und 23:30 Uhr.* Idealerweise sollte man also in dieser Zeit schlafen gehen, um mit dem *natürlichen Cortisol- und Melatoninzyklus* im Einklang zu bleiben.

Warum nicht später?

- Der Melatoninspiegel beginnt ab ca. *21:00 Uhr* anzusteigen und erreicht zwischen *2:00 und 4:00 Uhr seinen Höhepunkt.*
- Wer erst um *1:00 Uhr oder später* ins Bett geht, stört diesen Zyklus und riskiert *schlechtere Schlafqualität.*
- *Das Fenster für den erholsamen Tiefschlaf liegt zwischen 22:00 und 2:00 Uhr nachts –* wer diese Phase verpasst, bekommt weniger regenerative Schlafphasen.

Gibt es eine ideale Weckzeit?

Ja! *Das Gehirn ist am erholtsten, wenn man nach einem vollständigen Schlafzyklus aufwacht.* Ein Schlafzyklus dauert ca. *90 Minuten,* und eine gesunde Nacht hat *5 bis 6 Zyklen.* Wer beispielsweise um *22:30 Uhr einschläft, sollte um ca. 6:30 oder 8:00 Uhr aufstehen,* um nicht mitten in einer Tiefschlafphase geweckt zu werden.

Die perfekte Schlafstrategie

- *Optime Schlafdauer:* 7–9 Stunden pro Nacht für Erwachsene.
- *Beste Schlafenszeit:* Zwischen 22:00 und 23:30 Uhr für maximalen Tiefschlaf.
- *Regelmäßiger Rhythmus:* Jeden Tag zur gleichen Zeit schlafen und aufwachen – auch am Wochenende!
- *Vermeidung von Blaulicht abends:* Kein Handy oder Laptop mindestens 60 Minuten vor dem Schlafen.

- *Natürliches Morgenlicht nutzen*: Morgens Tageslicht tanken, um den zirkadianen Rhythmus zu stabilisieren.

Mit dieser Strategie können wir unseren Schlaf nicht nur quantitativ, sondern auch qualitativ optimieren und damit unser Glück, unsere Konzentration und unsere Gesundheit nachhaltig verbessern!

Fazit: Schlafen wir uns glücklich!

Wenn wir das nächste Mal darüber nachdenken, ob wir eine Stunde länger wach bleiben und Netflix durchschauen – sollten wir uns daran erinnern: *Jede Minute Schlaf ist ein Investment in unser Glück.* Unser Gehirn wird es uns danken, unser Körper auch, und selbst unser Chef wird sich freuen, weil wir morgens endlich mit klarem Kopf Entscheidungen treffen.

Der BDNF-Faktor
Das Düngemittel für unser Gehirn

Stellen wir uns unser Gehirn als ein riesiges, verzweigtes Straßennetz vor. Manche Wege sind gut ausgebaut, andere verfallen langsam, und einige neue Straßen könnten dringend gebaut werden. Doch wer kümmert sich um den Straßenbau? Hier kommt der Brain-Derived Neurotrophic Factor (BDNF) ins Spiel – das wohl mächtigste Wachstumshormon unseres Gehirns. Er sorgt dafür, dass neue Synapsen entstehen, bestehende gestärkt werden und unser Gehirn flexibel bleibt. Ohne BDNF wäre unser Denkapparat wie eine Stadt, deren Straßennetz nie modernisiert wurde – voller Schlaglöcher und Sackgassen (Lu et al., 2014).

Wie wird BDNF produziert?

BDNF wird hauptsächlich im Hippocampus, aber auch im präfrontalen Kortex (PFC) und in der Amygdala produziert. Dabei ist die BDNF-Expression nicht zufällig, sondern hängt von bestimmten Faktoren ab:

- *Körperliche Aktivität*: Schon ein 30-minütiger Lauf kann die BDNF-Produktion um das Zwei- bis Dreifache steigern (Erickson et al., 2011). Bewegung ist wie Gießwasser für unser neuronales Wachstum.
- *Mentale Herausforderungen:* Lernen, Puzzles oder kreative Tätigkeiten fordern unser Gehirn heraus – und genau dann schüttet es mehr BDNF aus.
- *Ernährung*: Omega-3-Fettsäuren, Curcumin und Polyphenole fördern die BDNF-Synthese – Fast Food hingegen kann sie blockieren.
- *Schlaf*: Tiefschlaf ist essenziell für die BDNF-Speicherung – wer schlecht schläft, sabotiert sein neuronales Wachstum (Poo, 2001).

Wirkmechanismus von BDNF – Neurogenese: „Wie unser Gehirn wächst"

BDNF ist der Master-Regulator der Neurogenese – besonders im Gyrus dentatus des Hippocampus. Dort sorgt er dafür, dass neue Nervenzellen entstehen, reifen und in bestehende Netzwerke integriert werden. Studien zeigen, dass Bewegung, Lernen und soziale Interaktion die BDNF-Produktion massiv steigern (Poo, 2001). Das geschieht über den TrkB-Rezeptor (Tropomyosin receptor kinase B), der neuronales Wachstum und Plastizität fördert.

Welche Fähigkeiten werden durch BDNF verbessert?

1. Kognitive Funktionen:
o Lernen & Gedächtnis: Ein erhöhter BDNF-Spiegel verbessert die Merkfähigkeit und beschleunigt das Verarbeiten neuer Informationen.
o Kreativität & Problemlösung: Durch verstärkte neuronale Netzwerke steigt die mentale Flexibilität.
o Konzentration & Entscheidungsfindung: Stärkere Synapsen bedeuten effizientere Denkprozesse und schnelleres Handeln.

2. Emotionale und psychische Resilienz:
o Stimmungsstabilität: BDNF schützt vor Depressionen und Angststörungen.
o Stressresistenz: Höhere BDNF-Spiegel reduzieren die Aktivierung der HPA-Achse und damit die Ausschüttung von Cortisol.
o Selbstbewusstsein & Mut: Durch verbesserte Konnektivität im präfrontalen Kortex steigt die emotionale Regulation.

3. Physische Leistungsfähigkeit:
o Motorik & Koordination: BDNF verbessert die neuronale Steuerung von Bewegungen.
o Regeneration nach Verletzungen: Unterstützt das Wachstum neuer Nervenzellen nach Schlaganfällen oder Traumata.

o Schlafqualität: BDNF fördert die neuronale Erholung im Tiefschlaf.

4. Motivation & Selbstwirksamkeit:

o Belohnungssystem-Aktivierung: BDNF moduliert das Dopamin
System, was die intrinsische Motivation steigert.

o Entscheidungsfreude & Durchhaltevermögen: Durch stärkere
Verbindungen zwischen Hippocampus und präfrontalem Kortex verbessert sich die Fähigkeit, langfristige Ziele zu verfolgen.

Synaptische Plastizität: Wie BDNF unsere Synapsen stärkt

BDNF ist essenziell für die Langzeitpotenzierung (LTP) – also
die Verstärkung von Synapsen, die für Lernen und Gedächtnisbildung sorgt (Liu et al., 2017).

- Moduliert Glutamatrezeptoren (NMDA, AMPA): Dadurch
werden Signale zwischen Nervenzellen schneller und effizienter übertragen.
- Stimuliert Dendritenwachstum: Nervenzellen vernetzen sich
besser, was die kognitive Leistungsfähigkeit steigert.
- Hemmt neuronale Degeneration: BDNF schützt vor stressindu-
zierter Schrumpfung des Hippocampus.

Herausragende aktuelle Studie: BDNF als Schlüssel zur mentalen Leistungssteigerung

Eine bahnbrechende Studie von Phillips et al. (2022) untersuchte die langfristigen Auswirkungen von BDNF auf die mentale
Leistungsfähigkeit. Die Forscher fanden heraus, dass Menschen
mit regelmäßig erhöhtem BDNF-Spiegel (durch Bewegung, Lernen und soziale Interaktion) eine stärkere Neuroplastizität aufwiesen und signifikant bessere kognitive Leistungen erbrachten
als die Kontrollgruppe. Besonders beeindruckend: Personen mit
hohem BDNF-Spiegel zeigten eine um 40 % schnellere Regene-

ration nach mentaler Erschöpfung!

Fazit: BDNF ist das ultimative Gehirndoping

Wenn es einen einzigen Faktor gibt, der unsere mentale und körperliche Leistungsfähigkeit auf ein neues Level hebt, dann ist es BDNF. Er sorgt dafür, dass unser Gehirn neue Zellen produziert, belastbarer wird und kognitive Prozesse schneller ablaufen. Wer seinen BDNF-Spiegel hochhalten will, sollte sich viel bewegen, geistig gefordert bleiben, gut schlafen und eine nährstoffreiche Ernährung anstreben. Denn eins ist sicher: Ein Gehirn mit viel BDNF ist ein Gehirn in Höchstform.

Unser Denken
Das kreative Chaos in unserem Kopf

Stellen wir uns vor, unser Gehirn sei eine riesige Bibliothek. Regale voller Gedanken, Erinnerungen und Ideen, mal nach Themen geordnet, mal völlig chaotisch – je nach Tagesform. Plötzlich stürmt ein hyperaktiver Bibliothekar herein und beginnt, willkürlich Bücher aus den Regalen zu ziehen. Willkommen im ganz normalen Alltag unseres Denkens!

Wie entstehen Gedanken?

Gedanken sind keine magischen Erscheinungen – sie sind elektrochemische Prozesse im Gehirn, die aus der Interaktion von Milliarden von Nervenzellen resultieren. Unser präfrontaler Kortex (PFC) spielt dabei eine zentrale Rolle, indem er Informationen analysiert, verknüpft und bewertet (Miller & Cohen, 2001). Doch es gibt einen Haken: Nicht alle Gedanken sind freiwillig! Manchmal wirft unser Gehirn uns völlig unerwartete Assoziationen zu – warum fällt uns beim Anblick eines blauen Pullovers plötzlich unser Grundschullehrer ein? Warum denken wir an einen Ex-Partner, wenn wir einen bestimmten Song hören? Unser Gehirn liebt Querverbindungen, auch wenn sie auf den ersten Blick keinen Sinn ergeben.

Die Grundzutaten für einen Gedanken sind:
* *Sinneseindrücke*: Alles, was wir sehen, hören, riechen, schmecken oder fühlen, wird vom Gehirn verarbeitet.
* *Erinnerungen*: Unser Gehirn vergleicht neue Eindrücke mit gespeicherten Erfahrungen.
* *Emotionen*: Jeder Gedanke ist gefärbt von unserer aktuellen Stimmung.
* *Kognitive Muster*: Unser Gehirn liebt Routinen und ergänzt Lücken automatisch – manchmal auch falsch!

Kurz gesagt: Gedanken sind das Ergebnis eines gigantischen neuronalen Puzzles, das unser Gehirn in Millisekunden zusammensetzt.

Wie bleiben wir gedanklich fokussiert?

Unser Gehirn ist eine Aufmerksamkeitsmaschine – aber eine mit einem sehr kurzen Geduldsfaden. Sobald etwas Neues auftaucht, egal ob ein plötzlicher Ton, eine Bewegung im Augenwinkel oder eine leuchtende Benachrichtigung auf dem Smartphone, richtet sich unser Fokus dorthin. Warum? Weil unser Gehirn evolutionär darauf programmiert ist, mögliche Gefahren zu erkennen. In der Steinzeit konnte ein knackender Ast bedeuten, dass ein Raubtier in der Nähe ist – wer da nicht aufmerksam war, hatte ein Problem. Daher auch unser schnelles Bewerten von Menschen und Situationen. Denn in der frühen Menschheitsgeschichte galt: Wer falsch bewertet, ist tot.

Doch in unserer modernen Welt sind die meisten dieser „Gefahren" eher Ablenkungen: Social Media, E-Mails, Werbung, Hintergrundgeräusche. Unser Gehirn bewertet Dinge in unglaublicher Geschwindigkeit – innerhalb von 200 Millisekunden. Der orbitofrontale Cortex (OFC) spielt dabei eine entscheidende Rolle: Er ist dafür zuständig, Dinge nicht nur visuell oder auditiv zu erfassen, sondern sie hinsichtlich ihres Wertes für uns zu bewerten (Spitzer et al., 2020).

Eine bemerkenswerte Studie von Willis und Todorov (2006) zeigte, dass Menschen innerhalb von nur 100 Millisekunden nach der Betrachtung eines Gesichts spontane Urteile über Eigenschaften wie Vertrauenswürdigkeit fällen. Diese schnellen Bewertungen erfolgen, bevor eine gründliche Verarbeitung oder ein tieferes Verständnis der Person oder Situation möglich ist – ein Beleg für die rasche Bewertungsfunktion des OFC.

Multitasking – der Energieräuber

Jedes Mal, wenn wir zwischen Aufgaben hin- und herspringen, zahlt unser Gehirn einen Preis: Es verliert Energie. Multitasking ist also nicht unser Superheldenmodus, sondern unser größter Energiefresser.

Was benötigen wir, um klar zu denken?

- *Energie:* Unser Gehirn verbraucht 30 % der gesamten Körperenergie – es benötigt Glukose, Sauerstoff und ausreichend Schlaf (Peters et al., 2004).
- *Ruhephasen*: Dauerstress blockiert klares Denken. Cortisol hemmt den Hippocampus, was die Gedächtnisbildung beeinträchtigt.
- *Fokussierung*: Multitasking ist ein Mythos – echtes Denken braucht Konzentration (Rogers & Monsell, 1995).
- *Emotionale Stabilität*: Angst und Stress können Denkprozesse verzerren – unser Gehirn bevorzugt dann schnelle, automatische Reaktionen statt reflektierter Entscheidungen.

Wie können wir Gedanken bewusst steuern?

Viele glauben, Gedanken würden einfach „passieren". Doch wir können aktiv beeinflussen, was in unserem Kopf vor sich geht.

Stellen wir uns unser Bewusstsein wie eine Autofahrt vor. Wenn der Autopilot eingeschaltet bleibt, fährt das Auto irgendwohin – oft zu gewohnten Zielen, den gedanklichen Dauerschleifen von Sorgen, Planungen oder alten Erinnerungen. Doch wenn wir das Lenkrad selbst in die Hand nehmen, können wir entscheiden, wohin unsere Gedanken reisen sollen.

- *Gedanken beobachten*: Der erste Schritt zur Kontrolle ist, sich bewusst zu machen, was im Kopf passiert. Statt sich in einer negativen Gedankenschleife zu verlieren, hilft es, einen Schritt zurückzutreten und die Gedanken nur zu „beobachten" – wie

vorbeiziehende Wolken am Himmel.
- *Kognitive Umstrukturierung*: Unser Gehirn ist trainierbar. Wer bewusst nach positiven Aspekten sucht oder sich selbst alternative Erklärungen für stressige Situationen gibt, kann seine Denkmuster langfristig verändern.
- *Fokus-Training*: Meditation, Achtsamkeitsübungen oder gezielte Konzentrationstechniken helfen, die Aufmerksamkeit zu schärfen und das Gehirn weniger anfällig für Ablenkungen zu machen. Studien zeigen, dass Meditation die Gedankensteuerung verbessert und das „Gedankenkarussell" verlangsamt (Tang et al., 2015).
- *Gezieltes Umlenken*: Statt sich in negativen Gedanken zu verlieren, kann unser Gehirn auf alternative Denkmuster trainiert werden.

Wie werden wir abgelenkt?

Unser Gehirn ist eine *Aufmerksamkeitsmaschine* – aber eine extrem launische. Die größten Ablenkungsfallen:
- *Digitale Reize*: Social Media, E-Mails und Benachrichtigungen setzen Dopamin-Kicks frei – unser Gehirn liebt sie (Montag et al., 2017).
- *Multitasking-Illusion*: Jeder Wechsel zwischen Aufgaben kostet mentale Energie und führt zu langsameren Denkprozessen.
- *Externe Unterbrechungen*: Ein klingelndes Telefon kann einen Gedankenstrang komplett unterbrechen – und oft findet man ihn nicht mehr wieder.
- *Unkontrollierte Gedankenketten*: Aus „Ich sollte noch die Mails checken" wird „Was macht eigentlich mein alter Schulfreund?" und plötzlich sucht man nach Rezepten für Zitronenkuchen.

Was passiert, wenn wir unsere Gedanken nicht steuern?

Ein unkontrolliertes Gedankenchaos kann sich schnell verselbstständigen. Stell dir vor, du sitzt im Zug und hast nichts zu tun – dein Gehirn beginnt, ziellos durch Erinnerungen zu surfen. Plötzlich denkst du an eine E-Mail, die du nicht beantwortet hast. Daraus wird die Überlegung, ob dein Chef wohl unzufrieden mit dir ist. Dann erinnerst du dich an ein unangenehmes Gespräch letzte Woche. *Binnen weniger Minuten bist du in einem Strudel von Sorgen und Unsicherheiten – dabei bist du nur Zug gefahren.*

Diese *Gedankenspiralen* entstehen, wenn wir unser Denken nicht aktiv lenken. Und genau hier liegt die Macht: *Wenn wir erkennen, dass unsere Gedanken steuerbar sind, können wir entscheiden, welche davon wir weiterverfolgen – und welche nicht.*

Herausragende aktuelle Studie: Gedankensteuerung und mentale Gesundheit

Eine bahnbrechende Studie von Christoff et al. (2022) zeigte, dass Menschen, die ihre Gedanken bewusst steuern, eine höhere psychische Widerstandsfähigkeit aufweisen. Die Forscher fanden heraus, dass gezielte Gedankenlenkung die Aktivität des medialen präfrontalen Kortex erhöht, wodurch stressbedingte Denkverzerrungen minimiert werden. Zudem bewies die Studie, dass Personen mit trainierter Gedankensteuerung eine signifikant geringere Anfälligkeit für Angst und Depressionen zeigten.

Fazit: Denken ist formbar – wenn wir es zulassen

Unser Denken ist kein autonomes System – es ist formbar, beeinflussbar und trainierbar. Wer versteht, dass Gedanken keine festen Wahrheiten sind, sondern neuronale Prozesse, die gesteuert werden können, gewinnt enorme Kontrolle über sein eigenes Leben. Die gute Nachricht? Wir sind nicht die Opfer unserer Gedanken – wir sind ihre Architekten.

Unsere Wahrnehmung
Die große Illusion zwischen Realität und Kopfkino

Es ist ein ganz normaler Morgen, wir stehen in der Schlange an der Bäckertheke. Vor uns ein Mann mit tief ins Gesicht gezogener Kapuze, der nervös auf sein Handy starrt. Wir spüren eine seltsame Spannung in der Luft. Bankräuber? Drogenkurier? Oder einfach nur jemand, der vergessen hat, seine Brötchen zu bezahlen? Unser Herz schlägt schneller, wir beobachten ihn misstrauisch. Plötzlich dreht er sich um, lächelt uns an und fragt höflich: „Entschuldigung, wissen Sie zufällig, wann die Straßenbahn kommt?" – Unser ganzer innerer Film war falsch.

Was ist hier passiert? Ganz einfach: 50 % unserer Wahrnehmung stammen von außen – über die Sinnesorgane. Die anderen 50 %? Eine Geschichte aus unserem Kopf!

Wahrnehmung: Realität trifft Kopfkino

Unsere Wahrnehmung ist nicht einfach ein Live-Stream der Realität. Sie ist vielmehr eine Mischung aus objektiven Sinneseindrücken und einer inneren Interpretation, die aus Erinnerungen, Bewertungen, Vorurteilen und Erlerntem besteht (Clark, 2013). Unser Gehirn arbeitet dabei nach dem Prinzip: „Ergänze, was fehlt, und fülle die Lücken mit eigenen Erfahrungen."

Die 50 % aus der Außenwelt – Unsere Sinnesorgane

Unsere fünf klassischen Sinne (Sehen, Hören, Riechen, Schmecken, Fühlen) liefern eine ungefilterte Flut an Reizen. Doch diese Reize allein reichen nicht aus, um eine vollständige Wahrnehmung zu erzeugen. Unser Gehirn müsste sonst ständig jedes Detail auswerten – eine völlige Reizüberflutung. Deshalb setzt unser Gehirn auf Effizienz und ergänzt die Lücken mit Bekanntem.

Die 50 % aus dem Kopf – Unsere mentale Realität

Hier beginnt die Magie – oder auch der Irrtum. Denn unser Gehirn bastelt aus Erinnerungen, Glaubenssätzen, Vorurteilen, kulturellen Narrativen und moralischen Überzeugungen ein individuelles Bild der Wirklichkeit (Friston, 2010).

Interpretation: Ein Gesichtsausdruck kann als freundlich oder arrogant empfunden werden – je nach eigener Stimmungslage.

Erfahrungsbasierte Assoziation: Wer als Kind von einem Hund gebissen wurde, sieht auch in einem wedelnden Retriever eine potenzielle Gefahr.

Narrative und Moral: Zwei Menschen können dieselbe politische Debatte sehen – der eine findet sie überzeugend, der andere eine Farce.

Das Salienz-Netzwerk (SN) – Der Filter unserer Wahrnehmung

Unser Gehirn ist kein neutraler Beobachter, sondern filtert Informationen durch das Salienz-Netzwerk. Dieses Netzwerk entscheidet blitzschnell: Was ist wichtig? Was darf ignoriert werden?

- *Amygdala*: Prüft, ob etwas bedrohlich ist.
- *Hippocampus*: Vergleicht mit früheren Erfahrungen.
- *Präfrontaler Kortex*: Fügt moralische Bewertungen und soziale Normen hinzu.

Das bedeutet: Unsere Wahrnehmung ist eine hochsubjektive Auswahl an Realität. Und genau hier liegt die Quelle für Missverständnisse – und Stress.

„Wir denken uns den Stress" – Wie unsere Wahrnehmung die Emotionen beeinflusst

Jeder kennt diese Situationen: Ein Kollege schickt eine knappe E-Mail ohne Smiley – und sofort drehen sich Gedanken im Kopf.

Ist er wütend? Haben wir etwas falsch gemacht? Dabei könnte der Kollege einfach nur in Eile gewesen sein. Unser Gehirn interpretiert eine neutrale Situation mit einer eigenen Geschichte – und verursacht damit oft unnötigen Stress.

Studien zeigen, dass Menschen mit einer negativen Erwartungshaltung (z. B. chronisch gestresste Personen) neutralen oder ambivalenten Informationen häufiger eine bedrohliche Bedeutung geben (Mathews & MacLeod, 2005). Die Folge? Unser Gehirn versetzt sich selbst in Stress – ohne reale Bedrohung.

Die Hierarchie der Wahrnehmung und ihre Auswirkungen auf unser Verhalten

Stellen wir uns vor, wir laufen durch eine überfüllte Fußgängerzone. Autos hupen, Stimmengewirr erfüllt die Luft, Werbung blinkt von den Schaufenstern. Doch während all diese Eindrücke gleichzeitig auf uns einströmen, nehmen wir nur einen Bruchteil bewusst wahr. Warum? Weil unser Gehirn in einer klaren Rangordnung entscheidet, welche Reize unsere Aufmerksamkeit verdienen – und welche in den Hintergrund verschwinden.

Grundbedürfnisse – Die biologische Prioritätensetzung

Unser Gehirn arbeitet wie ein Sicherheitsdienst, der die Dringlichkeit eines Reizes blitzschnell analysiert. Alles, was unser Überleben betrifft, hat oberste Priorität. Ein lauter Knall? Potenzielle Gefahr. Ein Magenknurren? Hunger. Ein Gesichtsausdruck, der Aggression signalisiert? Soziale Bedrohung. Unsere Wahrnehmung ist evolutionär darauf ausgerichtet, zuerst auf das zu reagieren, was unser Leben direkt beeinflusst (LeDoux, 2012).

Denken Sie an die letzte lange Autofahrt, auf der Sie plötzlich müde wurden. Ihr Gehirn registriert den Sekundenschlaf als existenzielle Bedrohung – und schickt ein Adrenalin-Signal, das Sie für einen Moment wieder wachrüttelt. Oder erinnern Sie sich an den letzten Moment, in dem Sie fast gestolpert wären – Ihr Körper zuckt instinktiv zusammen, bevor Ihr Verstand die Situation überhaupt erfasst hat. Diese unmittelbaren Reaktionen zeigen, dass unser Gehirn zuerst prüft: *Bin ich in Sicherheit?*

Doch nicht nur physische Gefahren stehen im Fokus. Soziale Zugehörigkeit ist ebenso essenziell. Wenn wir eine fremde Gruppe betreten und spüren, dass niemand uns ansieht oder grüßt, löst das in uns eine Unruhe aus – ein evolutionäres Erbe, denn unsere Vorfahren überlebten nur in der Gemeinschaft.

Persönliche Werte – Der individuelle Wahrnehmungsfilter

Sind die Grundbedürfnisse gesichert, kommt die nächste Stufe: unsere persönlichen Werte. Während die biologischen Mechanismen universell sind, ist dieser Bereich höchst individuell. Die Werte, die wir im Laufe des Lebens entwickeln, bestimmen, welche Reize unsere Aufmerksamkeit erregen. Ein Umweltaktivist bemerkt auf der Straße sofort eine Plastiktüte, während ein Unternehmer zuerst die Preisschilder in den Schaufenstern scannt.

Unser Gehirn verstärkt die Wahrnehmung von Informationen, die mit unseren Überzeugungen übereinstimmen – ein Mechanismus, der als *selektive Wahrnehmung* bekannt ist (Kahneman, 2011). Dies erklärt, warum zwei Menschen dieselbe Nachricht hören, aber völlig unterschiedlich darauf reagieren. Die Interpretation hängt davon ab, welche Werte in ihrer persönlichen Wahrnehmungshierarchie weit oben stehen.

Ein Beispiel: Zwei Personen sitzen in einem Meeting. Die eine ist auf Status und Anerkennung fokussiert, die andere auf Teamgeist und Fairness. Der Chef lobt einen einzelnen Mitarbeiter öffentlich. Der statusorientierte Kollege empfindet das als gerechtfertigt, der teamorientierte als unfair. Obwohl beide dasselbe gehört haben, nehmen sie es durch den Filter ihrer Werte völlig unterschiedlich wahr.

Wie Wahrnehmung unser Verhalten steuert

Wahrnehmung ist keine passive Abbildung der Realität – sie formt unser Verhalten.

- *Gefahrensituationen*: Wer sicherheitsorientiert ist, wird auf bedrohliche Nachrichten besonders stark reagieren und vorsichtiger handeln.
- *Soziale Interaktionen*: Wer Anerkennung als hohes Gut betrachtet, wird auf Kritik empfindlicher reagieren als jemand, dem Unabhängigkeit wichtiger ist.
- *Politische Einstellungen*: Wer wirtschaftlichen Erfolg als höchste Priorität sieht, wird eine Steuererhöhung anders bewerten als jemand, der soziale Gerechtigkeit an erster Stelle setzt.

Und was passiert, wenn Wahrnehmung und Realität in Konflikt geraten? Dann entsteht *kognitive Dissonanz* – das unangenehme Gefühl, wenn neue Informationen nicht mit unseren bestehenden Überzeugungen zusammenpassen (Festinger, 1957). Um diesen inneren Widerspruch zu reduzieren, neigen Menschen dazu, unbequeme Fakten zu ignorieren oder umzudeuten. Ein Raucher weiß, dass Rauchen schädlich ist, rechtfertigt es aber mit „Mein Großvater hat geraucht und wurde 90".

Herausragende aktuelle Studie: Die Realität ist ein Konstrukt

Eine bahnbrechende Studie von *Lupyan und Clark* (2022) zeigte, d*ass unsere Wahrnehmung aktiv von unserer Erwartung geformt wird.* In einem Experiment wurden Versuchspersonen Bilder gezeigt, die absichtlich unscharf oder unvollständig waren. Das Ergebnis: Die Teilnehmer *„sahen" oft Details, die gar nicht existierten – basierend auf ihrem Vorwissen und ihren Erwartungen".*

Diese Forschung bestätigt: *Unsere Wahrnehmung ist nicht nur eine Spiegelung der Realität, sondern eine Vorhersage unseres Gehirns darüber, was wir glauben, dass wir sehen sollten – sozusagen ein vorrauseilender Gehorsam!*

Aktuelle wissenschaftliche Erkenntnisse zur Wahrnehmungshierarchie

Eine bahnbrechende Studie von Tashjian et al. (2023) zeigte, dass Menschen mit hohem Stresslevel eine stärkere Aktivierung der Amygdala und eine reduzierte präfrontale Kontrolle über emotionale Reize aufweisen. Das bedeutet, dass ihre Wahrnehmung primär von Bedrohungen bestimmt wird, während rationale Bewertungen in den Hintergrund rücken. Umgekehrt konnten Studienteilnehmer, die regelmäßig Achtsamkeit praktizierten, ihre Wahrnehmung flexibler gestalten und waren weniger anfällig für automatische Stressreaktionen.

Wahrnehmung ist keine objektive Realität, sondern eine Konstruktion

Unser Gehirn entscheidet nach klaren Hierarchien, welche Informationen wichtig sind. Während Grundbedürfnisse den ersten Filter bilden, bestimmen persönliche Werte die individuelle Interpretation. Wer sich dieser Mechanismen bewusst ist, kann gezielt daran arbeiten, nicht nur reflexhaft zu reagieren, sondern bewusster wahrzunehmen – und dadurch mehr Kontrolle über das eigene Verhalten gewinnen.

Fazit: Realität ist nicht gleich Realität

Wir nehmen die Welt nicht, wie sie ist – sondern wie wir sie *erwarten, interpretieren und bewerten.* Die Hälfte unserer Wahrnehmung besteht aus rohen Sinnesreizen, die andere Hälfte ist ein Kopfkino aus Erinnerungen, Moral, Erziehung und Erfahrungen. Wahrnehmung ist keine objektive Realität, sondern eine

Konstruktion.

Die gute Nachricht?

Wer sich bewusst macht, dass unser Gehirn permanent an der Wirklichkeit herumbastelt, kann Wahrnehmungsfallen leichter durchschauen – und so vielleicht das nächste Missverständnis in der Bäckerei vermeiden. Darüber hinaus lässt sich unser Wahrnehmungsfilter, das Salienznetzwerk (SN), jederzeit neu definieren, sodass sich der Fokus auf die Dinge, denen wir begegnen, ändert (Mindsetting).

Ernährung & Nährstoffe
Der Treibstoff für unser Gehirn

Stellen wir uns vor, wir tanken unser Auto – aber anstelle von hochwertigem Benzin füllen wir Zuckerwasser in den Tank. Der Motor stottert, die Beschleunigung leidet, und irgendwann bleibt das Auto einfach stehen. Genau das geschieht mit unserem Gehirn, wenn wir es mit den falschen Nährstoffen versorgen. Unser Denkorgan läuft nicht auf Luft und Liebe, sondern auf einer feinen Mischung aus Glukose, Fettsäuren, Aminosäuren und Mikronährstoffen. Was wir essen, beeinflusst direkt unsere Neurotransmitter, unser Energielevel und unsere emotionale Stabilität.

Das Gehirn als Hochleistungsmotor – Aber nur mit dem richtigen Treibstoff

Unser Gehirn macht nur 2 % der Körpermasse aus, verbraucht aber in Ruhe etwa 20-30 % der gesamten Energie (Raichle & Gusnard, 2002). Doch wovon lebt es?

- *Glukose* – Die primäre Energiequelle, aber nur in Maßen gesund (Ketter et al., 2016).
- *Omega-3-Fettsäuren* – Essenziell für neuronale Membranen und synaptische Plastizität (Gómez-Pinilla, 2008).
- *Aminosäuren* (z. B. Tryptophan, Tyrosin) – Vorläufer für Neurotransmitter wie Serotonin und Dopamin (Young, 2007).
- *Vitamine & Mineralstoffe* (z. B. B-Vitamine, Magnesium, Zink) – Unverzichtbar für den Stoffwechsel der Nervenzellen (Huskisson, Maggini & Ruf, 2007).
- *Antioxidantien* (z. B. Polyphenole, Vitamin C & E) – Schützen das Gehirn vor oxidativem Stress (Joseph et al., 2009).

Kurz gesagt: Gute Ernährung ist wie Hochleistungs-Kraftstoff – ohne sie fährt unser Kopf im Leerlauf.

Ernährung & Neurotransmitter –
Was passiert nach dem Essen?

Unsere Stimmung, Konzentration und Motivation hängen maßgeblich von Neurotransmittern ab. Und diese wiederum sind von bestimmten Nährstoffen abhängig:

1. Serotonin – Der Stimmungsaufheller

o Tryptophan (enthalten in Bananen, Eiern, Lachs, Nüssen und Hafer) dient als Vorläufer für Serotonin.

o Magnesium & Vitamin B6 helfen bei der Umwandlung zu Serotonin.

o 90 % des körpereigenen Serotonins werden im Darm produziert – eine gestörte Darmflora kann direkt aufs Gemüt schlagen (Cryan & Dinan, 2012).

2. Dopamin – Der Motivationstreiber

o Tyrosin & Phenylalanin (enthalten in Eiern, Fisch, Mandeln, Avocados) sind essenziell für die Dopaminsynthese.

o Vitamin B6, Eisen & Kupfer sind weitere wichtige Bausteine für die Dopaminproduktion.

o Eine zuckerreiche Ernährung kann langfristig Dopaminrezeptoren schädigen und Antriebslosigkeit fördern (Montgomery et al., 2021).

3. GABA – Der Entspannungsbotenstoff

o Gute GABA-Quellen sind grünes Blattgemüse, Kefir, grüner Tee und fermentierte Lebensmittel.

o Magnesium, Zink & L-Theanin (z. B. aus grünem Tee) fördern die GABA-Produktion.

4. Acetylcholin – Der Gedächtnis-Booster

o Wichtig für Lernen und Erinnerung.

o Enthalten in Eiern, Leber, Brokkoli und Erdnüssen.

o Cholin ist der essenzielle Baustein für Acetylcholin – ohne ihn schrumpft unsere kognitive Leistung (Zeisel, 2006).

Ernährung im Alltag – Ein amüsanter Blick auf die Neurochemie des Essens

1. Der Zuckerrausch – Und der tiefe Fall danach
Wer kennt es nicht? Ein anstrengender Tag, wir greifen zum Schokoriegel – und fühlen uns sofort energiegeladen. Doch eine halbe Stunde später? Crash, Müdigkeit, Konzentrationsprobleme. Zucker treibt unser Insulin in die Höhe, was den Blutzucker schnell abfallen lässt – unser Gehirn fährt in den Sparmodus (Montgomery et al., 2021).

2. Kaffee am Morgen – Genuss oder Abhängigkeit?
Der erste Gedanke nach dem Aufwachen? Kaffee. Koffein blockiert Adenosin – den Botenstoff, der uns müde macht. Doch je mehr Kaffee wir trinken, desto mehr Adenosinrezeptoren bilden sich – und ohne Kaffee sind wir noch müder. Lösung? Wechselweise grüner Tee – liefert Koffein, aber mit L-Theanin für eine stabilere Energie (Einöther & Martens, 2013).

Herausragende aktuelle Studie: Ernährung und mentale Gesundheit

Eine bahnbrechende Studie von Jacka et al. (2023) untersuchte den Zusammenhang zwischen Ernährung und Depression. Das Ergebnis: Menschen, die eine „westliche" Ernährung mit viel Zucker, gesättigten Fetten und verarbeiteten Lebensmitteln konsumierten, hatten eine um 30 % höhere Wahrscheinlichkeit, an Depressionen zu erkranken, verglichen mit Menschen, die sich mediterran ernährten.
Warum?

- Die westliche Ernährung fördert chronische Entzündungen, die die Neurotransmitter-Produktion stören.
- Der mediterrane Ernährungsstil (reich an Omega-3, Polyphenolen, Ballaststoffen) schützt vor Entzündungen und verbes-

sert die Darm-Hirn-Achse.

Die Schlussfolgerung: Unsere Ernährung beeinflusst nicht nur unsere körperliche, sondern auch unsere mentale Gesundheit signifikant.

Die Darm-Hirn-Achse & Mikrobiom
Wie unser Bauch unser Denken steuert

Stellen wir uns vor, wir sind auf dem Weg zu einem wichtigen Meeting. Plötzlich spüren wir dieses flaue Gefühl im Magen, das sich langsam zu einem Knoten verdichtet. Unser Kopf sagt uns, dass wir ruhig bleiben sollen – doch unser Bauch funkt dazwischen: "Nicht mit mir!".

Wie kann es sein, dass unsere Verdauung so eng mit unseren Emotionen verknüpft ist? Willkommen in der faszinierenden Welt der Darm-Hirn-Achse – der geheimen Autobahn zwischen unserem Bauch und unserem Kopf.

Was ist die Darm-Hirn-Achse?

Lange Zeit galt das Gehirn als unangefochtener Chef im Körper. Heute wissen wir: Der Darm ist ein gleichwertiger Mitspieler.

Die Darm-Hirn-Achse (GBA – gut-brain axis) beschreibt die wechselseitige Kommunikation zwischen:

- *Zentralem Nervensystem* (Gehirn & Rückenmark) – verantwortlich für Denkprozesse, Emotionen und Bewusstsein.
- *Enterischem Nervensystem* (ENS, „Darmhirn") – ein autonomes Nervensystem des Darms mit über 100 Millionen Neuronen.
- *Mikrobiom* – Billionen von Darmbakterien, die Botenstoffe produzieren und das Gehirn beeinflussen.

Diese Kommunikation erfolgt über drei Hauptwege:

1. *Nervensignale (Vagusnerv)* – Der Darm sendet elektrische Impulse direkt ins Gehirn.
2. *Hormonelle Signale* – Darmbakterien beeinflussen Neurotransmitter wie Serotonin und Dopamin.
3. *Entzündungsbotenstoffe* – Eine unausgeglichene Darmflora kann das Immunsystem aktivieren und Entzündungen im Ge-

hirn fördern (Mayer et al., 2015).

Kurz gesagt: Was in unserem Darm passiert, bleibt nicht dort – es beeinflusst unsere Stimmung, unsere Denkprozesse und sogar unser Verhalten.

Die unsichtbaren Mitbewohner – Wie unser Mikrobiom uns steuert

Unser Darm beherbergt etwa 39 Billionen Bakterien, also mehr als wir körpereigene Zellen haben. Diese kleinen Mitbewohner sind keine passiven Passagiere – sie entscheiden aktiv mit, wie wir uns fühlen, was wir essen und wie widerstandsfähig wir gegen Stress sind.

1. Serotonin – Der Glücksbote aus dem Darm

Wussten wir, dass 90 % des Serotonins in unserem Darm produziert werden? Bestimmte Darmbakterien wie Bifidobacterium und Lactobacillus regulieren die Serotoninproduktion – fehlt es an diesen „glücksbringenden" Keimen, steigt das Risiko für Depressionen und Angstzustände (Clarke et al., 2013).

2. Dopamin – Motivation beginnt im Bauch

Ein Mangel an gesunden Darmbakterien kann die Produktion von Dopamin, dem Antriebshormon, reduzieren. Forscher fanden heraus, dass Menschen mit einem gestörten Mikrobiom weniger motiviert sind, Risiken einzugehen oder Neues zu lernen (Needham et al., 2020).

3. Der Zucker-Trick – Wer bestimmt eigentlich, was wir essen?

Haben wir Heißhunger auf Süßes? Das könnte nicht unsere Entscheidung sein, sondern die unserer Darmbakterien! Ungesunde Darmkeime wie Candida oder Clostridien lieben Zucker und beeinflussen unser Belohnungssystem so, dass wir nach Süßigkeiten verlangen – obwohl wir wissen, dass wir danach in ein Energieloch fallen (Alcock et al., 2014).

Kurz gesagt: Nicht nur wir entscheiden, was auf unserem Teller landet – unser Mikrobiom hat oft das letzte Wort!

Darm-Hirn-Achse im Alltag – Ein amüsanter Blick auf den Denk-Darm-Zusammenhang

1. Lampenfieber & Bauchgrummeln
Vor einem Vorstellungsgespräch oder einer wichtigen Präsentation meldet sich plötzlich unser Darm mit ungewollten Aktivitäten. Warum? Weil Stress das enterische Nervensystem aktiviert, das dann Verdauungsvorgänge verlangsamt oder beschleunigt (je nach individueller Veranlagung).

2. Die „Hangry"-Falle – Warum wir ohne Essen reizbar werden
Unser Blutzucker sinkt, unser Gehirn bekommt zu wenig Energie – und plötzlich sind wir gereizt, mürrisch oder unfähig, klare Gedanken zu fassen. „Hangry" (hungry + angry) ist kein Mythos – es ist ein echtes physiologisches Phänomen (Macht et al., 2022).

Herausragende aktuelle Studie: Mikrobiom und Depression

Eine bahnbrechende Studie von Valles-Colomer et al. (2023) untersuchte den Zusammenhang zwischen Mikrobiom und psychischer Gesundheit. Ergebnis: Menschen mit einer gesunden Darmflora (hohe Diversität an „guten" Bakterien) hatten eine signifikant geringere Wahrscheinlichkeit, an Depressionen zu erkranken.

Besonders spannend:

- Bakterienstämme wie *Lactobacillus und Bifidobacterium* korrelierten mit besserer emotionaler Stabilität.
- Menschen mit einem Mangel an diesen Bakterien zeigten höhere Entzündungswerte und eine verringerte Neurotransmitterproduktion.
- Eine ballaststoffreiche, probiotische Ernährung konnte depressive Symptome innerhalb von 8 Wochen verbessern.

Die Schlussfolgerung

Die Gesundheit des Darms beeinflusst direkt unsere mentale Widerstandskraft. Wer seinen Darm pflegt, tut auch seinem Gehirn einen Gefallen.

Wie wir unsere Darm-Hirn-Achse optimieren

- *Probiotische Lebensmittel essen* – Joghurt, Kimchi, Sauerkraut fördern gute Darmbakterien.
- *Ballaststoffreiche Ernährung bevorzugen* – Präbiotika (z. B. Flohsamen, Leinsamen) sind das Futter für gesunde Bakterien.
- *Zucker und künstliche Zusatzstoffe reduzieren* – Sie fördern schlechte Bakterien und Entzündungen.
- *Stressbewältigung praktizieren* – Chronischer Stress verändert die Darmflora negativ.
- *Regelmäßige Bewegung* – Sport verbessert die Mikrobiom-Diversität.

Unser Darm ist nicht nur für die Verdauung da – er entscheidet mit, ob wir glücklich, motiviert oder gestresst sind. Behandeln wir ihn gut!

Neuroinflammation & Entzündungsprozesse
Wenn unser Gehirn in Flammen steht

Stellen wir uns vor, wir wachen eines Morgens auf und fühlen uns wie nach einer durchzechten Nacht – nur ohne die ausgelassene Feier vom Vorabend. Unser Kopf ist schwer, unsere Gedanken ziehen sich zäh durch den Tag, und wir sind gereizt, ohne den Grund zu kennen. Dies könnte ein Anzeichen für chronische Neuroinflammation sein – eine stille, aber gefährliche Entzündung in unserem Gehirn, die weitreichende Folgen für unsere mentale und körperliche Gesundheit haben kann.

Was ist Neuroinflammation – und warum ist sie gefährlich?

Neuroinflammation bezeichnet eine andauernde Entzündungsreaktion im Gehirn, die durch verschiedene Faktoren ausgelöst werden kann:
- *Chronischer Stress*: Dauerhafte Cortisolausschüttung überstimuliert unser Immunsystem.
- *Ungesunde Ernährung*: Zucker, Transfette und hochverarbeitete Lebensmittel befeuern entzündliche Prozesse.
- *Schlafmangel*: Reduziert die Fähigkeit des Gehirns, entzündliche Stoffwechselprodukte abzubauen.
- *Umweltgifte & Infektionen*: Feinstaub, Pestizide und Mikroplastik können Mikroglia – die Immunzellen des Gehirns – in einen chronischen Alarmzustand versetzen.

Während akute Entzündungen helfen, Infektionen zu bekämpfen, gleicht eine chronische Entzündung einem schwelenden Feuer, das unsere kognitive Leistungsfähigkeit nach und nach abbaut (Liu et al., 2020).

Neuroinflammation im Alltag – Ein Blick auf das stille Feuer in unserem Kopf

1. Der Zucker-Schock –
Wie ein Donut unser Gehirn lahmlegt

Nach einer schlechten Nacht greifen wir morgens schnell zum süßen Croissant und einem Cappuccino mit extra Zucker. Kurz darauf spüren wir einen Energieschub – doch eine Stunde später? Müde, gereizt, Konzentrationsprobleme. Warum?

- Der Zucker treibt unseren Blutzuckerspiegel rasant in die Höhe, was eine Insulinreaktion auslöst.
- Hohe Insulinwerte verstärken Entzündungen im Gehirn, was zu Erschöpfung und mentalem Nebel führt (Firth et al., 2019).

2. Der Stress-Cocktail –
Warum Multitasking unser Gehirn entzündet

Wir sitzen am Laptop, checken E-Mails, während das Smartphone piept, nebenbei schlucken wir hastig unser Frühstück herunter. Multitasking mag effizient erscheinen, doch es katapultiert unser Stresslevel in die Höhe. Cortisol steigt, unser Nervensystem läuft auf Hochtouren – und Neuroinflammation nimmt ihren Lauf (Wohleb et al., 2018).

Wie Neuroinflammation unser Gehirn schrumpfen lässt

Neuroinflammation betrifft besonders drei essenzielle Hirnregionen:

- *Hippocampus*: Verantwortlich für Gedächtnis und Lernen – eine chronische Entzündung kann neuronale Degeneration verursachen.
- *Präfrontaler Kortex*: Unser Zentrum für Selbstkontrolle und kluge Entscheidungen – durch Entzündungen verlieren wir unsere Fähigkeit zur langfristigen Planung.
- *Amygdala*: Sitz unserer Emotionen – eine überaktive Amygdala verstärkt Ängste und Stressreaktionen.

155

Langfristige Folgen unbehandelter Neuroinflammation

- Höheres Risiko für Demenz & Alzheimer (Liu et al., 2020).
- Erhöhte Anfälligkeit für Depressionen & Angststörungen.
- Eingeschränkte Lern- und Gedächtnisfunktionen.
- Verstärkte emotionale Reizbarkeit & geringere Stressresistenz.

Herausragende aktuelle Studie: Entzündungen & kognitive Dysfunktionen

Eine aktuelle Studie von Liu et al. (2023) untersuchte den Zusammenhang zwischen Neuroinflammation und kognitiver Leistung. Die Ergebnisse zeigen:

- Menschen mit erhöhten Entzündungsmarkern wie CRP und TNF-α hatten eine bis zu *30 % langsamere Reaktionszeit* und schlechtere Gedächtnisleistungen.
- *Anti-entzündliche Ernährung* (Mediterrane Kost, Omega-3, Polyphenole) verbesserte kognitive Funktionen signifikant.
- Chronischer Stress erhöhte die Entzündungswerte um bis zu *50 %*, was sich negativ auf die Denkflexibilität auswirkte.

Die Schlussfolgerung

Neuroinflammation ist ein Haupttreiber für kognitive Dysfunktionen – doch sie lässt sich durch gezielte Lebensstilmaßnahmen eindämmen.

Wie wir Neuroinflammation reduzieren und unser Gehirn schützen können

- *Entzündungshemmende Ernährung*: Omega-3-Fettsäuren (Lachs, Leinsamen), Polyphenole (Beeren, grüner Tee) und Kurkuma senken nachweislich Entzündungen.
- *Bewegung*: Körperliche Aktivität aktiviert entzündungshem-

mende Prozesse im Gehirn.

- *Guter Schlaf*: Mindestens 7–9 Stunden Schlaf fördern die Regeneration des Gehirns.
- *Stressmanagement:* Meditation, Atemübungen und Achtsamkeit helfen, stressbedingte Entzündungsprozesse zu minimieren.
- *Intervallfasten*: Fördert die Autophagie, die natürliche „Müllabfuhr" des Körpers zur Reduzierung von Entzündungen.

Fazit: Neuroinflammation – Das unsichtbare Feuer im Gehirn löschen

Neuroinflammation ist eine unterschätzte Gefahr für unsere mentale und emotionale Gesundheit. Doch indem wir unseren Lebensstil bewusst anpassen, können wir unser Gehirn schützen, unsere kognitive Leistungsfähigkeit steigern und langfristig unser Wohlbefinden fördern.

„Die fünf Freunde des Glücks"
Unsere Glückshormone

Wer motiviert uns, entspannt uns und macht uns glücklich?

Stellen wir uns vor, unser Gehirn wäre eine pulsierende Metropole. Der Hippocampus fungiert als Universität, in der Wissen gesammelt und verarbeitet wird. Die Neuroplastizität ist das Straßennetz, das neue Verbindungen schafft. Die Widerstandsfähigkeit ist die Feuerwehr, die Stressbrände löscht, und die Freude? Nun, die ist das bunte Nachtleben, das dem Leben erst seine Lebendigkeit verleiht. Doch was wäre eine Stadt ohne ihre Bewohner? Hier kommen die Glückshormone ins Spiel – die Architekten, Bauarbeiter und Energieversorger, die alles am Laufen halten.

Glückshormone: Die Neurochemie des Wohlbefindens

Unsere Glückshormone – Dopamin, Serotonin, Endomorphine, Cannabinoide und Oxytocin – sind weit mehr als nur Wohlgefühlverstärker. Sie beeinflussen unser Gehirn tiefgreifend, bestimmen, wie effizient unser Hippocampus arbeitet, wie anpassungsfähig unsere Synapsen sind und wie widerstandsfähig wir gegen Stress und negative Erlebnisse bleiben.

Neurogenese – Wenn Glück neue Nervenzellen sprießen lässt

Unser Gehirn gleicht einem Garten, der ständig gepflegt werden muss. Die Erde? Unser Hippocampus. Die Samen? Unsere Gedanken und Erfahrungen. Ohne das richtige „Düngemittel" bleibt dieser Garten jedoch karg – und hier kommen die Glückshormone ins Spiel! Sie sind die botanischen Superstars, die dafür sorgen, dass unser Hirn nicht austrocknet, sondern fortlaufend neue Nervenzellen sprießen lässt.

Dopamin ist der unermüdliche Gärtner, der ständig mit neuen Ideen und Herausforderungen durch die Beete streift und sagt: „Los, probieren wir etwas Neues aus!" (Kobilo et al., 2011).

Serotonin ist der Wettergott, der für stabile Wachstumsbedingungen sorgt – keine Stürme, keine Dürre, nur perfekte Voraussetzungen für neue neuronale Verbindungen (Banasr et al., 2017).

Endomorphine sind die Schutzengel unseres Gartens. Sie blockieren schädliche Einflüsse wie Stresshormone und verhindern, dass unsere mühsam gezüchteten Pflanzen vom bösen Cortisol überrannt werden (Zschucke et al., 2015).

Cannabinoide sind die flexiblen Gartenzäune, die dafuür sorgen, dass sich unser neuronales System geschmeidig an neue Herausforderungen anpassen kann (Hill et al., 2010).

Oxytocin ist der sanfte Windhauch, der soziale Sicherheit und emotionale Resilienz in unserem Garten verbreitet und ihn langfristig stabilisiert (Marsh et al., 2020).

Dopamin – Der Rockstar unter den Neurotransmittern
Was ist Dopamin?

Dopamin – das ist nicht nur irgendein biochemisches Molekül, sondern der Superstar unter den Neurotransmittern. Ein echter *Motivationscoach*, ein *Glücksvermittler* und die *geheime Zutat für unsere Lebensfreude*. Ohne Dopamin würden wir morgens nicht aus dem Bett kommen, keine Ziele verfolgen und jede Entscheidung wie eine Excel-Tabelle ohne Formeln erscheinen lassen. Biochemisch betrachtet ist Dopamin ein *Katecholamin*, eine Art chemischer Botenstoff, der Informationen zwischen Nervenzellen überträgt. Es gehört zur Familie der Monoamine und spielt eine *zentrale Rolle in der Belohnungsverarbeitung, Motivation, Entscheidungsfindung und Bewegungskontrolle* (Schultz, 2016).

Wo wird Dopamin produziert – und warum überhaupt?

Dopamin wird hauptsächlich in zwei Regionen des Gehirns produziert:

1. *Substantia nigra (schwarze Substanz)* – Hier wird Dopamin für die Steuerung unserer Bewegung produziert. Wenn hier etwas schiefgeht, drohen Bewegungsstörungen wie bei der Parkinson-Krankheit.
2. *Ventrales Tegmentum (VTA, ventrales tegmentales Areal)* – Der Star im Dopaminorchester! Hier wird Dopamin als *Motivations- und Belohnungsmodulator* ausgeschüttet und über den mesolimbischen Pfad ins Belohnungssystem gesendet (Berridge & Robinson, 2016).

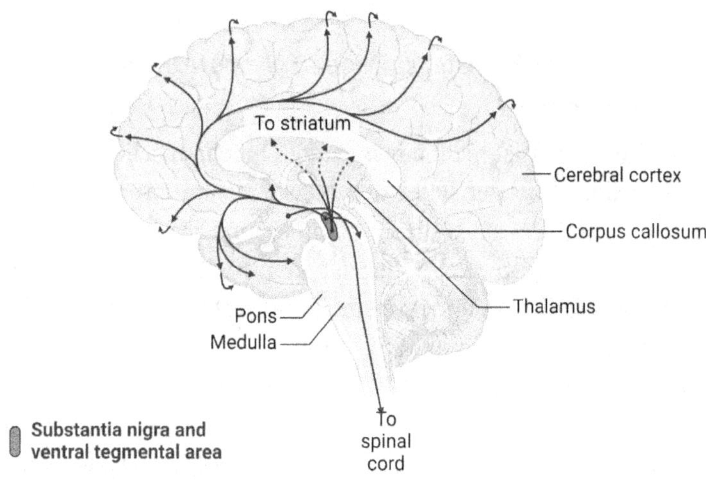

Abb.16, Dopaminverteilung im Hirn, biorender

Auf welchen Befehl hin wird Dopamin ausgeschüttet?

Dopamin reagiert auf *Erwartung, Überraschung und Belohnung.*
- *Du bekommst eine unerwartete Beförderung?* Dopamin schießt in die Höhe.
- *Du beißt in ein perfekt gebratenes Steak?* Dopamin feuert.
- *Du öffnest dein Handy und siehst eine WhatsApp-Nachricht mit einem Herz-Emoji?* Zack, Dopaminflut!

Wir wollen es ….. aber wird es uns auch gefallen?

Es ist das Signal unseres Gehirns, dass etwas *wichtig, relevant und belohnend ist* (Schultz, 2016). Der Übergang von der sehnsuchtsvollen Erregung (wollen-Zukunft) zum Genuss (hier & jetzt, mögen) kann schwierig sein – Ernüchterung. Wenn wir in Gedanken den ersehnten Kauf vorwegnehmen, wird unser zukunftsorientiertes Dopaminsystem aktiviert und löst Erregung aus. Sobald wir das begehrte Objekt besitzen, bewegt es sich aus dem extrapersonalen Raum in den intrapersonalen Raum, also aus dem auf die Zukunft ausgerichteten, entfernten Bereich, den das Dopamin kontrolliert, in den unmittelbar erfahrbaren, nahen Bereich der Hier- und Jetzt-Neurotransmitter. Das Verlangen nach etwas und das Mögen (Serotonin) werden von zwei verschiedenen Systemen im Gehirn ausgelöst. Darum mögen wir die Dinge, die wir haben wollen (Dopamin), nachher, wenn wir sie haben (Serotonin), oft nicht.

Wir erleben dann Frust und schlechte Laune!

Strategie gegen die Reue: Wir sollten nur etwas kaufen oder Dinge machen, die uns nicht nur in unserer Vorstellung motivieren und uns Freude bereiten (Zukunft), sondern auch dann, sobald wir sie in unserem Leben haben (Hier und Jetzt), sie auch schätzen und mögen, und sie uns darüber hinaus in unserer persönlichen Entwicklung weiterbringen – wie eine Art Investition in uns selbst und in unser Vorwärtskommen.

Zum Beispiel: Sie haben demnächst ein Vorstellungsgespräch und wollten schon lange einmal einen schicken und hochwertigen Anzug kaufen.

Aber Achtung: Wenn grundsätzlich Dopamin zu *stark und zu oft* stimuliert wird – etwa durch Drogen, Social Media oder exzessiven Konsum von Zucker – kann das System abstumpfen. Dann brauchen wir immer größere Reize, um dasselbe Level an Freude zu erreichen (Volkow et al., 2011).

Baseline-Dopamin: Die geheime Grundstimmung des Gehirns

Dopamin hat nicht nur Peaks und Highs – es gibt auch eine *Grundproduktion*, eine Art *Baseline*, die unser generelles Wohlbefinden sicherstellt. Stellen Sie sich vor, Ihr Gehirn hat eine *Dopamin-Heizung*, die immer auf einer angenehmen Wohlfühltemperatur läuft. Diese Basisproduktion sorgt dafür, dass Sie nicht in ein Loch fallen, wenn gerade keine Belohnung in Sicht ist.

Warum und wann kann die Dopamin-Baseline unter ihren natürlichen Level sinken?

Dopamin-Mangel

Dopamin ist wie ein *neurochemischer Akkustand* – und manchmal entleert er sich schneller, als wir denken. Besonders dann, wenn unser Belohnungssystem *überreizt* wurde oder wir uns langfristig in einem Zustand befinden, der wenig Dopamin-Nachschub liefert.

Typische Ursachen für eine gesenkte Dopamin-Baseline:

1. *Chronischer Stress*: Das Hormon Cortisol blockiert die Dopaminproduktion – und plötzlich fühlt sich selbst ein Schokoladenkeks belanglos an (McEwen, 2012).
2. *Übermäßige künstliche Belohnungen*: Wenn wir unser Gehirn ständig mit Social Media, Junk Food oder Gaming überfluten, passt es sich an und produziert weniger Dopamin auf natürliche Reize (Volkow et al., 2011).
3. *Schlafmangel*: Tiefschlafphasen sind essenziell für die Dopaminregeneration – wer zu wenig schläft, steht mit einem halb entladenen Dopamin-Akku auf (Walker, 2017).
4. *Mangel an Sonnenlicht*: Sonnenlicht regt nicht nur die Vitamin-D-Produktion, sondern auch die Dopamin-Synthese an – ein Grund, warum Winterdepressionen so häufig vorkommen (Lambert et al., 2002).
5. *Zu wenig Bewegung*: Sport ist einer der stärksten natürlichen Dopamin-Booster – fehlt er, sinkt die Baseline (Heyes, 2012).

Aber was passiert, wenn die Baseline sinkt?

Die Folgen sind:
- *Antriebslosigkeit* – Selbst der Gang zur Kaffeemaschine fühlt sich an wie ein Marathon.
- *Depressive Verstimmungen* – Die Welt erscheint farblos und leer.
- *Motivationsverlust* – Selbst Dinge, die früher Spaß gemacht haben, sind nur noch „mehr".

Was hebt die Baseline-Dopaminproduktion wieder an?

1. *Körperliche Bewegung* – Schon ein einfacher Spaziergang kann die Dopaminproduktion ankurbeln (Heyes, 2012).
2. *Soziale Interaktion* – Echtes Lachen mit Freunden ist ein Do-

pamin-Booster (Dunbar, 2012).

3. *Lernen neuer Fähigkeiten* – Unser Gehirn belohnt dich mit Dopamin, wenn wir Fortschritte machen (Koepp et al., 1998).

4. *Musik hören* – Besonders Musik mit Gänsehaut-Momenten sorgt für eine Dopamin-Ausschüttung (Salimpoor et al., 2011).

5. *Meditation und Achtsamkeit* – Studien zeigen, dass regelmäßige Meditation den Dopaminspiegel anhebt (Kjaer et al., 2002).

Alltagsszenario:
Warum Ihr Handy Ihr Dopaminsystem austrickst

Lisa sitzt im Café und wartet auf ihre Freundin. Sie greift automatisch zum Handy, scrollt durch Instagram und sieht, dass ihr letztes Foto 30 Likes bekommen hat. *Zack – Dopamin-Kick!* Kurz darauf sieht sie, dass jemand eine Story hochgeladen hat. *Noch ein Dopamin-Kick.* Doch das Problem: Diese Mini-Belohnungen erhöhen nicht ihre Baseline, sondern machen sie abhängig von neuen Reizen. Das ist genau der Mechanismus, der Social-Media-Sucht begünstigt – immer auf der Suche nach dem nächsten Dopamin-Stoß (Montag et al., 2019).

Alltagsszenario: Das Dopamin-Loch nach der Netflix-Serie

Tina hat gerade die letzte Folge ihrer Lieblingsserie durchgebingt – 12 Stunden pure Spannung, Drama, Liebe, Intrigen. Als der Abspann der finalen Folge läuft, fühlt sie sich plötzlich... leer. Sie checkt ihr Handy – keine neuen Nachrichten. Schaut aus dem Fenster – Regen. Plötzlich ist ihr Alltag langweilig und sinnlos. Warum? Weil ihr Gehirn nach dieser extremen Dopaminüberflutung jetzt in ein *Belohnungsvakuum* fällt. Ihre Baseline ist gesunken – das passiert, wenn man sich zu sehr an künstlich intensive Reize gewöhnt hat.

Das System ist erschöpft - es kann nicht so schnell die dopaminerge Substanz in den Vesikeln nachproduzieren – man erlebt emotional Schmerz und Traurigkeit.

Schnelle Dopaminachse
(Hohes, aber kurzes Hoch – „Fast Rewards")

Die schnelle Dopaminachse feuert explosionsartig Dopamin aus und sorgt für einen kurzfristigen, aber oft süchtig machenden Belohnungseffekt. Leider ist die Halbwertszeit kurz, sodass das Hoch schnell abklingt und sogar ein Dopamin-Abfall folgen kann.

Typische schnelle Dopaminbooster:

- *Social Media* (Likes, Notifications) – Sofortige Belohnung, aber mit dem Risiko der „Dopamin-Falle" (Montag et al., 2019).
- *Zuckerreiche Nahrung* – Schnell verfügbare Energie sorgt für ein Dopaminhoch, das aber schnell abflacht (Volkow et al., 2011).
- *Glücksspiel/Videospiele* – Ständige unvorhersehbare Belohnungen feuern das Dopaminsystem an (Koepp et al., 1998).
- *Drogen wie Nikotin oder Kokain* – Maximale Ausschüttung, aber extrem schädlich für das System (Volkow et al., 2011).
- *Pornographie* – Künstliche Überstimulation des Belohnungssystems mit hohem Suchtpotenzial (Kühn & Gallinat, 2014).

Halbwertszeit der schnellen Dopaminachse:

- Die meisten dieser schnellen Dopaminstöße klingen innerhalb *weniger Minuten bis maximal 1 Stunde* wieder ab.
- Die „Down-Phase" nach solchen Peaks kann länger anhalten und die Dopamin-Baseline dauerhaft senken.

Langsame Dopaminachse
(Nachhaltiger, langanhaltender Anstieg – „Slow Rewards")

Im Gegensatz zur schnellen Dopaminachse gibt es Aktivitäten, die Dopamin *langsam, aber nachhaltig ansteigen lassen* und die Baseline langfristig stabil halten.

Typische langsame Dopaminbooster:

- *Eisbäder* (Kälteexposition): Studien zeigen, dass Kälteexposition die Dopaminausschüttung über mehrere Stunden steigert, da das Nervensystem auf die Belastung adaptieren muss (Huberman et al., 2021).
- *Körperliche Bewegung* (vor allem Ausdauersport): Lauftraining oder Kraftsport erhöhen die Dopaminproduktion und halten sie über einen längeren Zeitraum stabil (Heyes, 2012).
- *Meditation und Achtsamkeit*: Fördern eine kontinuierliche Dopaminausschüttung, die zu erhöhter Zufriedenheit führt (Kjaer et al., 2002).
- *Kreativität und Lernen:* Das Meistern neuer Fähigkeiten sorgt für eine langfristige Dopaminfreisetzung (Koepp et al., 1998).
- *Soziale Bindungen* und tiefe Gespräche: Diese Art der Dopaminausschüttung ist evolutionär verankert und steigert das Wohlbefinden nachhaltig (Dunbar, 2012).
- *Gesunde Ernährung*: Omega-3-Fettsäuren, Polyphenole und B-Vitamine unterstützen die natürliche Dopaminsynthese (Gomez-Pinilla, 2008).
- *Schlaf und Regeneration*: Tiefschlaf fördert die langsame Dopaminregeneration, wodurch das *Baseline-Level stabil bleibt* (Walker, 2017).

Halbwertszeit der langsamen Dopaminachse:

- Diese Methoden sorgen für *mehrere Stunden bis zu einem ganzen Tag* für eine erhöhte Dopaminaktivität.

- Langfristig steigt die *Dopamin-Baseline,* sodass weniger Reize nötig sind, um sich glücklich zu fühlen.

Fazit: Was ist gesünder?

- *Die langsame Dopaminachse ist langfristig gesünder,* da sie nicht zu einer Überreizung des Belohnungssystems führt.
- *Schnelle Dopamin-Kick*s sind nicht per se schlecht, aber sie sollten bewusst und in Maßen genutzt werden, um Dopamin-Resistenzen zu vermeiden.
- *Bestes Rezept*: Regelmäßige Bewegung, Kälteexposition, soziale Interaktionen und kognitive Herausforderungen.

Das Dopamin-Desaster – Die Ratten, die sich tot belohnten

In den 1950er Jahren entdeckten die Wissenschaftler James Olds und Peter Milner zufällig die erschreckende Macht des Dopamins. Sie implantierten Elektroden in das *Striatum* einer Laborratte – nennen wir sie Max – und gaben ihr einen Hebel, mit dem sie sich selbst eine elektrische Stimulation ins Belohnungssystem senden konnte.

Max drückte den Hebel – ein kurzer Impuls, ein unbeschreibliches Hochgefühl. Noch einmal. Und noch einmal. Bald war der Hebel sein Universum. Essen, Wasser, Schlaf? Alles nebensächlich. Er betätigte ihn bis zu *7.000 Mal pro Stunde.* Er war gefangen in einem endlosen Kreislauf der Belohnung, während sein Körper langsam vernachlässigt wurde.

Tage später war Max erschöpft, dehydriert, völlig ausgelaugt. Sein Körper schrie nach Nahrung, aber sein Gehirn forderte nur eines: *mehr Stimulation.* Schließlich starb er – nicht an Krankheit, sondern weil sein Belohnungssystem alles andere verdrängt hatte.

Dieses Experiment bewies eindrucksvoll: *Dopamin ist kein*

Glückshormon – es ist ein Verstärker für Motivation und Verlangen. Wenn es außer Kontrolle gerät, kann es uns zwingen, immer mehr zu wollen – selbst wenn es uns zerstört!

Ein Mechanismus, der nicht nur Ratten betrifft, sondern auch uns Menschen – in Form von Suchtverhalten, Social-Media-Überkonsum oder dem endlosen Streben nach Belohnung.

Fazit: Dopamin als dein innerer Dirigent

Dopamin ist der *geheime Dirigent unseres Antriebs, unserer Motivation und unseres Wohlbefindens*. Es entscheidet, ob wir uns aufraffen oder liegen bleiben, ob wir uns für Neues begeistern oder in Langeweile versinken.

Die beste Strategie für ein ausgeglichenes Dopamin-System?

- *Weniger kurzfristige Reize, mehr langfristige Ziele.*
- *Bewegung, soziale Bindungen und Lernen statt künstlicher Dopamin-Kicks.*
- *Dopamin bewusst für den eigenen Antrieb nutzen – statt sich von externen Belohnungen steuern zu lassen.*

Serotonin – Der Zen-Meister unter den Neurotransmittern

Stell Sie sich vor, Ihr Gehirn ist eine Großstadt. Dopamin ist der verrückte Werbemanager, der ständig neue Deals anpreist, alles schneller, höher, weiter will. Und Serotonin? Serotonin ist der entspannte, weise Stadtplaner, der dafür sorgt, dass die Straßen nicht im Chaos versinken und alle friedlich zusammenleben. Während Dopamin für die nächste große Belohnung brennt, flüstert Serotonin: „Entspann dich. Es ist alles gut.“

Was ist Serotonin?

Serotonin, auch *5-Hydroxytryptamin (5-HT)* genannt, ist ein Neurotransmitter mit einer zentralen Rolle für unser Wohlbefinden. Es sorgt für *emotionale Balance, innere Ruhe, sozialen Antrieb und eine positive Grundstimmung* (Berger, Gray, & Roth, 2009). Zudem reguliert es Schlaf, Appetit, Verdauung und sogar die Wundheilung.

Serotonin Pathways in the Brain

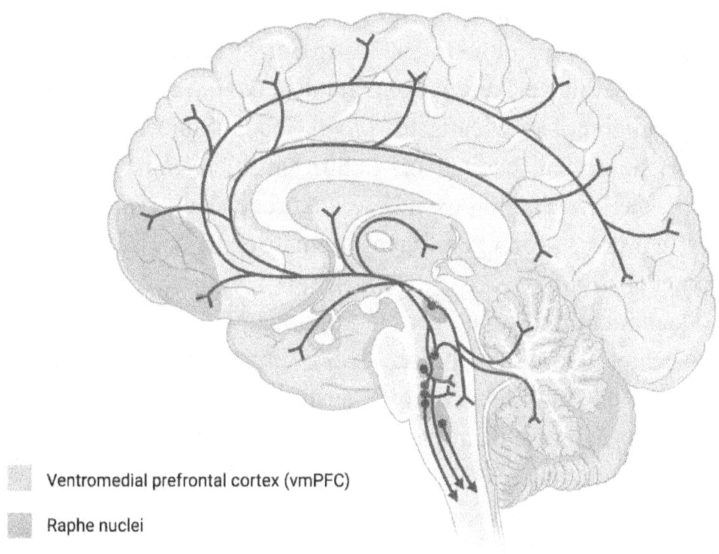

Abb. 17, Serotoninverteilung im Gehirn, biorender

Wo wird Serotonin produziert – und auf welchen Befehl hin?

Serotonin wird an zwei Hauptstellen im Körper gebildet:

1. *Im Darm (~90 % der Gesamtproduktion)* – Dort steuert es unter anderem die Verdauung und beeinflusst das Immunsystem.
2. *Im Gehirn (10 % der Gesamtproduktion)* – Genauer gesagt in den *Raphe-Kernen* des Hirnstamms. Von dort aus wird es ins Gehirn verteilt und wirkt auf Stimmung, Schlaf, Gedächtnis und Angstregulation.

Wie kurbelt der Körper die Serotoninproduktion an?

Serotonin entsteht nicht einfach so – es braucht die richtigen Signale und Umweltfaktoren, um in Schwung zu kommen. Die Natur hat einige clevere Wege gefunden, um unser Wohlbefinden zu regulieren. Der wichtigste? *Licht*! Sobald Sonnenstrahlen auf die Haut treffen, beginnt im Gehirn ein biochemisches Feuerwerk, das die Serotoninsynthese ankurbelt. Kein Wunder also, dass wir uns an sonnigen Tagen automatisch besser fühlen (Lambert et al., 2002).

Doch nicht nur Licht hebt die Stimmung – auch *Bewegung* ist ein echter Serotonin-Booster. Sport setzt Tryptophan frei, die essentielle Aminosäure, die als Baustein für Serotonin dient. Das bedeutet: Jeder Lauf im Park oder jede Runde auf dem Fahrrad wirkt wie ein inneres Gute-Laune-Doping (Young, 2007).

Und was isst ein glückliches Gehirn?

Tryptophanreiche Lebensmittel! Bananen, Nüsse und Eier liefern die Rohstoffe, die unser Körper braucht, um Serotonin zu produzieren. Heißt also: Mit dem richtigen Frühstück startet man nicht nur physisch, sondern auch emotional gestärkt in den Tag.

Aber der wohl schönste Weg, Serotonin zu steigern, ist der menschliche Kontakt. *Umarmungen, Gespräche und tiefe Ver-*

bindungen sorgen für einen natürlichen Anstieg des Wohlfühlhormons. Eine herzliche Berührung kann Serotonin freisetzen, als hätte man eine Pille gegen schlechte Laune genommen – nur ganz ohne Nebenwirkungen.

Licht, Bewegung, Nahrung und soziale Nähe – die Serotonin-Fabrik des Körpers braucht all diese Zutaten, um reibungslos zu laufen. Wer regelmäßig für Nachschub sorgt, hält seine Stimmung nicht nur stabil, sondern sorgt auch dafür, dass das emotionale Sicherheitsnetz immer tragfähig bleibt.

Serotonin vs. Dopamin – Zwei Systeme, ein Gehirn

Während Dopamin eher der „Motivationsjunkie" ist, der uns antreibt, nach Neuem zu streben, ist Serotonin der *emotionale Gleichgewichtshalter.*

Eigenschaft	Dopamin	Serotonin
Funktion	Motivation, Belohnung, Antrieb	Wohlbefinden, Zufriedenheit
Wirkung	„Will mehr!"	„Alles ist gut."
Ausschüttung	Durch Belohnungen & Überraschungen	Durch Stabilität & soziale Bindungen
Halbwertszeit	Kurz	Länger andauernd
Mangel	Antriebslosigkeit, Depression	Angst, Reizbarkeit, Depression

Ein ausgeglichenes Verhältnis zwischen beiden ist essenziell für eine gesunde Psyche. Zu viel Dopamin und zu wenig Serotonin kann zu *Gier, Impulsivität und Suchterkrankungen* führen. Zu viel Serotonin hingegen kann uns lethargisch und antriebslos machen.

Baseline-Serotonin: Das emotionale Sicherheitsnetz

Genau wie Dopamin hat auch Serotonin eine *Baseline*, also eine Grundproduktion, die unsere allgemeine Gemütslage beeinflusst. Diese konstante Ausschüttung sorgt dafür, dass wir nicht ständig in emotionale Tiefs abrutschen, sondern *eine stabile, positive Grundstimmung behalten.*

Serotonin als Rohstoff für Melatonin – Der Schlaf-Baumeister

Jetzt wird es magisch: *Ohne Serotonin gibt es kein Melatonin!* Unser Körper braucht Serotonin, um das Schlafhormon Melatonin zu produzieren – und zwar genau dann, wenn die Sonne untergeht.

Wie funktioniert die Umwandlung?

Wenn es dunkel wird, erkennt die Zirbeldrüse diesen Lichtmangel und startet eine biochemische Kettenreaktion:
1. *Serotonin wird in die Zirbeldrüse transportiert* – der Ort, an dem unser Schlafhormon entsteht.
2. Das Enzym *AANAT* (Aralkylamin-N-Acetyltransferase) beginnt mit der *Umwandlung von Serotonin in N-Acetylserotonin.*
3. *HIOMT* (Hydroxyindol-O-Methyltransferase) *verwandelt N-Acetylserotonin in Melatonin.*
4. Melatonin wird ins Blut freigesetzt und signalisiert dem Körper: „Es ist Schlafenszeit."

Wenn das emotionale Sicherheitsnetz reißt – Warum kann die Serotonin-Baseline sinken?

Serotonin hält uns emotional im Gleichgewicht, doch manchmal gerät dieses System ins Wanken. Stress, Schlafmangel, dunkle Wintertage oder soziale Isolation – all das kann die Baseline in den Keller schicken. Aber wie genau passiert das?

Stell Sie sich vor, Ihr Gehirn wäre ein Zen-Garten. Alles ist harmonisch, bis eines Tages *chronischer Stress* wie ein Trupp

Elefanten hindurchstampft. Wenn der Körper zu viel Cortisol produziert, wird Serotonin abgebaut – und das friedliche Gleichgewicht wird zur emotionalen Wüstenei. Plötzlich sind Geduld und Gelassenheit Mangelware, stattdessen übernehmen Reizbarkeit und Stimmungstiefs das Kommando (McEwen, 2012).

Doch auch *Schlafmangel* ist ein gnadenloser Serotonin-Dieb. Wenig Schlaf bedeutet wenig Serotonin, denn das Gehirn braucht Erholungszeit, um Neurotransmitter zu regenerieren. Ohne diesen nächtlichen Reset fühlt sich selbst der sonnigste Tag an wie eine graue Montagmorgenstimmung (Walker, 2017).

Apropos Grau: Willkommen in den *dunklen Wintermonaten*! Weniger Sonnenlicht bedeutet weniger Serotoninsynthese – das erklärt, warum viele Menschen im Winter auf einmal Lust auf exzessiven Netflix-Konsum und Schokolade haben. Saisonale Depressionen (SAD) sind die biologische Quittung für den Lichtmangel (Lambert et al., 2002).

Aber auch auf dem Teller kann das Drama beginnen: *Eine tryptophanarme Ernährung* – also zu wenig von der Aminosäure, aus der Serotonin gebildet wird – bedeutet schlechte Stimmung zum Frühstück, Mittag und Abendessen. Wer nur Fast Food und Zucker futtert, sollte sich nicht wundern, wenn das Gemüt irgendwann auf Sparflamme läuft.

Und dann wäre da noch die *soziale Isolation* – ein absoluter Serotoninkiller. Menschen sind soziale Wesen, unser Gehirn ist auf Interaktion programmiert. Fehlende Bindungen und Berührungen lassen die Serotoninspiegel abstürzen, als hätte jemand den Stecker gezogen. Kein Wunder, dass Menschen in Einsamkeit oft reizbar, ängstlich oder depressiv werden (Dunbar, 2012).

Kurz gesagt: Dein Serotoninspiegel ist kein Selbstläufer. Er braucht Licht, Schlaf, Bewegung, gesunde Ernährung und soziale Wärme – sonst wird aus dem Zen-Meister ein miesepetriger Griesgram.

Was passiert, wenn die Baseline zu niedrig ist?

* Stimmungsschwankungen, erhöhte Reizbarkeit
* Schlafprobleme, da Serotonin ein Vorläufer von Melatonin ist
* Erhöhte Ängstlichkeit und depressive Verstimmungen

Serotonin lässt sich auf natürliche Weise stabilisieren:

* Regelmäßige Bewegung steigert die Serotoninsynthese im Gehirn.
* Lichttherapie oder Sonnenexposition hilft besonders in dunkleren Jahreszeiten.
* Soziale Bindungen und Berührungen haben einen positiven Einfluss auf Serotonin.

Die herausragendste aktuelle Studie zu Serotonin

Eine der aufsehenerregendsten Studien wurde von Cools et al. (2020) veröffentlicht. Sie untersuchten den Einfluss von Serotonin auf Entscheidungsverhalten und fanden heraus, dass Serotonin nicht nur die Stimmung stabilisiert, sondern auch eine *entscheidende Rolle bei der Impulskontrolle und der Flexibilität in der Entscheidungsfindung* spielt. Die Forscher stellten fest, dass niedrige Serotoninspiegel zu *höherer Impulsivität* und risikoreicherem Verhalten führten, während erhöhte Serotoninwerte mit einer verbesserten Anpassungsfähigkeit an wechselnde Umstände korrelierten.

Fazit: Der perfekte Ausgleich

Serotonin ist der *Zen-Meister* unter den Neurotransmittern – es sorgt für emotionale Balance, Gelassenheit und eine positive Grundstimmung. Während Dopamin uns antreibt, nach Neuem zu streben, erinnert uns Serotonin daran, dass wir bereits genug haben, um glücklich zu sein. Die beste Strategie? *Bewegung,*

Licht, soziale Nähe und eine gesunde Ernährung – dann bleibt der innere Zen-Meister zufrieden und stabil.

Endomorphine – Die körpereigenen Glücksbringer auf Abruf

Stellen Sie sich vor, Sie stolpern beim Joggen, schlagen sich das Knie auf und – Moment mal – es tut gar nicht so weh, wie es eigentlich sollte. Oder Sie stehen auf der Zielgeraden eines Marathons, fix und fertig, aber plötzlich durchströmt Sie eine Welle der Euphorie, als wären Sie von einer göttlichen Kraft berührt worden. Willkommen in der Welt der *Endomorphine*, den geheimen Superhelden unseres Körpers!

Was sind Endomorphine?

Endomorphine gehören zur Familie der *endogenen Opioide* – körpereigene Substanzen, die eine morphinähnliche Wirkung haben. Sie sind die *hauseigenen Schmerzmittel und Glücksboten des Gehirns*, die uns durch anstrengende oder schmerzhafte Situationen navigieren und gleichzeitig das Belohnungssystem aktivieren (Zadina, 2016).

Eigenschaften, Charakter und Funktion – Die unsichtbaren Schmerzflüsterer

Endomorphine wirken schmerzlindernd, beruhigend und euphorisierend. Ihr Hauptjob? Uns davon abzuhalten, beim kleinsten Wehwehchen schreiend zusammenzubrechen und gleichzeitig sicherzustellen, dass wir uns nach körperlicher Anstrengung oder intensiven Erfahrungen großartig fühlen. Sie sind die geheimen Puppenspieler hinter dem Runner's High, dem wohligen Gefühl nach einer Sauna und der tiefen Entspannung nach einer wohltuenden Massage (Sprouse-Blum et al., 2010).

Wo werden Endomorphine produziert – und wann?

Die Produktion von Endomorphinen findet vor allem in der *Hypophyse und im Hypothalamus* statt. Ihr Einsatz erfolgt *auf direkten Befehl des Gehirns*, wenn bestimmte Trigger eintreten:

- *Schmerz* – Ein Stoß ans Knie? Sofort schüttet das Gehirn Endomorphine aus, um den Schmerz zu dämpfen.
- *Stress & Überlebensmodus* – In Extremsituationen sorgt die Endomorphinausschüttung dafür, dass wir trotz Verletzung weiterrennen können.
- *Sportliche Betätigung* – Intensive Bewegung setzt eine Endorphin-Kaskade in Gang, die zu einem Zustand euphorischer Entspannung führen kann (Boecker et al., 2008).
- *Genussmomente* – Schokolade, eine liebevolle Umarmung oder eine heiße Dusche können ebenfalls Endomorphine aktivieren.

Endomorphinwege im Gehirn – Die geheime Schmerz-Belohnungsschleife

Endomorphine arbeiten eng mit dem *mesolimbischen Belohnungssystem* zusammen. Sie interagieren mit Opioidrezeptoren in wichtigen Hirnarealen wie:

- *Periaquäduktales Grau* (PAG) – Steuerzentrale der Schmerzlinderung.
- *Nucleus accumbens* – Das Dopamin-Paradies, wo Belohnungen verarbeitet werden.
- *Amygdala* – Das emotionale Bewertungssystem des Gehirns.

Baseline – Warum wir ohne Endomorphine nicht überleben würden

Genau wie Serotonin oder Dopamin haben auch Endomorphine eine *Grundproduktion*, die sicherstellt, dass wir *emotional stabil und belastbar* bleiben. Diese Baseline sorgt dafür, dass wir uns nicht permanent gestresst, ängstlich oder überfordert fühlen. Ein Mangel kann zu *erhöhter Schmerzempfindlichkeit, schlechter Stressbewältigung und depressiver Verstimmung* führen (Nummenmaa et al., 2016).

Endomorphine und Dopamin – Das Genuss-Schmerz-Prinzip

Hier wird es richtig spannend: Endomorphine und Dopamin arbeiten im Tandem! Während Dopamin für das „Wollen" und die Motivation zuständig ist, sorgen Endomorphine für das „Mögen" und die Belohnung nach einer Anstrengung (Leknes & Tracey, 2008).

Doch es gibt einen Haken: *Je mehr Endomorphine ausgeschüttet werden, desto stärker sinkt die Sensibilität der Opioidrezeptoren.* Bedeutet: Wer sich ständig Dopamin-Kicks holt (z. B. durch Social Media oder Junk Food), benötigt immer stärkere Reize, um denselben Endorphin-Effekt zu erzielen – genau das Prinzip hinter Suchterkrankungen.

Herausragende aktuelle Studie: Der Endorphin-Kick durch soziale Bindungen

Eine faszinierende Studie von *Dunbar* (2020) zeigte, dass *soziale Interaktionen und Berührungen eine signifikante Endorphin-Ausschüttung bewirken.* Das erklärt, warum Menschen, die regelmäßig lachen, tanzen oder enge soziale Bindungen pflegen, weniger anfällig für Stress und Depressionen sind. Die Forscher fanden heraus, dass *freundschaftliche Umarmungen, gemeinsames Singen oder Tanzen* das Endomorphin-System nachhaltig stärken und das Schmerzempfinden reduzieren können.

Fazit: Die Balance zwischen Schmerz und Belohnung

Endomorphine sind der unsichtbare Klebstoff, der uns emotional zusammenhält. Sie schützen uns vor übermäßigen Schmerzen, verstärken unsere Belohnungssysteme und sorgen dafür, dass wir durch Anstrengung wachsen. Die beste Strategie? *Mehr natürliche Endorphin-Kicks durch Bewegung, soziale Nähe und bewusste Genussmomente* – dann hält unser inneres Wohlfühlsystem die Balance!

Cannabinoide – Die entspannte Geheimpolizei des Gehirns

Man stelle sich das Gehirn als eine hektische Großstadt vor, in der ständig Informationen, Impulse und Stressfaktoren durch die neuronalen Straßen rasen. Während Dopamin der unermüdliche Eventmanager ist, der für das nächste große Ding sorgt, und Serotonin die achtsame Yoga-Lehrerin, die das emotionale Gleichgewicht im Blick hat, gibt es noch eine dritte, heimliche Kraft: *die Cannabinoide.* Sie sind so etwas wie die unaufgeregten Ordnungshüter, die alles runterregeln, wenn es zu wild wird, und dabei stets das richtige Maß an Entspannung im Blick behalten.

Was sind Cannabinoide?

Cannabinoide sind körpereigene Botenstoffe, die im sogenannten *Endocannabinoid-System* (ECS) wirken – ein Netzwerk, das wie eine feine Regulierungsschicht über all unseren wichtigen Neurotransmittern liegt. Sie sorgen für *Gleichgewicht, Gelassenheit und fein abgestimmte neuronale Kommunikation* (Lu & Mackie, 2016). Die bekanntesten Endocannabinoide sind Anandamid (das „Glücksmolekül") und 2-AG (2-Arachidonoylglycerol).

Produktion: Wo entstehen Cannabinoide – und warum?

Unser Körper produziert Cannabinoide *nach Bedarf* – nicht auf Vorrat, sondern genau dann, wenn sie benötigt werden. Gebildet werden sie vor allem in N*euronen, Immunzellen und im Darm*, sobald das System Ruhe, Regulierung oder Stressabbau braucht. Besonders bei Schmerz, Angst oder hoher Reizüberflutung tritt das ECS auf den Plan, um alles ein wenig weicher und geschmeidiger zu machen.

Die Produktion wird durch verschiedene Faktoren beeinflusst:
- *Stress & Angst*: Cannabinoide dämpfen überaktive Stressreaktionen (Patel & Hillard, 2008).
- *Schmerz*: Bei Verletzungen modulieren sie das Schmerzempfinden und reduzieren Entzündungen (Guindon & Hohmann, 2009).
- *Genussmomente*: Cannabinoide verstärken das Wohlbefinden nach gutem Essen oder Entspannung (Di Marzo, 2008).

Cannabinoidwege im Gehirn – Die neuronale Chill-Zone

Cannabinoide agieren nicht direkt wie andere Neurotransmitter, sondern als *Retrograde Botenstoffe*. Das heißt, sie wirken *rückwärts*, indem sie aus der postsynaptischen Zelle freigesetzt werden und in die präsynaptische Zelle zurückwandern, um dort die weitere Signalübertragung zu modulieren (Kano et al., 2009).

Die Hauptschaltstellen:
- *Amygdala*: Dämpft Angstreaktionen.
- *Hippocampus*: Unterstützt die emotionale Gedächtnisbildung.
- *Striatum & Kleinhirn*: Regelt motorische Kontrolle und Koordination.
- *Hypothalamus*: Steuert Hunger- und Sättigungsgefühl.

Baseline-Cannabinoide – Das subtile Gleichgewichtssystem

Unser Körper hält eine *Grundproduktion von Cannabinoiden* aufrecht, um das emotionale, kognitive und physische Gleichgewicht sicherzustellen. Diese Baseline sorgt für ein allgemeines

Gefühl von Ruhe und Wohlbefinden – solange das System nicht aus dem Gleichgewicht gerät. Chronischer Stress, Bewegungsmangel oder schlechter Schlaf können die Produktion jedoch beeinträchtigen und zu einer höheren Anfälligkeit für Angst, Schmerz oder emotionale Dysbalance führen.

Zusammenhang mit Dopamin, Endomorphinen und Serotonin –
Das Genuss-Schmerz-Prinzip

Cannabinoide sind die *Vermittler zwischen den großen drei Neurotransmittern* – sie beeinflussen Dopamin, Endomorphine und Serotonin auf subtile Weise:

- *Dopamin*: Cannabinoide verstärken die Dopaminausschüttung in Belohnungssituationen, aber modulieren gleichzeitig übermäßige Reize, um Suchttendenzen zu vermeiden (Solinas et al., 2008).
- *Endomorphine*: Bei Schmerzen wirken Cannabinoide mit den körpereigenen Opioiden zusammen, um Schmerzempfinden herunterzufahren und gleichzeitig Wohlbefinden zu steigern (Woodhams et al., 2017).
- *Serotonin*: Cannabinoide interagieren mit Serotoninrezeptoren und unterstützen eine ausgeglichene Stimmungslage (Haj-Dahmane & Shen, 2011).

Herausragende aktuelle Studie: Cannabinoide und
Stressbewältigung

Eine bahnbrechende Studie von *Zamberletti* et al. (2020) zeigte, dass Endocannabinoide eine *Schlüsselrolle bei der Stressresistenz* spielen. In Experimenten mit Mäusen fanden die Forscher heraus, dass ein gut funktionierendes Endocannabinoid-System *Resilienz gegen chronischen Stress* fördert, während eine Dysregulation des Systems zu erhöhter Ängstlichkeit und depressiven

Symptomen führen kann. Die Erkenntnisse haben tiefgreifende Implikationen für die Behandlung stressbedingter Störungen.

Fazit: Die Kunst der Regulation

Cannabinoide sind nicht einfach „Glückshormone", sondern *Regulatoren des neuronalen Gleichgewichts.* Sie agieren als *fein abgestimmte Modulatoren,* die Schmerzen lindern, Stress abbauen und Genussintensität verstärken – aber nur in der richtigen Dosis. Ihre enge Verzahnung mit Dopamin, Endomorphinen und Serotonin macht sie zu einer der wichtigsten Substanzen für das mentale Wohlbefinden. Die beste Strategie für eine gesunde Cannabinoid-Balance? *Regelmäßige Bewegung, bewusster Genuss und echte soziale Verbindungen.*

Oxytocin – Das Molekül der Liebe und Verbundenheit

Man stelle sich eine geheime Superkraft vor, die uns auf magische Weise mit anderen Menschen verbindet. Eine Substanz, die aus einem grimmigen Einzelgänger einen Kuschel-Fan macht, die selbst hartgesottene Workaholics plötzlich in ein harmonisches Familienleben zieht und die aus zwei Fremden in Sekundenbruchteilen Seelenverwandte macht. Willkommen in der faszinierenden Welt von *Oxytocin – dem „Liebes- und Bindungshormon"*!

Was ist Oxytocin?

Oxytocin ist ein *Neuropeptid* und Hormon, das maßgeblich für soziale Bindung, Vertrauen, Fürsorge und Glücksgefühle verantwortlich ist (Carter, 2014). Man könnte es als das „biochemische Fundament" von Nähe und emotionaler Wärme bezeichnen. Ohne Oxytocin wären wir vermutlich einsame, misstrauische Kreaturen, die sich in Höhlen verkriechen.

Wo wird Oxytocin produziert – und wann?

Oxytocin entsteht im *Hypothalamus* und wird über die *Hypophyse* ins Blut abgegeben. Aber damit nicht genug! Es wirkt auch als *Neurotransmitter direkt im Gehirn* – und genau hier entfaltet es seine Magie:

- *Bei körperlicher Nähe* – Jede Umarmung, jede Berührung setzt eine Oxytocin-Welle frei (Uvnäs-Moberg et al., 2015).
- *Beim Stillen* – Mutter und Kind verbinden sich neurochemisch für die Ewigkeit.
- *Beim Sex* – Der berühmte „Kuschelhormon"-Effekt nach dem Orgasmus? Oxytocin!
- *In sozialen Interaktionen* – Lächeln, tiefgehende Gespräche und gemeinsame Erlebnisse triggern Oxytocin.
- *Bei Vertrauen und Kooperation* – Studien zeigen, dass Menschen mit erhöhtem Oxytocinspiegel eher bereit sind, zu kooperieren (Kosfeld et al., 2005).

Oxytocinwege im Gehirn – Die Highway-Routen der Verbundenheit

Oxytocin feuert nicht wild durch das Gehirn, sondern bewegt sich über spezifische Wege:

- *Amygdala*: Beruhigt Angst und reduziert Misstrauen gegenüber anderen.
- *Nucleus accumbens*: Verstärkt positive soziale Erfahrungen durch Dopamin-Freisetzung.
- *Hippocampus*: Fördert emotionale Erinnerungen an geliebte Personen.
- *Hypothalamus*: Reguliert Lust, Bindung und Fürsorgeverhalten.

Baseline – Die Grundmelodie des Vertrauens und Wohlbefindens

Unser Körper hält eine *Oxytocin-Grundproduktion* aufrecht, um eine stabile emotionale und *soziale Grundstimmung* sicherzustellen. Diese Basis sorgt dafür, dass wir nicht nur funktionierende soziale Bindungen eingehen können, sondern uns auch grundsätzlich *wohl, geborgen und verbunden fühlen.*

Fehlt Oxytocin, kann sich das zeigen durch:

- *Misstrauen und Angst* – Soziale Unsicherheit steigt, Bindungen werden schwieriger.
- *Einsamkeitsgefühle* – Das Wohlbefinden sinkt, weil das Bindungssystem zu wenig angeregt wird.
- *Erhöhte Stressanfälligkeit* – Oxytocin puffert Stresshormone wie Cortisol ab (Heinrichs et al., 2003).

Oxytocin und seine Verbindung zu Dopamin, Endomorphinen, Serotonin und Cannabinoiden

Oxytocin ist das *harmonisierende Element* zwischen den großen Glücks- und Wohlfühlstoffen des Gehirns:

- *Dopamin*: Oxytocin triggert die Dopaminausschüttung im Nucleus accumbens und verstärkt dadurch *soziale Belohnungen* (Love et al., 2012).
- *Endomorphine*: Körperliche Nähe setzt sowohl Oxytocin als auch körpereigene Opioide frei – was *intensive Wohlgefühle* erzeugt.
- *Serotonin*: Oxytocin stabilisiert Serotonin und sorgt für *emotionale Balance und reduzierte Ängstlichkeit.*
- *Cannabinoide*: Das Endocannabinoid-System interagiert mit Oxytocin und verstärkt *Gefühle der Zufriedenheit und des Wohlbefindens* (Wei et al., 2017).

Genuss, Schmerz und Glückseligkeit –
Das große Gleichgewicht

Oxytocin spielt eine zentrale Rolle im Genuss-Schmerz-Glückseligkeits-Prinzip. Es sorgt dafür, dass *soziale Nähe* als belohnend empfunden wird, reduziert Stressreaktionen und kann sogar Schmerzempfinden dämpfen. Forschungen zeigen, dass es die *Wahrnehmung von emotionalem Schmerz* (z. B. Zurückweisung) reduziert und gleichzeitig *positive soziale Interaktionen* intensiver macht (Hurlemann & Scheele, 2016).

Herausragende aktuelle Studie: Oxytocin als Verstärker
sozialer Bindung

Eine bahnbrechende Studie von *Scheele* et al. (2020) zeigte, dass Oxytocin nicht nur soziale Bindungen stärkt, sondern auch die Wahrnehmung von geliebten Menschen intensiviert. In Experimenten mit Paaren fand man heraus, dass Männer mit Oxytocin-Gabe signifikant *stärker auf Bilder ihrer Partnerin reagierten als auf Bilder anderer Frauen – ein echter Bindungsverstärker*!

Fazit: Oxytocin – Der Architekt der Liebe und
Verbundenheit

Oxytocin ist weit mehr als ein „*Kuschelhormon*". Es ist der neurochemische Klebstoff für Beziehungen, soziale Wärme und emotionale Sicherheit. Es formt unsere tiefsten Bindungen, dämpft Stress, reguliert Glück und verstärkt Vertrauen. Wer sein Oxytocin-Level stabil halten will? *Mehr Berührungen, mehr soziale Interaktionen, mehr gemeinsame Erlebnisse – und das Gehirn dankt es mit tiefem Wohlbefinden.*

Herausragende aktuelle Studie: Wie Glückshormone das Gehirn formen

Eine bahnbrechende Studie von Feldman et al. (2022) untersuchte die langfristigen Effekte von Glückshormonen auf die Neuroplastizität des Hippocampus. Sie fanden heraus, dass soziale Interaktion, Bewegung und Meditation die Produktion von Oxytocin, Dopamin und Serotonin steigern und dadurch signifikante strukturelle Veränderungen im Hippocampus auslösen. Die Forscher konnten nachweisen, dass ein glückshormonreicher Lebensstil die Resilienz gegen neurodegenerative Erkrankungen erhöht und die Gehirnalterung verlangsamt.

Der Zauber der Sonne
Wie unser Körper aus Sonnenstrahlen das Glückshormon Serotonin zaubert

Es gibt Tage, an denen scheint einfach der Wurm drin zu sein. Wir wachen auf und fühlen uns wie lebendige Toastbrote – farblos, antriebslos und ohne jede Spur von Motivation. Kaffee hilft nur bedingt, und schon nach dem ersten Blick aufs Handy spüren wir dieses dumpfe Gefühl: Der Tag wird sich zäh anfühlen wie Kaugummi. Willkommen in der Welt des Serotonin-Mangels – auch bekannt als „Wir brauchen Urlaub, obwohl wir erst vor zwei Tagen frei hatten."

Doch was wäre, wenn wir wüssten, dass ein einziger Faktor über unsere morgendliche Laune entscheiden kann? Vitamin D3! Ja, genau, das Sonnenvitamin. Denn die Sonne hilft unserem Körper dabei, Serotonin zu produzieren – jenes „Glückshormon", das unsere Stimmung aufhellt, uns Leichtigkeit schenkt und uns stabil durch den Alltag trägt (Young, 2007). Gleichzeitig wird über die UV-B-Strahlen der Sonne unser Vitamin D3 gebildet, ja genau, das Sonnenvitamin – ein Schlüssel für unser Immunsystem, starke Knochen, gesunde Muskeln und ebenfalls für eine ausgeglichene Psyche (Holick, 2004).

Aber wie funktioniert das genau?

Von Sonnenlicht zu Serotonin – Eine Reise durch unseren Körper

Wenn wir uns in die Sonne setzen, die Augen schließen und die Wärme genießen, läuft in unserem Körper bereits ein hochkomplexer biochemischer Prozess ab. Sonnenlicht trifft auf unsere Haut, löst eine Kettenreaktion aus und – voilà – unser Körper stellt Vitamin D3 her.

1. Vitamin D3 aktiviert unsere Serotoninproduktion

Das frisch produzierte Vitamin D3 (Cholecalciferol) ist jedoch noch nicht aktiv – es muss erst umgewandelt werden. Zunächst schickt unsere Leber das Vitamin durch eine Art biochemische Waschstraße und macht daraus 25-Hydroxyvitamin D (Calcidiol, 25(OH)D). Dann übernimmt die Niere, verwandelt es in 1,25-Dihydroxyvitamin D (Calcitriol, 1,25(OH)$_2$D) – die biologisch aktive Form, die tatsächlich eine Wirkung entfaltet (Wang et al., 2017).

Jetzt wird es spannend: Dieses aktivierte Vitamin D dockt an bestimmte Rezeptoren in unserem Gehirn an und reguliert die Expression des Enzyms Tryptophan-Hydroxylase 2 (TPH2), das für die Serotoninproduktion im Gehirn zuständig ist (Patrick & Ames, 2014). Ohne Vitamin D bleibt der Tryptophan-Stoffwechsel im Schneckentempo stecken – mit Vitamin D wird er zum Formel-1-Piloten.

2. Serotonin – Unser Molekül des Wohlbefindens

Sobald genug Tryptophan-Hydroxylase 2 (TPH2) vorhanden ist, wird Tryptophan – eine essenzielle Aminosäure aus unserer Nahrung – in 5-Hydroxytryptophan (5-HTP) umgewandelt. Klingt kompliziert? Stellen wir uns vor, Tryptophan ist ein talentierter, aber arbeitsloser Musiker. Erst mit Vitamin D als Musikmanager bekommt er ein Studio, produziert seinen ersten Hit (5-HTP) und wird schließlich als Serotonin zum Superstar! Ohne diesen Manager bleibt Tryptophan im Niemandsland.

Das Enzym Aromatische-L-Aminosäure-Decarboxylase (AADC) sorgt schließlich für den letzten Schritt – die Verwandlung von 5-HTP in Serotonin, den Neurotransmitter, der für gute Laune, mentale Klarheit und emotionale Stabilität sorgt (Björkholm & Monteggia, 2016).

Warum Sonnenlicht über unsere Augen zusätzlich hilft

Hier kommt der Clou: Vitamin D allein reicht nicht – wir brauchen auch Licht, das direkt über unsere Augen aufgenommen wird! Wenn Sonnenlicht auf unsere Netzhaut trifft, passiert etwas Magisches: Es aktiviert den suprachiasmatischen Nukleus (SCN) im Hypothalamus, der als innere Uhr unseres Körpers fungiert. Dieses Lichtsignal hemmt die Melatoninproduktion und verstärkt gleichzeitig die Serotoninsynthese (Lambert et al., 2002).

Das bedeutet: Je mehr Tageslicht wir bekommen, desto besser funktioniert unsere innere Glücksfabrik. Sitzen wir hingegen den ganzen Tag im dunklen Büro, leidet nicht nur unser Serotoninspiegel, sondern unser gesamtes Wohlbefinden. Deshalb ist ein Spaziergang in der Mittagspause das beste natürliche Antidepressivum!

Herausragende aktuelle Studie

Eine bahnbrechende Studie von Patrick & Ames (2014) zeigte, dass Vitamin D als epigenetischer Regulator der Serotoninsynthese wirkt und möglicherweise eine entscheidende Rolle in der Prävention von Depressionen, Autismus und anderen neuropsychiatrischen Erkrankungen spielt.

Das bedeutet: Kein Vitamin D – weniger Serotonin – höheres Risiko für depressive Verstimmungen.

Wirkmechanismen von Sonnenstrahlen

Sonne bedeutet nicht nur Strahlen im Außen – sie bedeutet, dass wir Energie tanken in Form von Photonen (Quantensprung der Atome und Moleküle im Körper), die Körperzellen somit auf einer höheren Frequenz schwingen. Folge: Erhöhung von Freude, Mut, Motivation, Stärkung des Immunsystems, besserer Schlaf durch höhere Serotonin-Produktion und damit eine höhere Melatonin-Produktion zur Nacht.

Sonnenstrahlen bestehen aus verschiedenen Wellen. UV-A-Strahlen (315–400 nm) dringen tief in die Haut ein, können aber vor allem oxidativen Stress verursachen und Deine Haut schneller altern lassen. UV-B-Strahlen (280–315 nm) dagegen sind die wertvollen „Schöpferwellen": Sie regen die Vitamin-D-Produktion an, stärken unsere Melanin-Schutzschicht und sind die natürlichen Architekten unserer Sonnenbräune (Wacker & Holick, 2013).

Doch Achtung: Viele Sonnencremes blockieren überwiegend UV-B – also genau die Strahlen, die uns eigentlich helfen würden, Vitamin D zu bilden und unsere natürliche Schutzschicht aufzubauen. Gleichzeitig lassen sie UV-A durch, was das Risiko für tiefere Hautschäden sogar erhöhen kann. Das heißt: Wer glaubt, er sei mit „gewöhnlicher" Sonnencreme automatisch „gesund" geschützt, sitzt oft einer Illusion auf.

Die Lösung? Bewusste Dosierung statt radikaler Vermeidung. Kurze, regelmäßige Sonnenbäder – 15 bis 30 Minuten, je nach Hauttyp und Intensität – helfen uns, Serotonin und Vitamin D optimal zu tanken. Im Winter: mindestens 30 Minuten draußen an der frischen Luft, am besten täglich. Kombiniert mit Vitamin-D-reicher Nahrung wie fettem Fisch, Eiern und Pilzen können wir unsere Speicher auf natürliche Weise auffüllen.

Fazit: Mehr Licht, mehr Vitamin D, mehr Serotonin, mehr Melatonin, besseren Schlaf, mehr Lebenskraft!

Wenn wir uns energiegeladener, fröhlicher und mental klarer fühlen wollen, sollten wir folgende Schritte beachten:

- *Täglich mindestens 15-30 Minuten Sonnenlicht tanken –* optimalerweise morgens.
- *Vitamin-D-Spiegel überprüfen lassen –* viele Menschen

haben einen extremen Mangel!

- *Tryptophanreiche Nahrung essen* – dazu gehören Eier, Lachs, Nüsse und Bananen.
- *Licht über die Augen aufnehmen* – morgens ohne Sonnenbrille rausgehen oder Tageslichtlampen nutzen.

Wenn wir unser Vitamin-D-Level optimieren, halten wir einen der mächtigsten biologischen Hebel für mentale Stärke, emotionale Ausgeglichenheit und langfristige Gesundheit in der Hand.

Mentale & Emotionale Selbstregulation
Wie wir unser Gehirn in den Griff bekommen

Stellen Sie sich vor, Sie stehen an der Kasse im Supermarkt, es ist Freitagabend, und die Schlange vor Ihnen bewegt sich im Schneckentempo. Der Kassierer diskutiert mit einem Kunden über einen 10-Cent-Rabatt, Ihr Kopf füllt sich mit einem Cocktail aus Ungeduld und Ärger. Plötzlich meldet sich eine Stimme in Ihnen: „Ganz ruhig, das bringt doch nichts." Genau das ist mentale Selbstregulation in Aktion – die Fähigkeit, Emotionen bewusst zu steuern, anstatt von ihnen gesteuert zu werden.

Was ist mentale & emotionale Selbstregulation?

Mentale und emotionale Selbstregulation bezeichnet die bewusste Steuerung von: Emotionen – Gelassen bleiben, anstatt impulsiv zu reagieren. Gedanken – Negative Denkmuster durchbrechen und bewusste Kognition fördern. Stressreaktionen – Den Körper in den Parasympathikus-Modus bringen und Anspannung abbauen.

Unsere Fähigkeit zur Selbstregulation basiert auf einem Netzwerk aus:

- *Präfrontalem Kortex* (PFC) – Sitz der bewussten Kontrolle und Entscheidungsfindung.
- *Amygdala* – Zentrum für Angst und emotionale Reize.
- *Hippocampus* – Schaltzentrale für Erfahrungen und Erinnerungen.
- *Insula* – Vermittler zwischen Emotionen und körperlichen Reaktionen.

Kurz gesagt: Mentale Selbstregulation ist die Fähigkeit, einen klaren Kopf zu bewahren, auch wenn das emotionale Gehirn Alarm schlägt.

1. Schutz vor Dauerstress
Chronischer Stress aktiviert das Hypothalamus-Hypophysen-Nebennieren-System (HPA-Achse), was zu erhöhten Cortisolwerten führt. Langfristig kann das den Hippocampus schrumpfen lassen, wodurch Gedächtnis und emotionale Kontrolle beeinträchtigt werden (McEwen & Morrison, 2013).

2. Emotionale Intelligenz steigern
Menschen mit hoher emotionaler Selbstregulation können: *Konflikte besser bewältigen*, *Negatives Feedback annehmen*, ohne sich persönlich angegriffen zu fühlen, *Impulse kontrollieren* und klügere Entscheidungen treffen (Gross, 2015).

3. Mentale Flexibilität fördern
Die Fähigkeit, Emotionen bewusst zu regulieren, schützt vor Depressionen, Angststörungen und Burnout (Berking & Wupperman, 2012).

Emotionale Selbstregulation im Alltag – Ein amüsanter Blick auf die innere Kontrolle

1. Die „Ich-beiß-mir-auf-die-Zunge"- Taktik
Sie sind in einer hitzigen Diskussion mit Ihrem Chef. Alles in Ihnen will losbrüllen: „Das ist doch völliger Unsinn!" Aber stattdessen atmen Sie tief durch und sagen: „Interessanter Punkt, lassen Sie mich das überdenken." Hier hat Ihr präfrontaler Kortex die Kontrolle übernommen – gut gemacht!

2. Der „Ich-esse-nicht-die-ganze-Schokolade"- Moment
Sie hatten sich vorgenommen, gesünder zu essen, aber die Schokolade im Schrank ruft Ihren Namen. Ihr Belohnungssystem schreit: „Iss mich, Dopamin wartet!" Doch Ihr präfrontaler Kortex meldet sich: „Wie wäre es mit zwei Stücken statt der ganzen Tafel?" Das ist kognitive Kontrolle in Höchstform.

Wie funktioniert Selbstregulation auf neuronaler Ebene?

1. Top-Down-Kontrolle – Der PFC sendet hemmende Signale an die Amygdala und beruhigt emotionale Impulse.

2. Bottom-Up-Verarbeitung – Der Körper reagiert auf Stress (z. B. Herzklopfen), doch Achtsamkeit kann diese Reaktion dämpfen.

3. Neuroplastizität – Regelmäßiges Training stärkt die neuronalen Bahnen zwischen PFC und limbischem System (Tang et al., 2015).

Herausragende aktuelle Studie: Selbstregulation & Gehirnplastizität

Eine bahnbrechende Studie von Tang et al. (2023) untersuchte, wie Achtsamkeitstraining die neuronale Selbstregulation verbessert. Ergebnis: Nach acht Wochen Training zeigte sich eine erhöhte Konnektivität zwischen PFC und Amygdala. Teilnehmer hatten niedrigere Cortisolwerte und berichteten von besserer Emotionskontrolle. Langfristig reduzierte sich das Risiko für stressbedingte Erkrankungen. Die Schlussfolgerung: Selbstregulation ist wie ein Muskel – je mehr du sie trainierst, desto besser wirst du.

Wie wir unsere Selbstregulation trainieren

Achtsamkeitspraxis – Meditation und bewusste Atmung verbessern die PFC-Kontrolle.

Cognitive Reframing – Perspektivwechsel hilft, Emotionen zu relativieren.

Bewegung & Sport – Reduziert Stresshormone und verbessert die Amygdala-Regulation.

Gesunde Ernährung – Omega-3-Fettsäuren und Antioxidantien fördern neuronale Stabilität.

Genügend Schlaf – Erhöht die emotionale Resilienz und verbessert kognitive Kontrolle.

Wer Selbstregulation beherrscht, kann Emotionen lenken, anstatt sich von ihnen überrollen zu lassen – und genau das ist der Schlüssel zu einem glücklicheren Leben.

Sinn des Lebens
Wachstum und Glück

> *„Der intuitive Geist ist ein heiliges Geschenk und der rationale Verstand ein treuer Diener. Wir haben eine Gesellschaft erschaffen, die den Diener ehrt und das Geschenk vergessen hat.“*
> Albert Einstein

Unsere Lebensaufgabe: Der Weg zu Glück und Wachstum

Was ist der Sinn des Lebens? Diese Frage beschäftigt die Menschheit seit Jahrtausenden. Philosophen, Wissenschaftler und spirituelle Denker haben zahlreiche Antworten darauf gesucht – und doch bleibt sie individuell zu beantworten. Aber eines steht fest: Das Leben ist keine zufällige Abfolge von Ereignissen, keine bloße Aneinanderreihung von Momenten, die ohne Ziel oder Absicht verlaufen. Vielmehr trägt jeder Mensch eine innere Aufgabe in sich, eine Art inhärente Bestimmung, die den Kern seines Daseins formt. Und diese Bestimmung lässt sich auf zwei grundlegende Prinzipien reduzieren: Glück zu erfahren und persönlich zu wachsen.

Das Glück als zentrale Lebensaufgabe

Glück ist keine bloße Emotion, die flüchtig kommt und geht. Es ist ein innerer Zustand, eine Form des Seins, die nicht von äußeren Umständen allein abhängig ist. Zahlreiche neurowissenschaftliche Studien belegen, dass unser Gehirn mit einem natürlichen Glücksmodus ausgestattet ist – ein komplexes Zusammenspiel aus Dopamin-, Serotonin- und Endorphinsystemen, die unser Wohlbefinden regulieren (Davidson & McEwen,

2012). Doch dieser innere Zustand bedarf der Kultivierung, einer bewussten Auseinandersetzung mit den Bedingungen, die Glück erst ermöglichen.

Die tibetische Weisheitslehre lehrt uns, dass Glück nicht das Ergebnis äußerer Umstände ist, sondern das Resultat einer inneren Haltung. Der Dalai Lama (1998) beschreibt Glück als einen Zustand des Geistes, der sich aus einer tiefen Zufriedenheit speist, unabhängig von materiellem Besitz oder kurzfristigen Erfolgen. Dies deckt sich mit Erkenntnissen aus der Positiven Psychologie, die zeigen, dass wahres Wohlbefinden nicht aus der Anhäufung von Reichtum oder Macht entsteht, sondern aus tiefen sozialen Verbindungen, der Erfahrung von Sinnhaftigkeit und dem Gefühl, zur eigenen Entwicklung beizutragen (Seligman, 2011).

Doch hier liegt die große Herausforderung: Der Mensch ist evolutionär darauf programmiert, sich an Freude zu gewöhnen. Die sogenannte *hedonische Adaptation* (Diener, Lucas & Scollon, 2006) besagt, dass wir uns an positive Veränderungen schnell gewöhnen und sie bald als selbstverständlich empfinden. Ein neues Auto, ein neuer Job oder eine romantische Beziehung – all dies kann kurzfristig unser Glück steigern, aber auf lange Sicht führt es oft zu keiner dauerhaften Zufriedenheit. Glück ist also kein statischer Zustand, sondern ein Prozess. Es ist ein fortwährendes Streben nach innerem Gleichgewicht, das weniger von dem abhängt, was uns widerfährt, sondern vielmehr davon, wie wir darauf reagieren.

Eudaimonia vs. Hedonia: Die zwei Wege zum Glück

Stellen Sie sich vor, Sie stehen an einem All-you-can-eat-Buffet des Lebens. Auf der einen Seite glitzert die Sofort-Belohnung: Schokokuchen, Netflix-Binge-Watching, ein schneller Dopamin-Kick durch Social Media. Auf der anderen Seite steht das Menü der langfristigen Zufriedenheit: persönliche Entwicklung, tiefe

Beziehungen, ein erfüllendes Lebensziel.

Unsere Lebensaufgabe: Welche Seite wählen wir?

Hier zeigt sich die zentrale Frage der positiven Psychologie: Lebe ich nur für momentane Freude (Hedonia) oder für tiefergehendes Wohlbefinden (Eudaimonia)?

Hedonia vs. Eudaimonia – Die zwei Wege zum Glück

Die moderne Wissenschaft unterscheidet zwischen zwei Arten von Glück:

1. *Hedonia* – Abgeleitet vom griechischen Wort hēdonḗ (ἡδονή), was „Vergnügen" oder „Lust" bedeutet. Diese Art des Glücks konzentriert sich auf kurzfristige, sinnliche Freuden, wie Essen, Konsum oder Unterhaltung:

o Sofortige Belohnung (Essen, Konsum, Social Media, Likes, Geldgewinn).

o Vermeidung von Anstrengung und Unannehmlichkeiten.

o Emotionale Hochs, die jedoch oft schnell verpuffen.

2. *Eudaimonia* – Abgeleitet vom griechischen eu (εὖ, „gut") und daimon (δαίμων, „Geist" oder „Schicksal"), bedeutet wörtlich „ein gutes Leben führen". Diese Art des Glücks ist tiefgründiger und basiert auf persönlicher Erfüllung:

o Sinnhafte Tätigkeiten (Kreativität, soziales Engagement, Wachstum).

o Langfristige Ziele verfolgen, selbst wenn sie Disziplin erfordern.

o Persönliche Werte leben und innere Kohärenz fühlen.

Kurz gesagt: Hedonia ist das schnelle Feuerwerk, Eudaimonia das wärmende Lagerfeuer. (Glückseeligkeit)

Das Gehirn & Glück – Wie wir Freude verarbeiten

Beide Formen des Glücks basieren auf unterschiedlichen *neuronalen Netzwerken:*

- *Hedonisches Glück (Glücksmoment)* ist stark mit dem Nucleus accumbens & Dopamin-System verbunden – also mit der Belohnungsstruktur des Gehirns.
- *Eudaimonisches Glück (Glückseeligkeit)* aktiviert den Präfrontalen Kortex & das Default Mode Network (DMN), was für Selbstreflexion, Werte und langfristige Lebensplanung entscheidend ist (Huta & Waterman, 2014).

Warum ist das relevant? Weil Studien zeigen, dass ein Übermaß an hedonischem Vergnügen das Gehirn langfristig abstumpft – das Belohnungssystem benötigt immer stärkere Reize. Eudaimonisches Glück hingegen führt zu stabiler emotionaler Resilienz.

Alltagsmomente – Ein amüsanter Blick auf die zwei Arten des Glücks

1. Der Netflix-Falle entkommen

Wir haben uns vorgenommen, heute Abend ein Buch zu lesen – doch Netflix schlägt uns die nächste Serie vor. Unser Nucleus accumbens schreit: „Ja, tu es!", während unser präfrontaler Kortex seufzt: „Wirklich? Noch eine Staffel?"

Hedonische Entscheidung: Wir klicken auf „Nächste Folge", bekommen einen Dopamin-Kick – aber nach zwei Stunden fühlen wir uns müde und unproduktiv.

Eudaimonische Entscheidung: Wir lesen unser Buch, lernen etwas Neues und schlafen mit einem erfüllten Gefühl ein.

2. Fast Food vs. Selbstgekochtes Essen

Ein Big Mac klingt verlockend – er ist schnell, einfach und sofort belohnend. Aber am nächsten Tag fühlen wir uns träge und energielos. Ein selbst gekochtes, gesundes Essen erfordert mehr

Aufwand, aber gibt uns langfristig mehr Energie und Wohlbefinden.

Herausragende aktuelle Studie: Der Einfluss von Eudaimonia & Hedonia auf das Gehirn

Eine bahnbrechende Studie von King et al. (2023) untersuchte die neurologischen Unterschiede zwischen hedonischem und eudaimonischem Glück. Ergebnis: Personen mit einem eher eudaimonischen Lebensstil hatten eine höhere Dichte an grauer Substanz im präfrontalen Kortex. Hedonische Lebensweisen führten zu einer erhöhten Dopamin-Toleranz, wodurch das Gehirn zunehmend stärkere Reize benötigte, um Freude zu empfinden. Menschen mit mehr eudaimonischer Lebensführung berichteten von stabilerer emotionaler Resilienz und weniger Stressanfälligkeit.

Die Schlussfolgerung: Langfristige Erfüllung (Eudaimonia) stärkt das Gehirn, während übermäßige hedonische Impulse das Belohnungssystem abstumpfen lassen.

Neurobiologische Korrelate von Glück

Glück ist ein komplexes Phänomen, das sowohl neurobiologische als auch psychologische Mechanismen umfasst. Das subjektive Wohlbefinden, oft als Glück bezeichnet, wird maßgeblich durch diese Mechanismen beeinflusst. Insbesondere spielen Neurotransmitter wie Dopamin, Serotonin, Endorphine sowie Oxytocin eine zentrale Rolle bei der Entstehung und Regulation von Glücksgefühlen. Diese chemischen Botenstoffe ermöglichen die Kommunikation zwischen Nervenzellen und beeinflussen zentrale Bereiche des Gehirns, die mit Belohnung, Motivation und emotionalem Wohlbefinden assoziiert sind.

Die wissenschaftliche Untersuchung von Glück hat in den

letzten Jahrzehnten bedeutende Erkenntnisse hervorgebracht. Zwei einflussreiche Forscher auf diesem Gebiet sind George E. Vaillant und Joseph Bonanno, deren Langzeitstudien wichtige Einflussfaktoren für das menschliche Wohlbefinden identifizieren konnten. Ergänzend bietet das Dreieck des Wohlbefindens der Jacobs-Universität Bremen ein Modell, das zentrale Komponenten des Glücks strukturiert darstellt.

Forschungsergebnisse von George E. Vaillant und Joseph Bonanno

George E. Vaillant, bekannt durch seine Arbeit an der *Harvard Study of Adult Development* (Vaillant, G.E. 2012), untersuchte über einen Zeitraum von mehr als 75 Jahren die Lebenswege von Männern aus verschiedenen sozialen Schichten. Vaillant stellte fest, dass stabile soziale Beziehungen, emotionale Intelligenz und die Fähigkeit zur Emotionsregulation wesentliche Faktoren für ein erfülltes und glückliches Leben darstellen. Insbesondere die Fähigkeit, Krisen zu bewältigen und positive Mechanismen zur Stressbewältigung zu entwickeln, trägt entscheidend zum Wohlbefinden bei.

Joseph Bonanno hingegen konzentrierte sich auf Resilienz und die Fähigkeit, traumatische Erlebnisse zu überwinden. In seinen Studien betonte er, dass Resilienz nicht nur das Ergebnis genetischer Veranlagung ist, sondern auch aktiv gefördert werden kann (Bonanno, 2004). Humor, Akzeptanz und die Fähigkeit zur positiven Neubewertung von Herausforderungen spielen dabei eine zentrale Rolle. (Fletcher und Sarkar, 2013). In ihrer Studie identifizieren sie verschiedene Schutzfaktoren, die Individuen dabei unterstützen, effektiv mit Stressoren umzugehen und ihre Leistung aufrechtzuerhalten. Sie argumentieren, dass durch die Entwicklung spezifischer mentaler Strategien und die Förderung positiver Persönlichkeitsmerkmale die psychologische Resilienz als dynamische Fähigkeit signifikant durch gezieltes Training erhöht werden kann.

Zusätzlich zu diesen Erkenntnissen liefern Martin Seligman und Sonja Lyubomirsky wichtige Beiträge zur Glücksforschung. Laut Seligman (2002) besteht das subjektive Glücksempfinden zu etwa 50 % aus genetischen Faktoren (Happiness Setpoint), die postnatal festgelegt sind. Die verbleibenden 50 % sind durch Umweltfaktoren und gezieltes Training beeinflussbar. Lyubomirsky et al. (2005) bestätigen diese Annahme und zeigen, dass durch gezielte Maßnahmen wie Achtsamkeit, positive Psychologie - Interventionen und soziale Interaktionen das individuelle Glücksniveau nachhaltig gesteigert werden kann.

Das Dreieck des Wohlbefindens (Jacobs-Universität Bremen)

Das Dreieck des Wohlbefindens (Delhey, J., & Brockmann, H. (2010), entwickelt an der Jacobs-Universität Bremen, beschreibt drei wesentliche Säulen für das subjektive Wohlbefinden:

1. *Psychische Gesundheit:* Dazu gehören emotionale Stabilität, Selbstwirksamkeit und ein positives Selbstbild.
2. *Soziale Beziehungen:* Enge Bindungen zu Familie und Freunden, soziale Unterstützung und ein Gefühl der Zugehörigkeit sind zentrale Faktoren.
3. *Sinn und Lebensziele:* Ein klarer Lebenssinn und das Verfolgen persönlicher Ziele tragen maßgeblich zum langfristigen Wohlbefinden bei.

Das Modell verdeutlicht, dass das Zusammenspiel dieser drei Faktoren entscheidend für das subjektive Glückserleben ist. Ein Ungleichgewicht in einer dieser Säulen kann das gesamte Wohlbefinden beeinträchtigen. Holt-Lunstad et al. (2017) weisen darauf hin, dass qualitativ hochwertige soziale Beziehungen nicht nur das psychische Wohlbefinden fördern, sondern auch langfristig die körperliche Gesundheit verbessern und die Sterblichkeitsrate senken können.

Der Hippocampus spielt bei alldem eine zentrale Rolle, da er nicht nur für Gedächtnis- und Lernprozesse verantwortlich ist, sondern auch eng mit Emotionen und der Regulation von Stress verbunden ist. Aktuelle neurobiologische Forschungen zeigen, dass strukturelle und funktionelle Eigenschaften des Hippocampus stark mit positiven Emotionen und dem subjektiven Erleben von Glück korrelieren (Davidson & McEwen, 2012).

Wie wir unser Gehirn auf nachhaltiges Glück programmieren

Wir müssen unsere Werte reflektieren – Was macht uns wirklich langfristig glücklich?

Wir sollten kurzfristige Reize durch erfüllende Tätigkeiten – Sport, Lesen, kreatives Arbeiten, ersetzen.

Wir sollten Dankbarkeit trainieren – Menschen, die regelmäßig Dankbarkeit üben, aktivieren stabilere Glücksnetzwerke im Gehirn.

Wir sollten tiefe persönliche Verbindungen pflegen – Sie sind der Schlüssel zu langfristiger Zufriedenheit.

Wir sollten Dopaminfallen meiden – Social Media, Fast Food und Konsum können das Belohnungssystem kapern.

Echtes Glück entsteht nicht durch das schnelle Feuerwerk – sondern durch das stetige, wärmende Licht einer sinnvollen Lebensführung.

Wachstum durch Erfahrung: Die Evolution des Selbst

Wenn Glück die erste große Aufgabe unseres Lebens ist, dann ist persönliches Wachstum die zweite. Der Mensch ist ein Wesen der Veränderung, ein Produkt seiner Erfahrungen und seiner Fähigkeit, sich weiterzuentwickeln. Diese Entwicklung geschieht nicht linear, sondern in einem rhythmischen Wechselspiel aus Stabilität und Transformation.

Jede Erfahrung – ob positiv oder negativ – formt unser neuronales Netzwerk und hinterlässt Spuren in unserem Bewusstsein. Moderne Forschungen zur *Neuroplastizität* zeigen, dass unser Gehirn bis ins hohe Alter lernfähig bleibt und durch Herausforderungen wächst (Doidge, 2007). Die Fähigkeit, aus Erlebnissen zu lernen, ist die Grundlage für Resilienz – jene psychische Widerstandskraft, die uns befähigt, Krisen nicht nur zu überstehen, sondern gestärkt aus ihnen hervorzugehen (Bonanno, 2004).

Bauchentscheidungen, Kopfentscheidungen – oder etwas Drittes?

Genauere Analysen des Ablaufs von Denk- und Entscheidungsprozessen geben jedoch Hinweise auf eine Antwort. Wie schon weiter oben festgestellt, ist unser Denken schnell überfordert, wenn eine Situation auch nur mäßig komplex wird. Dies hängt mit der äußerst beschränkten Verarbeitungskapazität unseres Arbeitsgedächtnisses und der damit eng verbundenen Konzentrationsfähigkeit zusammen. Man kann bekanntlich nur ungefähr *fünf einfache Dinge* im Kopf behalten und *nicht mehr als zwei Vorgänge gleichzeitig* intensiv verfolgen. Unser Gehirn verfügt aber neben dem Aufmerksamkeitsbewusstsein über eine ganz andere Möglichkeit, Probleme zu lösen, nämlich *unser Unterbewusstsein*. Es ist der Ort des intuitiven Problemlösens, und *seine Fähigkeit zur Verarbeitung komplexer Informationen ist ungleich größer* als die des bewussten Arbeitsgedächtnisses. Es ist nur zunächst nicht dem aktuellen Bewusstsein zugänglich. Die Berichte über große Entdeckungen und Erfindungen sind voll von solchen „Einfällen": Menschen grübeln und grübeln, geben dann vorübergehend oder endgültig die Suche auf – und plötzlich fällt ihnen die Lösung ein. Natürlich ist dies nicht zwingend (das Aufgeben führt nicht notwendigerweise zur intuitiven Lösung), aber gerade die Großartigkeit mancher Lösungen ist eng verbunden mit dem Grad an Intuition. Interessanterweise vermitteln intuitive Entscheidungen auch einen höheren Grad an Zufriedenheit als analytische Entscheidungen (Sanfey und Chang, 2008).

Es sind paradoxerweise gerade die schwierigen Zeiten, die uns am stärksten prägen. Rückschläge, Verluste, Krisen – all diese Momente sind nicht nur Prüfungen, sondern auch Chancen. Sie bieten die Möglichkeit, innere Strategien zu entwickeln, den eigenen Umgang mit Problemen zu reflektieren und sich dadurch eine psychische Souveränität anzueignen. Zeiten, in denen Angst in Ihnen auftaucht, sind die wichtigsten Augenblicke Ihres Lebens.

Dann müssen Sie Ihnen erlauben, so spontan wie möglich zu agieren, denn ein höheres Bewusstsein weiß, was geschehen wird, gleich wofür Sie sich entscheiden und welchen Weg Sie einschlagen. Aber Ihr menschlicher Verstand wird zweifeln, weil er eher auf Angst (Amygdala) als auf Zuversicht ausgerichtet ist und reagiert. Sie erfahren unter Umständen nur einige solcher Augenblicke in Ihrem menschlichen Leben. Deshalb ist es so wesentlich, dass Sie sich dann daran erinnern, ganz dem zu vertrauen, was Sie in Ihrer eigenen innersten Mitte fühlen, und nicht dem, was Sie in Ihren angsterfüllten Gedanken hören.

Die Psychologie spricht hier von *Posttraumatischem Wachstum* (Tedeschi & Calhoun, 2004) – dem Phänomen, dass Menschen nach tiefen Krisen oft eine größere innere Reife und Widerstandsfähigkeit entwickeln.

Doch Wachstum geschieht nicht automatisch. Es setzt den Mut zur Veränderung voraus. Wer in seiner Komfortzone verharrt, wird nicht wachsen, sondern stagnieren. Persönliche Entwicklung erfordert das bewusste Infragestellen alter Denkmuster, den Mut, sich Unbekanntem zu stellen, und die Bereitschaft, Fehler als Lernprozesse zu begreifen.

Die Quantenphysik lehrt uns, dass Realität nicht statisch ist, sondern von unseren Entscheidungen beeinflusst wird. Der berühmte Quantenphysiker Werner Heisenberg (1958) stellte fest, dass unsere Wahrnehmung die physikalische Welt formt. In ähnlicher Weise formt unsere innere Haltung die Art und Weise, wie wir das Leben erleben. Wer sich ständig als Opfer der Umstände sieht, wird in dieser Rolle verharren. Wer jedoch die Herausforderungen des Lebens als Wachstumsimpulse begreift, erschafft sich selbst eine Realität, in der Entwicklung möglich ist.

Der Schlüssel: Haltung, Erwartung und Wandel

Das Leben ist ein dynamischer Prozess. Um zu wachsen, müssen wir bereit sein, unsere Haltung zu überdenken, unsere Erwartungen anzupassen und offen für Wandel zu sein. Es ist ein Trugschluss zu glauben, dass ein festes Weltbild oder starre Überzeugungen Sicherheit bieten. Im Gegenteil: Wer sich gegen Veränderung sträubt, wird von ihr überrollt.

Die Fähigkeit zur *kognitiven Flexibilität* (Diamond, 2013) – also die Bereitschaft, neue Perspektiven einzunehmen und alte Denkmuster zu durchbrechen – ist entscheidend für unser Wohlbefinden und unsere Entwicklung.

In der Praxis bedeutet dies, sich immer wieder neuen Herausforderungen zu stellen, sich nicht von Rückschlägen entmutigen zu lassen und bewusst jene Erfahrungen zu suchen, die Wachstum fördern. Dies kann durch Reisen geschehen, durch das Erlernen neuer Fähigkeiten oder durch die bewusste Auseinandersetzung mit anderen Denkweisen und Kulturen.

Letztlich liegt unsere größte Aufgabe darin, uns selbst als dynamisches Wesen zu begreifen – als einen Prozess in ständiger Entwicklung. Wer diesen Prozess aktiv steuert, wer bewusst auf sein Glück hinarbeitet und Veränderungen nicht fürchtet, sondern willkommen heißt, der wird das Leben in seiner ganzen Tiefe erfahren.

Das Leben ist keine festgelegte Erzählung, sondern ein offenes Buch. Wir alleine entscheiden, welche Geschichte wir darin schreiben möchten.

Alles ist Energie
Quantenparty des Lebens – Warum Energie niemals Feierabend hat!

Die Grundannahme der Quantenphysik besagt, dass Energie nicht einfach verschwindet. Sie kann sich nicht auflösen oder verloren gehen, sondern lediglich ihre Form, ihre Erscheinungsweise und ihre Richtung verändern (Heisenberg, 1958). Dies geschieht im Einklang mit der Intention, also der bewussten oder unbewussten Absicht, die hinter jeder Handlung und jedem Prozess steht. Energie ist allgegenwärtig, aber ihre Manifestation hängt von der Wahrnehmung und der Wechselwirkung mit der Umwelt ab. So sind auch wir als Menschen Teil dieses Energieflusses, in dem jedes Erlebnis, jede Entscheidung und jede Interaktion Spuren hinterlässt (Bohm, 1980).

Die Quantenphysik lehrt uns, dass Realität nicht unabhängig von unserem Bewusstsein existiert. Unsere Betrachtung beeinflusst das, was wir sehen, und unsere Intention formt die Richtung, in die sich Energie bewegt (Capra, 1997). In jeder Situation gibt es eine Vielzahl möglicher Perspektiven, von denen aus wir sie betrachten können. Ebenso stehen uns unterschiedliche Wege offen, mit den gegebenen Umständen umzugehen. Doch letztlich sind wir es selbst, die entscheiden müssen, welchen dieser Wege wir beschreiten. Mit dieser Entscheidungsfreiheit geht eine fundamentale Verantwortung einher: Wir tragen die volle Verantwortung für unser Tun und Erleben, für unsere Reaktionen und die energetischen Wechselwirkungen, die wir mit unserer Umwelt eingehen (Warnke, 2009).

Energieaustausch und Resonanz – Der Quantensprung des Bewusstseins

Im zwischenmenschlichen Kontakt begegnen wir einer subtilen, aber machtvollen Form des Energieaustauschs. Wenn wir jemandem Aufmerksamkeit schenken – wenn wir ihn wahrnehmen, ihn „sehen" –, dann übertragen wir Energie. Diese Übertragung erfolgt auf quantenphysikalischer Ebene durch die Abgabe von Photonen (Popp, 2003). Der Andere wird durch unsere Zuwendung sichtbarer, er erfährt eine energetische Aufladung, die ihn in seiner Existenz stärkt.

Doch dieser Austausch beruht auf einem empfindlichen Gleichgewicht. Idealerweise geschieht eine wechselseitige Übertragung: Wir geben Energie in Form von Aufmerksamkeit, Wertschätzung und Präsenz, und der Andere gibt uns diese in gleicher Weise zurück. Auf diese Weise entsteht ein harmonischer Fluss, ein Zustand der Resonanz, in dem beide Seiten von der Interaktion profitieren. Es ist ein Prozess der Homöostase – ein energetisches Gleichgewicht, das das System stabilisiert (Bohm, 1980).

Doch was geschieht, wenn dieses Gleichgewicht gestört ist? Wenn unser Gegenüber so sehr von eigenen Bedürfnissen absorbiert ist, dass er nicht in der Lage ist, uns Energie zurückzugeben? In solchen Fällen gerät das System in eine Disbalance. Während wir weiter Energie investieren, ohne etwas zurückzuerhalten, kommt es zu einer allostatischen Belastung – einem Zustand der energetischen Erschöpfung (Warnke, 2009). Wir erleben das Gefühl, „ausgebrannt" zu sein, weil wir in einen einseitigen Fluss geraten sind, der unsere Reserven aufzehrt.

Hier liegt die Notwendigkeit, achtsam mit unserer Energie umzugehen. Wenn wir erkennen, dass eine Begegnung uns in ein solches Ungleichgewicht führt, ist es entscheidend, klare Grenzen zu setzen. Dies bedeutet nicht Ablehnung oder Härte, sondern eine bewusste Entscheidung für das eigene energetische Wohl. Es erfordert Mut, eine Interaktion bestimmt, aber freundlich zu beenden, wenn sie einseitig bleibt und uns energetisch erschöpft (Popp, 2003).

So lehrt uns die Quantenphysik nicht nur über die Beschaffenheit der Materie, sondern auch über die Beschaffenheit unserer zwischenmenschlichen Beziehungen. Unsere Wahrnehmung formt die Welt, unsere Absicht lenkt die Energie, und unser Bewusstsein entscheidet, wie wir mit den unzähligen Möglichkeiten des Lebens umgehen.

Die Wahl liegt bei uns – in jedem Moment, in jeder Begegnung, in jeder Entscheidung (Capra, 1997).

Der emotionale Kompass des Lebens
Warum Gefühle unser wertvollster Seismograph sind

In der komplexen Welt menschlicher Wahrnehmung und Erfahrung fungieren unsere Gefühle als eine Art inneres Navigationssystem. Sie sind weder bloße Reaktionen noch zufällige Erscheinungen unseres Geistes, sondern hochentwickelte biologische und neuropsychologische Mechanismen, die uns Orientierung geben.

In jedem Moment unseres Lebens liefern sie uns wertvolle Informationen darüber, ob eine Situation im Einklang mit unserem Wohlbefinden, unseren Werten und Zielen steht – oder ob wir uns auf einem Pfad befinden, der uns energetisch, seelisch oder gar physisch schadet.

Die moderne Neurowissenschaft zeigt, dass Gefühle eine zentrale Rolle in der menschlichen Entscheidungsfindung spielen (Damasio, 1994). Antonio Damasio betonte in seiner somatischen Marker-Hypothese, dass unsere emotionalen Reaktionen untrennbar mit kognitiven Prozessen verbunden sind. Sie helfen uns dabei, blitzschnell Situationen zu bewerten, ohne dass wir eine langwierige rationale Analyse durchlaufen müssen. Emotionen sind also weit mehr als subjektive Erfahrungen – sie sind physiologische Indikatoren für energetische Harmonie oder Dissonanz in unserem Leben.

Gefühle als Resonanzfeld zwischen Körper und Geist

Gefühle sind nicht nur ein Produkt unseres Geistes, sondern eng mit unserem Körper verbunden. Unser Organismus reagiert auf disharmonische Situationen mit körperlichen Signalen: Magenkrämpfe, Kopfschmerzen, ein beklemmendes Gefühl in der

Brust – all diese Reaktionen sind kein Zufall, sondern biologische Rückmeldungen darüber, dass wir uns in einer energetisch belastenden Situation befinden (McEwen, 2007). Der Körper fungiert als Resonanzfeld, das die Qualität unserer Umgebung und unserer zwischenmenschlichen Beziehungen reflektiert.

Umgekehrt spüren wir es sofort, wenn eine Situation gut für uns ist. Ein warmes Gefühl breitet sich aus, unsere Atmung verlangsamt sich, der Puls beruhigt sich – unser Körper signalisiert Entspannung und Wohlbefinden. Dies sind Zeichen dafür, dass wir uns in einer förderlichen Umgebung befinden, dass unser Tun und Sein in Einklang stehen mit unserer inneren Wahrheit.

Diese Mechanismen sind aus evolutionsbiologischer Perspektive essenziell. Sie dienten unseren Vorfahren dazu, Gefahren frühzeitig zu erkennen und lebensfördernde Entscheidungen zu treffen (LeDoux, 1996). Während sie damals vor allem dazu beitrugen, Raubtiere zu meiden oder sichere Nahrungsquellen zu identifizieren, helfen sie uns heute, toxische Beziehungen zu verlassen, falsche Karriereentscheidungen zu erkennen oder schlichtweg herauszufinden, was uns wirklich erfüllt.

Die Intelligenz der Intuition – Der unterschätzte Lotse des Lebens

Gefühle sind weit mehr als subjektive Reaktionen – sie sind auch eng mit unserer Intuition verknüpft. Studien belegen, dass intuitive Entscheidungen oft nicht nur schneller, sondern auch effektiver sind als rein analytische Abwägungen (Sanfey & Chang, 2008). Unser Unterbewusstsein verarbeitet Millionen von Eindrücken, bewertet Erfahrungen aus der Vergangenheit und sendet uns in Form von Gefühlen klare Signale.

Wenn wir diesen Signalen folgen, können wir unser Leben so gestalten, dass es uns nicht nur Schutz bietet, sondern auch tiefere Erfüllung ermöglicht. Ignorieren wir sie hingegen über längere Zeit, geraten wir oft in ungesunde Dynamiken, sei es im beruflichen oder privaten Umfeld. Wer beispielsweise über Jahre in einer belastenden Beziehung verharrt oder sich gegen seine tiefen Überzeugungen verhält, erlebt langfristig nicht nur emotionale Erschöpfung, sondern auch körperliche Symptome (Siegel, 2010).

Das bedeutet: Unsere Gefühle sind keine störenden Begleiterscheinungen, die es zu kontrollieren oder zu unterdrücken gilt. Vielmehr sind sie unser innerstes Feedbacksystem, das uns unermüdlich Hinweise darauf gibt, ob wir auf dem richtigen Weg sind – oder ob es an der Zeit ist, Kurskorrekturen vorzunehmen.

Fazit: Die Weisheit der Gefühle nutzen

In einer Welt, die oft Rationalität über Emotionalität stellt, wird die tiefe Weisheit unserer Gefühle häufig unterschätzt. Doch wer lernt, ihre Botschaften bewusst wahrzunehmen, erhält einen wertvollen Zugang zu sich selbst. Gefühle sind unser intuitiver Seismograph – sie zeigen uns an, wann wir uns in einem förderlichen energetischen Feld befinden und wann es an der Zeit ist, aus einer Situation auszusteigen. Sie sind keine Schwächen, sondern die stärkste Quelle für authentische Selbstführung.

Indem wir unsere Emotionen als Leitplanken unseres Lebens verstehen, können wir bewusster entscheiden, welche Wege uns nähren, welche Umstände uns stärken und welche Situationen wir besser verlassen sollten. Unsere Gefühle sind der tiefste Ausdruck unseres wahren Selbst – und der direkteste Wegweiser zu einem sinnerfüllten, kraftvollen und authentischen Leben.

Beziehungen
Warum soziale Bindungen unser Gehirn stabilisieren

Stellen Sie sich vor, Sie sitzen am Flughafen mit einem annullierten Flug, Ihr Handyakku ist fast leer und um Sie herum herrscht Chaos. Während sich andere Passagiere lauthals über die Fluggesellschaft beschweren, entscheiden Sie sich, die Situation anders zu nutzen. Sie beginnen ein Gespräch mit einer Mitreisenden, lachen über das gemeinsame Schicksal und stellen fest, dass Sie viel gemeinsam haben. Am Ende des Tages gehen Sie mit einer neuen Bekanntschaft nach Hause – und Ihr Gehirn hat dabei gewonnen.

Soziale Bindungen sind nicht nur ein emotionales Sicherheitsnetz – sie sind ein entscheidender Faktor für unsere neurobiologische Gesundheit. Wissenschaftliche Untersuchungen zeigen, dass enge soziale Beziehungen die Struktur und Funktion unseres Gehirns tiefgreifend beeinflussen. Sie fördern die neuroplastischen Fähigkeiten, regulieren Stresshormone, aktivieren das Belohnungssystem und stärken sogar das Immunsystem.

Warum soziale Interaktionen unser Gehirn verändern

Soziale Bindungen sind das neuronale Äquivalent eines Vitamins – sie nähren und schützen unser Gehirn. Menschen mit stabilen sozialen Netzwerken zeigen höhere kognitive Flexibilität, bessere Emotionsregulation und eine geringere Anfälligkeit für Stress (House et al., 2021). Wenn wir in einem vertrauensvollen sozialen Umfeld leben, wird die Ausschüttung von Stresshormonen reduziert, während gleichzeitig die Produktion von Wohlfühlhormonen wie Oxytocin, Dopamin und Serotonin steigt.

Denken Sie an den letzten stressigen Tag, an dem Sie sich ausgelaugt und gereizt fühlten. Dann kam ein enger Freund vorbei, hörte Ihnen zu, lachte mit Ihnen – und plötzlich fühlte sich die Welt wieder leichter an. Ihr Gehirn hat genau in diesem Moment einen Schub an Glückshormonen ausgeschüttet. Soziale Interaktion ist also nicht nur schön – sie ist überlebenswichtig.

Neuroplastizität und soziale Interaktionen – Was passiert im Gehirn?

1. Die Amygdala – Weniger Angst, mehr Vertrauen
Die Amygdala ist das emotionale Frühwarnsystem des Gehirns. Sie scannt unsere Umwelt auf Gefahren und aktiviert Angstreaktionen. Studien zeigen, dass Menschen mit intensiven sozialen Beziehungen eine kleinere, weniger reaktive Amygdala haben. Das bedeutet: weniger übermäßige Angst, mehr Gelassenheit und bessere Emotionsregulation (Tost et al., 2010). Ein aktives Sozialleben ist also eine natürliche Anti-Stress-Strategie.

2. Der Präfrontale Kortex – Der emotionale Filter
Der präfrontale Kortex (PFC) hilft uns, Emotionen zu steuern, Impulse zu kontrollieren und rationale Entscheidungen zu treffen. Soziale Interaktionen trainieren diese kognitive Kontroll–instanz. Wer regelmäßig tiefgehende Gespräche führt und sich aktiv mit anderen Menschen austauscht, stärkt seine Fähigkeit zur Selbstregulation (Cacioppo & Cacioppo, 2014).

3. Das Belohnungssystem – Dopamin, Oxytocin und Serotonin
Ein gutes Gespräch, ein gemeinsames Lachen oder eine herzliche Umarmung aktivieren den Nucleus accumbens, das Belohnungszentrum unseres Gehirns. Hier werden Glückshormone wie *Dopamin, Oxytocin und Serotonin* ausgeschüttet. Diese Neurotransmitter stabilisieren die Stimmung, fördern Motivation und stärken das Gefühl der sozialen Zugehörigkeit

4. Die Stressachse – Wie soziale Unterstützung Cortisol reduziert
Chronischer Stress überaktiviert die HPA-Achse (Hypothalamus-

Hypophysen-Nebennieren-Achse), was zu erhöhten Cortisolwerten führt. Langfristig kann dies den Hippocampus schädigen, die Gedächtnisleistung beeinträchtigen und zu erhöhter Ängstlichkeit führen. Studien zeigen jedoch, dass soziale Unterstützung die Cortisolreaktion dämpft und das Gehirn widerstandsfähiger macht (Heinrichs et al., 2003).

Soziale Bindungen im Alltag – Ein amüsanter Blick auf ihre Wirkung

1. Warum ein Kaffeeklatsch mit der besten Freundin mehr bewirkt als jede Meditation

Sie haben einen stressigen Tag hinter sich, Ihr Kopf ist voller Gedanken, doch dann treffen Sie Ihre beste Freundin auf einen Kaffee. Schon nach wenigen Minuten Lachen und Erzählen fühlen Sie sich wie ausgewechselt. Kein Wunder – Oxytocin und Dopamin haben Ihre Stresshormone neutralisiert.

2. Der magische Effekt einer Umarmung

Ein schlechter Tag? Dann lassen Sie sich umarmen! Studien zeigen, dass Berührungen den Blutdruck senken, die Herzfrequenz regulieren und die Amygdala beruhigen (Ditzen et al., 2007). Einfache Gesten wie Händeschütteln oder eine freundliche Umarmung sind biochemische Reset-Buttons für das Gehirn.

Herausragende aktuelle Studie: Soziale Interaktionen & Gehirnstruktur

Eine bahnbrechende Studie von Dunbar et al. (2023) untersuchte die langfristigen Effekte sozialer Bindungen auf das Gehirn. Die Ergebnisse waren beeindruckend: Menschen mit vielen sozialen Kontakten hatten eine größere Dichte an grauer Substanz im medialen Präfrontalen Kortex. Gleichzeitig zeigte sich, dass chronische soziale Isolation mit verstärkter Amygdala-Aktivität und einem erhöhten Risiko für Angststörungen korrelierte. Stabile soziale Beziehungen verlängerten zudem die Lebenserwartung und verbesserten die kognitive Leistungsfähigkeit.

Wie wir unser Gehirn durch soziale Interaktionen stärken

- *Freundschaften aktiv pflegen* – Regelmäßige soziale Kontakte sind ein Grundpfeiler der mentalen Gesundheit.
- *Gemeinsame Erlebnisse schaffen* – Gemeinsame Aktivitäten fördern Neuroplastizität.
- *Berührungen zulassen* – Umarmungen und Körperkontakt reduzieren Stresshormone.
- *Tiefgehende Gespräche führen* – Sie stärken den präfrontalen Kortex und fördern emotionale Intelligenz.
- *Oxytocin bewusst steigern* – Zeit mit geliebten Menschen verbringen, um Vertrauen und Wohlbefinden zu fördern.

Soziale Bindungen sind das beste Gehirn-Training – also pflegen Sie Ihr Netzwerk!

Resilienz
Die Kunst des Stehaufmännchens –
Warum Widerstandskraft trainierbar ist

Stellen Sie sich vor, Sie stehen am Bahnsteig, Ihr Zug fährt gerade ab, und Sie haben – natürlich – Ihr Handy zu Hause vergessen. Während einige in Schockstarre verfallen und ihren Tag bereits für gescheitert erklären, zuckt jemand anderes nur mit den Schultern, genießt die unerwartete Pause und nutzt die Gelegenheit für einen guten Espresso. Resilienz ist genau das: Die Fähigkeit, mit Krisen umzugehen, ohne daran zu zerbrechen. Doch was macht den Unterschied zwischen denen, die sich vom Leben umpusten lassen, und denen, die nach jedem Rückschlag noch stärker aufstehen?

Resilienz – Mehr als nur mentale Stärke

Lange dachte man, Resilienz sei eine angeborene Eigenschaft – man hat sie oder eben nicht.

Heute wissen wir: Resilienz ist trainierbar, sowohl psychisch als auch körperlich.

Das Wort Resilienz stammt vom lateinischen Verb *„resilire“*, was so viel bedeutet wie „zurückspringen“, „abprallen“ oder „sich erholen“. Es beschreibt die Fähigkeit eines Systems – sei es ein Material, ein Organismus oder ein Mensch –, nach einer äußeren Belastung in seinen ursprünglichen Zustand zurückzukehren oder sich anzupassen, ohne langfristigen Schaden zu nehmen.

Der Begriff wurde ursprünglich in der Materialwissenschaft verwendet, um die Widerstandsfähigkeit von Stoffen zu beschreiben, die nach einer Verformung in ihre ursprüngliche Form zurückkehren (z. B. Gummi oder Metalle mit elastischen Eigenschaften).

In der Psychologie und Neurowissenschaft wurde das Konzept später übernommen, um die Fähigkeit von Menschen zu beschreiben, nach Stress, Traumata oder Krisen psychisch stabil zu bleiben oder sich an veränderte Bedingungen anzupassen.

Moderne Bedeutung:

Heute bedeutet Resilienz in der Psychologie und Medizin *die Widerstandsfähigkeit gegenüber Belastungen* – also die Fähigkeit, Krisen nicht nur zu überstehen, sondern sogar gestärkt aus ihnen hervorzugehen. Sie ist nicht nur angeboren, sondern kann durch soziale Bindungen, mentale Strategien und körperliche Gesundheit trainiert werden.

Auf biologischer Ebene sind es Hirnstrukturen wie der *Präfrontale Kortex* (PFC), die *Amygdala* und der *Hippocampus*, die entscheiden, wie wir auf Stress reagieren. Unser Gehirn ist wie eine Festplatte: Je nachdem, welche Erfahrungen wir abspeichern, reagieren wir unterschiedlich auf Herausforderungen. Stresshormone wie Cortisol und Adrenalin spielen dabei eine zentrale Rolle, denn chronischer Stress kann diese Strukturen schrumpfen lassen – doch mit gezieltem Training können wir unser System widerstandsfähiger machen.

Resilienz im Alltag – Ein amüsanter Blick auf Stressbewältigung

Sie stehen im Supermarkt, die Schlange ist lang, der Kunde vor Ihnen diskutiert über einen 10-Cent-Rabatt, und Ihr Magen knurrt lauter als das Kassensystem. In diesem Moment gibt es zwei Möglichkeiten:

1. Sie werden innerlich zur tickenden Zeitbombe. Ihr Cortisolspiegel steigt, Ihr Puls rast, Ihr Gehirn signalisiert: Gefahr! Ihr Körper schüttet proinflammatorische Botenstoffe aus, Ihr Im-

munsystem leidet – all das nur wegen einer Kassenschlange.

2. Sie atmen tief durch, akzeptieren den Moment und nutzen die Zeit zum bewussten Beobachten. Ihr Parasympathikus, der Gegenspieler des Stresssystems, wird aktiviert. Ihr Herzschlag beruhigt sich, Ihre Amygdala entspannt sich, und Ihr Hippocampus sendet die Botschaft: „Kein Grund zur Panik, es ist nur eine Warteschlange."

Dieser zweite Mechanismus ist trainierbar – durch bewusste Achtsamkeit, Bewegung, gesunde Ernährung und soziale Bindungen.

Die vier Säulen der Resilienz

1. Achtsamkeit & Mentale Selbststeuerung
o Studien zeigen, dass Achtsamkeitstraining die neuronale Dichte des Präfrontalen Kortex erhöht, was hilft, Emotionen besser zu regulieren (Tang et al., 2015).
o Meditation kann den Cortisolspiegel senken und die Verbindung zwischen Amygdala und Präfrontalem Kortex stärken, sodass Stressresistenz verbessert wird.

2. Soziale Bindungen & Oxytocin-Power
o Menschen mit stabilen sozialen Netzwerken haben niedrigere Entzündungswerte und ein robusteres Immunsystem (Uchino et al., 2018).
o Oxytocin, das sogenannte „Bindungshormon", hemmt die Stressreaktion und stärkt gleichzeitig die emotionale Resilienz.

3. Bewegung – Das natürliche Stressventil
o Körperliche Aktivität steigert BDNF (Brain-Derived Neurotrophic Factor), den Wachstumsfaktor für Nervenzellen, der die kognitive Belastbarkeit fördert (Ratey & Loehr, 2011).
o Sport hilft, Stresshormone abzubauen und sorgt für eine ausgeglichene HPA-Achse (Stressreaktionssystem).

4. Ernährung – Deine Resilienz isst mit

o Omega-3-Fettsäuren wirken entzündungshemmend und schützen neuronale Strukturen.

o Dunkle Schokolade (ja, wirklich!) kann über die Ausschüttung von Endorphinen das Wohlbefinden steigern (Willems et al., 2021)

Herausragende aktuelle Studie: Resilienz und das Immunsystem

Eine bahnbrechende Studie von Slavich et al. (2023) untersuchte, wie emotionale Resilienz das Immunsystem beeinflusst. Die Forscher fanden heraus, dass Menschen mit hoher Resilienz niedrigere Entzündungswerte aufwiesen und eine höhere Produktion von antiinflammatorischen Zytokinen hatten. Besonders bemerkenswert: Personen, die regelmäßig mentales Training wie Meditation oder Dankbarkeitsübungen praktizierten, hatten eine um 35 % reduzierte Cortisolausschüttung in Stresssituationen.

Die Schlussfolgerung: Resilienz ist keine esoterische Idee – sie hat handfeste biologische Vorteile für das Nervensystem und das Immunsystem.

Fazit: Resilienz ist wie Muskeltraining für den Kopf

Resilienz ist die Fähigkeit, nach jedem Rückschlag nicht nur aufzustehen, sondern gestärkt weiterzugehen. Und das Beste? Jeder kann sie trainieren!

Kapitel IV

Das menschliche System im Ungleichgewicht

Hilfe, unser Hirn schrumpft!
Warum unsere kognitiv-emotionale Steuerungszentrale schrumpft und wie wir sie wieder ins Wachstum bringen können.

Stellen Sie sich Ihr Gehirn wie eine pulsierende Großstadt vor. Eine Stadt, die ständig wächst, in der neue Straßen gebaut und alte renoviert werden, in der Menschen sich vernetzen und Wissen austauschen. Jetzt stellen Sie sich vor, dass die Stadtverwaltung plötzlich beginnt, Straßen zu sperren, öffentliche Plätze zu verkleinern und Beleuchtung einzuschränken.

Der einst lebendige Stadtkern wird langsam stiller, dunkler, chaotischer. Genau das passiert mit unserer kognitiv-emotionalen Steuerungszentrale, wenn unser Leben aus chronischem Stress, Schlafmangel, Reizüberflutung und fehlender Erholung besteht. Unser Gehirn schrumpft – nicht nur metaphorisch, sondern ganz real.

Wie unser modernes Leben unser Gehirn verkümmern lässt

Es beginnt schleichend. Wir wachen morgens auf und greifen als Erstes zum Handy, um Nachrichten zu checken. Noch vor dem Frühstück haben wir bereits zehn verschiedene Informationen konsumiert, die unser Gehirn verarbeiten muss. Während der Arbeit jonglieren wir zwischen E-Mails, Meetings und digitalen To-do-Listen, die nie kürzer werden. Die Mittagspause? Bestenfalls wird sie mit Essen vor dem Bildschirm verbracht, schlimmstenfalls fällt sie aus. Am Abend sind wir so erschöpft, dass wir uns nur noch vor den Fernseher setzen – der natürlich mit weiteren Reizen aufwartet. Und dann wundern wir uns, warum wir uns unkonzentriert, vergesslich und emotional ausgelaugt fühlen.

Willkommen in der Welt der neuronalen Unterversorgung.

Neurobiologisch betrachtet bedeutet das: Unser Gehirn steht unter Dauerstress. Die Amygdala, unser Angstzentrum, ist überaktiv, weil wir ständig in Alarmbereitschaft sind. Der Hippocampus, unser Gedächtnisspeicher, leidet unter dem chronisch hohen Cortisolspiegel und beginnt zu schrumpfen. Und der Präfrontale Kortex – unser Zentrum für rationales Denken und Selbstkontrolle – wird regelrecht in die Knie gezwungen. Das Resultat? Konzentrationsschwierigkeiten, emotionale Dysbalance, erhöhte Reizbarkeit und eine zunehmend schlechtere Fähigkeit, Stress zu bewältigen (McEwen & Morrison, 2013).

Wenn das Gehirn keine Ruhe mehr findet

Ein klassisches Beispiel aus dem Alltag: Sie liegen im Bett und versuchen einzuschlafen. Doch während Ihr Körper eigentlich nach Erholung schreit, läuft Ihr Kopf auf Hochtouren. „Habe ich die E-Mail an den Chef abgeschickt? Warum hat mein Kollege heute so komisch geguckt? Morgen muss ich noch einkaufen, aber eigentlich habe ich gar keine Zeit." Ihre Gedanken kreisen, Ihr Herz schlägt schneller, Ihre Muskeln sind angespannt – willkommen im Teufelskreis der Stresshormone.

Das Problem: Unser modernes Leben erlaubt es dem Gehirn nicht mehr, in den notwendigen Ruhezustand zu gelangen. Stattdessen ist unser Nervensystem chronisch überaktiviert. Und je länger dieser Zustand anhält, desto stärker leidet unsere kognitive Steuerungszentrale. Schlafmangel, ständige Erreichbarkeit, digitale Reizüberflutung – all das sorgt dafür, dass das Gehirn nicht die Möglichkeit hat, sich zu regenerieren (Walker, 2017).

Die wissenschaftliche Perspektive: Was passiert auf neuronaler Ebene?

Eine aktuelle Studie von Tashjian et al. (2023) untersuchte, wie chronischer Stress und fehlende Erholung das Gehirn beeinflussen. Die Ergebnisse waren alarmierend: Menschen mit langanhaltendem Stress wiesen eine signifikante Reduktion der grauen Substanz im Präfrontalen Kortex und Hippocampus auf. Gleichzeitig zeigte sich eine Überaktivität der Amygdala, was dazu führte, dass selbst alltägliche Situationen als bedrohlich wahrgenommen wurden. Besonders bemerkenswert: Bei Studienteilnehmern, die bewusst Erholungszeiten in ihren Alltag integrierten – sei es durch Sport, Meditation oder soziale Interaktion – konnten diese negativen Effekte teilweise rückgängig gemacht werden.

Kurz gesagt: Unser Gehirn ist anpassungsfähig – aber nur, wenn wir ihm die Chance dazu geben.

Ein amüsanter Blick auf unser modernes Hirnchaos

Nehmen wir ein Beispiel aus dem Alltag. Sie sitzen im Auto, stehen im Stau und schimpfen lauthals auf den langsamen Vordermann. Wütend trommeln Sie mit den Fingern auf das Lenkrad. Ihr Puls steigt. Ihre Amygdala ist in voller Alarmbereitschaft. Doch dann kommt der Geistesblitz: Sie sind ja eigentlich gar nicht in Eile. Es gibt keinen wichtigen Termin, keine strikte Deadline. Und dennoch reagiert Ihr Gehirn, als würde es um Leben und Tod gehen. Warum? Weil es sich im Dauerstress befindet und keinen Unterschied mehr zwischen realer und subjektiver Bedrohung macht.

Oder stellen Sie sich vor, Sie öffnen Instagram und scrollen gedankenlos durch perfekte Bilder von durchtrainierten Menschen am Strand, erfolgreichen Geschäftsleuten mit luxuriösen Autos oder glücklichen Familien im Urlaub. Plötzlich fühlen Sie sich klein, unzufrieden, nicht genug. Ihr Gehirn vergleicht unbewusst Ihre Realität mit den inszenierten Bildern anderer – und setzt Ihre Amygdala in Alarmbereitschaft.

Wie wir unser Gehirn wieder aufbauen können

Die gute Nachricht: Unser Gehirn ist nicht dazu verdammt, in der Stressspirale zu verharren. Es gibt Wege, unsere kognitiv-emotionale Steuerungszentrale wieder ins Gleichgewicht zu bringen. Regelmäßige Bewegung fördert die Neuroplastizität und hilft dem Gehirn, neue Nervenzellen zu bilden. Achtsamkeit und Meditation reduzieren nachweislich die Aktivität der Amygdala und stärken die neuronale Verbindung zum Präfrontalen Kortex. Sozialer Austausch – echtes, tiefgehendes Gespräch statt belanglosem Smalltalk – setzt Oxytocin frei, das angstlösende Effekte auf das Gehirn hat. Und nicht zuletzt: Schlaf. Denn nur in der Tiefschlafphase kann sich das Gehirn regenerieren und toxische Stoffwechselrückstände abbauen (Walker, 2017).

Fazit: Unser Gehirn braucht unsere Hilfe

Unsere kognitiv-emotionale Steuerungszentrale schrumpft nicht einfach so – sie reagiert auf unseren Lebensstil. Die moderne Welt verlangt uns viel ab, aber sie gibt uns auch die Möglichkeit, bewusst gegenzusteuern.

Die Frage ist: Sind wir bereit, Verantwortung für unser Gehirn zu übernehmen?

Angst als Ursprung des Ungleichgewichts
Stress als Krankheitsverstärker

„Vince metum, et liber eris".
„Besiege die Angst, und Du wirst frei sein."

Stellen Sie sich Stress als einen ständigen Hintergrundlärm in Ihrem Körper vor – mal leise, mal ohrenbetäubend, aber niemals völlig verstummend. Er ist der unsichtbare Dirigent unseres Nervensystems, der entscheidet, ob unser Organismus in den Modus des Wachstums und der Regeneration wechselt oder in den Überlebenskampf gerät. Doch woher kommt dieser allgegenwärtige Stress?

Die moderne Psychoneuroimmunologie (PNI) hat eine klare Antwort darauf gefunden: Die tiefste Wurzel von Stress ist Angst. Und wenn Angst den Körper beherrscht, hinterlässt sie Spuren – nicht nur im Geist, sondern bis in die Zellstrukturen unseres Körpers hinein.

Wenn die Psyche den Körper steuert – Stress als Krankheitsverstärker

Angst ist eines der mächtigsten biologischen Alarmsysteme. Sie ist tief in unserem Gehirn verankert und diente unseren Vorfahren als Schutzmechanismus. Doch während Angst früher eine reale Funktion erfüllte – etwa bei der Begegnung mit einem Raubtier – ist sie heute oft chronisch, subtil und allgegenwärtig. Wir fürchten uns vor Jobverlust, vor sozialer Ablehnung, vor Krankheit, vor finanzieller Unsicherheit. Unser Körper unterscheidet dabei nicht zwischen einer echten Bedrohung und einer eingebildeten. Die physiologische Reaktion bleibt dieselbe: Das Stresssystem wird aktiviert, die Amygdala feuert Signale an den Hypothalamus, der wiederum die Hypophysen-Nebennieren-

Achse (HPA-Achse) in Gang setzt. Cortisol und Adrenalin fluten den Körper – eine kurzfristig lebensrettende Reaktion, die langfristig jedoch verheerende Auswirkungen hat (McEwen, 2017).

Studien zeigen, dass chronischer Stress die Immunabwehr schwächt, Entzündungsprozesse ankurbelt und die Fähigkeit des Körpers zur Selbstheilung massiv reduziert. Besonders bemerkenswert: Menschen mit dauerhaft erhöhten Stresshormonen entwickeln signifikant häufiger chronische Erkrankungen wie Diabetes, Herz-Kreislauf-Erkrankungen und Autoimmunstörungen (Slavich & Cole, 2013).

Angst als stiller Saboteur der Gesundheit

Angst ist der Ursprung von Stress – und Stress ist die Basis nahezu jeder Erkrankung. Doch warum? Angst versetzt den Körper in einen Zustand der Daueranspannung. Das Immunsystem wird unterdrückt, weil die Energie für den „Kampf-oder-Flucht"-Modus reserviert wird. Der Verdauungstrakt verlangsamt sich, da der Körper in einem Notfall keine Nahrung benötigt. Selbst die Zellreparatur wird gedrosselt – denn warum sollten Ressourcen für langfristige Gesundheit aufgewendet werden, wenn das Gehirn glaubt, dass der Körper in akuter Lebensgefahr ist?

Ein anschauliches Beispiel: Ein stressbelasteter Mensch, der ständig unter Zeitdruck arbeitet, wird eher anfällig für Infekte. Sein Körper ist nicht mehr in der Lage, sich effektiv gegen Viren und Bakterien zu verteidigen. Menschen, die unter chronischer Angst leiden, entwickeln zudem häufiger entzündliche Erkrankungen, da der Körper durch die ständige Stressreaktion mehr proinflammatorische Zytokine ausschüttet – ein biologischer Prozess, der mit Erkrankungen wie Rheuma, Morbus Crohn oder sogar neurodegenerativen Krankheiten wie Alzheimer in Verbindung gebracht wird (Glaser & Kiecolt-Glaser, 2005).

Die Wissenschaft bestätigt: Stress als Krankheitskatalysator

Eine aktuelle bahnbrechende Studie von Sinha et al. (2023) zeigt eindrucksvoll, dass Menschen mit chronischer Angst und Stress eine signifikante Reduktion der Immunzellfunktion aufweisen. Die Untersuchung ergab, dass gestresste Probanden eine bis zu *40 % langsamere Wundheilung* hatten und eine *dreifach erhöhte Rate an entzündlichen Biomarkern* aufwiesen. Besonders bezeichnend: Diejenigen Teilnehmer, die gezielt Entspannungstechniken wie Meditation oder Atemübungen in ihren Alltag integrierten, konnten diese negativen Effekte teilweise rückgängig machen.

Wie wir das Ungleichgewicht durchbrechen können

Die gute Nachricht: Unser Körper ist anpassungsfähig. Wir sind nicht den Auswirkungen von chronischem Stress und Angst hilflos ausgeliefert. Bewusst eingesetzte Maßnahmen wie regelmäßige Bewegung, soziale Interaktionen und gezielte Achtsamkeitstrainings können das überaktive Stresssystem regulieren und die Selbstheilungskräfte aktivieren. Eine der effektivsten Methoden ist nachweislich die bewusste Regulierung der Atmung, die direkt auf das autonome Nervensystem wirkt und die Amygdala beruhigt (Porges, 2009).

Doch der wichtigste Schritt ist die Erkenntnis, dass Stress nicht einfach eine unkontrollierbare äußere Kraft ist – sondern eine Reaktion unseres Geistes auf die Umwelt. Wer die Angst reduziert, reduziert auch den Stress. Und wer den Stress reduziert, gibt seinem Körper die Chance, wieder in den Zustand der Homöostase zurückzukehren, in dem Heilung und Regeneration möglich sind.

Fazit: Angst, Stress und Gesundheit sind untrennbar verbunden

Moderne Studien der Psychoneuroimmunologie zeigen klar: Unter jeder Erkrankung liegt eine Form von Stress, und unter jedem Stress liegt Angst. Angst mag evolutionär sinnvoll gewesen sein, doch in unserer heutigen Welt ist sie oft der unsichtbare Saboteur unserer Gesundheit. Die entscheidende Frage ist: Wollen wir unsere Angst weiter unser Leben und unseren Körper kontrollieren lassen – oder sind wir bereit, das Steuer selbst in die Hand zu nehmen?

Chronischer Stress
Warum unser Körper sich selbst in den Wahnsinn treibt

Chronischer Stress, emotionale Isolation und der Einfluss der Umwelt

Es gibt Dinge im Leben, die sind so verlässlich wie die Steuererklärung oder die Tatsache, dass sich das Toastbrot immer auf die Marmeladenseite dreht, wenn es fällt. Stress gehört definitiv dazu. Doch was ist Stress eigentlich? Eine lästige, allgegenwärtige Bürde? Ein evolutionäres Geschenk? Die Wahrheit liegt – wie so oft – irgendwo dazwischen.

1. Die drei Stufen des Stresses: Ein neurobiochemischer Ritt auf der Achterbahn des Lebens:

Phase I: Alarmphase

Herzrasen! Panik! - Die schnelle Stressachse wird in Gang gesetzt! Die schnelle Stressachse wird im Fachterminus als „*Sympatho-Adreno-Medulläres System"* (*SAM-System*) bezeichnet.

Sobald unser Gehirn eine Bedrohung wittert – sei es ein lautes Geräusch, ein wütender Chef oder ein überfüllter Pendlerzug, wenn die E-Mail mit dem Betreff „Dringend!!!" aufploppt oder die Parkplatzsuche im Stadtzentrum zum Spießrutenlauf wird, tritt die erste Verteidigungslinie in Aktion: der Sympathikus!

Diese Achse ist für die *schnelle, kurzfristige Stressreaktion* verantwortlich und aktiviert das sympathische Nervensystem (Sympathikus), das wiederum das Nebennierenmark (Medulla adrenal) stimuliert. Hier feuert der Körper aus allen Rohren. Wie ein übermotivierter Feuerwehrmann schüttet das autonome Nervensystem aus dem Nebennierenmark sofort die Katecholamine

Adrenalin (für die Körperreaktion) und Noradrenalin (für die erhöhte Gehirnfokkussierung) aus (Joëls & Barense, 2021). Innerhalb von Millisekunden schaltet unser Körper in den „Fight-or-Flight"-Modus: Die Herzfrequenz steigt, der Blutdruck schnellt in die Höhe, die Pupillen weiten sich – wir sind bereit, entweder zu rennen oder unseren Standpunkt energisch zu verteidigen. Histamin wird von Mastzellen und basophilen Granulozyten freigesetzt. In dieser Phase sind also die Abwehrkräfte des Körpers mobilisiert und greifen intrazellulär an.

Wann kippt es in die nächste Stufe?

Sobald die Stressbelastung nicht nachlässt – wenn der Chef weiterhin im Nacken sitzt, die Deadlines unerbittlich sind und die Schlafqualität sinkt –, wird der Körper merken: „Moment, das hier ist kein Sprint mehr, das ist ein Marathon!" Und das ist der Moment, in dem Stufe II übernimmt.

Phase II: Widerstandsphase – *Die langsame Stressachse (Hypothalamus-Hypophysen-Nebennierenrinden-Achse, HPA)*

Das Cortisol-Karussell dreht sich, der Körper versucht, sich dem anhaltenden Stressor anzupassen. Falls der Stress nicht schnell nachlässt, greift das Gehirn zur nächsten Eskalationsstufe: die Hypothalamus-Hypophysen-Nebennierenrinden-Achse (HPA). Cortisol wird ausgeschüttet. Das ist praktisch, denn es sorgt für anhaltende Energieversorgung – allerdings auch für fiese Nebenwirkungen, wenn es zu lange im System bleibt. Dauerhaft erhöhter Cortisolspiegel? Bingo! Willkommen in der Welt der Erschöpfung, schlechter Laune und Bauchfett.

Der Hypothalamus setzt das Stresshormon Corticotropin-Releasing-Hormon (CRH) frei, dass die Hypophyse stimuliert, um das Adrenocorticotrope Hormon (ACTH) auszuschütten. Das wiederum veranlasst die Nebennieren, Cortisol in den Blutkreislauf zu pumpen (Sapolsky, 2015).

Cortisol hat eine faszinierende Doppelrolle: Einerseits sorgt es für eine nachhaltige Energieversorgung, indem es den Glukosespiegel erhöht (Bauchspeicheldrüsenaktivierung für Insulinproduktion) – andererseits wirkt es immunsuppressiv. Wer also permanent unter Strom steht, wird anfälliger für Infekte, Entzündungen, Wundheilungsstörungen und Autoimmunerkrankungen.

Wann wechselt es in die nächste Stufe?

Wenn das System nicht zur Ruhe kommt, die Cortisolspiegel dauerhaft erhöht sind und der Körper nicht mehr regulieren kann, landet man in der gefährlichen Endstufe: chronischer Stress.

Phase III: Erschöpfungsphase: Chronischer Stress – Der unsichtbare Feind oder wenn der Körper auf Daueralarm bleibt

Der Clou an chronischem Stress? Man merkt ihn nicht sofort. Er schleicht sich leise ins Leben, tarnt sich als „Ich bin halt so beschäftigt" oder „Das ist nur eine Phase". Bis dann der Punkt kommt, an dem der Körper rebelliert: Burnout, Depression, Herz-Kreislauf-Erkrankungen – die Liste ist so lang wie der Beipackzettel eines Antidepressivums.

Wenn Stress zur Dauerschleife wird, verändert sich unser Gehirn auf struktureller Ebene. Der Hippocampus, unser Gedächtniszentrum, schrumpft, während die Amygdala, das Zentrum für Angst und Emotionen, überaktiv wird (Gianaros & Wager, 2015).

Die Folge: Menschen mit *chronischem Stress* reagieren empfindlicher auf alltägliche Reize, entwickeln oft pessimistische Denkmuster und sind emotional instabil.

Doch der eigentliche Horror beginnt auf zellulärer Ebene: Telomere, die Schutzkappen unserer DNA, verkürzen sich, was zu beschleunigtem Altern, Ressourcenerschöpfung, Belastung der zellulären Reperaturmechanismen, Zell- und Gewebeschädigungen und einem höheren Risiko für altersbedingte Erkrankungen führt (Epel et al., 2004).

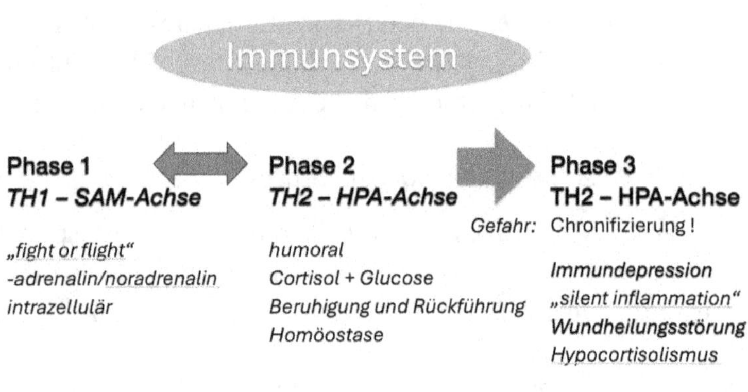

Abbildung: 18, Die 3 Reaktionsphasen unseres Immunsystems, Jürgen Alexander Weber

Oxidativer Stress – Die biochemische Abrissbirne unseres Körpers

Und jetzt kommt der Feind, der aus dem Schatten tritt, wenn der Stresspegel chronisch hoch bleibt: oxidativer Stress. Dieser tritt vor allem in *Stufe III* auf, wenn der Körper über einen langen Zeitraum hinweg nicht mehr aus dem Alarmmodus herauskommt. Aber was passiert hier genau?

Zellen produzieren bei Stoffwechselprozessen ständig sogenannte *reaktive Sauerstoffspezies (ROS)* – hochreaktive Moleküle, die Zellbestandteile wie Proteine, Lipide und sogar die DNA attackieren (Sies et al., 2017). Normalerweise balanciert unser Körper diese ROS mit Antioxidantien aus, aber *bei chronischem Stress kippt das Gleichgewicht:* Die ROS überfluten das System, und die Zellstrukturen werden zerstört.

2. Die Ursachen von Stress - *Extrinsische Faktoren:* Wenn der Druck von außen kommt

Toxische Beziehungen und der Vampirismus des Alltags:

Wer glaubt, dass Vampire nur in Romanen existieren, hat noch nie eine toxische Freundschaft oder Partnerschaft erlebt. Emotionale Energievampire saugen die letzte Lebensfreude aus.

Man kennt sie: Menschen, die wie emotionale Staubsauger wirken. Sie saugen nicht nur Zeit und Aufmerksamkeit, sondern auch Energie, Lebensfreude und irgendwann das gesamte Selbstwertgefühl.

Willkommen in der Welt der toxischen Beziehungen!

Toxische Beziehungen funktionieren oft nach dem Prinzip eines emotionalen Bankkontos – mit dem Unterschied, dass der eine nur abbucht, während der andere stets einzahlt (Finkel, 2017).

Energieräuber und die Kunst des Nein-Sagens

Klassische Alltagssituationen:
* *Der Chef, der „es doch nur gut meint",* während er die Arbeitslast erhöht und das Selbstbewusstsein reduziert.
* *Die Freundin, die stets für Drama sorgt, aber „nur ehrlich"* ist.
* *Der Partner, der mit Liebesentzug spielt,* sodass man sich anstrengt, noch mehr zu geben.

Langfristig führt das nicht nur zu psychischer Erschöpfung, sondern kann auch das Immunsystem schwächen, das Stressempfinden chronisch aktivieren und sogar den Hormonhaushalt durcheinanderbringen (Baumeister et al., 2001)

Wir alle kennen sie: Menschen, die uns aussaugen wie emotionale Vampire. Sie meckern, sie jammern, sie kritisieren – und nach einem Treffen mit ihnen fühlen wir uns erschöpfter als vorher. Doch warum lassen wir das zu? Ein Teil davon liegt in unserem evolutionären Bedürfnis nach sozialer Zugehörigkeit.

Doch warum lassen wir uns aussaugen?

Wir wollen gemocht werden, Konflikte vermeiden, niemanden enttäuschen. Doch was kostet uns das?

Ein klassisches Beispiel: Eine Kollegin kommt zu Ihnen, um sich über ihre Arbeitssituation zu beschweren. Sie hören zu, nicken verständnisvoll, geben Ratschläge – doch am Ende des Gesprächs ist sie erleichtert, während Sie sich ausgelaugt fühlen. Emotionale Energieräuber sind überall – und die Fähigkeit, sich abzugrenzen, ist entscheidend für unser Wohlbefinden.

Das magische Wort? *NEIN.* Doch für viele Menschen fühlt sich *Nein-Sagen* an wie ein persönlicher Angriff. Dabei ist es nichts anderes als Selbstschutz. Studien zeigen, dass Menschen, die klare Grenzen setzen, weniger anfällig für Stress und emotionale Erschöpfung sind (Baumeister et al., 1998).

Hier kommt *kognitive Dissonanz* ins Spiel.

Unser Verstand flüstert: *„Diese Person hat doch recht! Vielleicht bin ich wirklich zu empfindlich..."* Gleichzeitig schreit das Bauchgefühl: „Lauf! Es tut dir nicht gut!"

Doch um das ersehnte Gefühl von Zuneigung zu bekommen, entscheiden wir uns oft gegen unsere innere Stimme (Allostase) – gegen unsere eigene Kraft (Harmon-Jones & Mills, 2019). So gerät man in eine Spirale, aus der man schwer herauskommt.

Kognitive Resonanz = Balance (Homöostase)

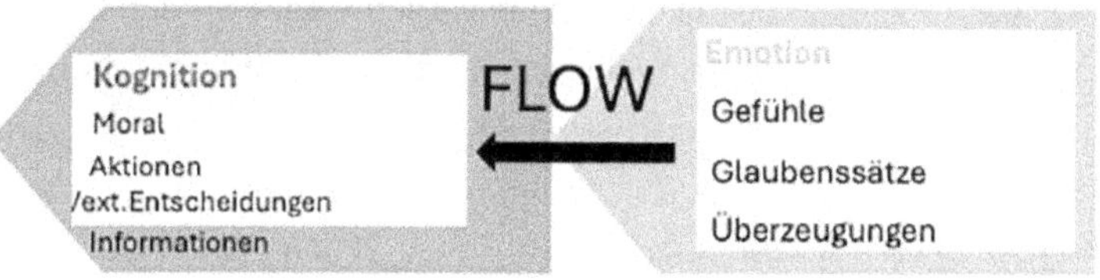

Abbildung 19., Kognitive Resonanz = Flow in, Jürgen Alexander Weber

Kognitive Dissonanz = Stress (Allostase)

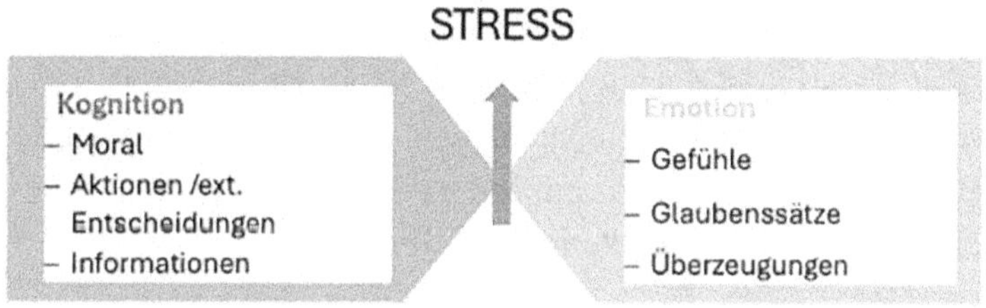

Abbildung 20., Kognitive Dissonanz = Stress, Jürgen Alexander Weber

Allostase

Anpassung durch Veränderung. Allostase ist ein biologisches Konzept, das die Fähigkeit des Körpers beschreibt, *stabil zu bleiben, indem er sich an wechselnde Umweltbedingungen anpasst.* Im Gegensatz zur Homöostase, die einen konstanten inneren Zustand anstrebt, geht die *Allostase von einem dynamischen Gleichgewicht aus,* das aktiv durch physiologische und neuronale Veränderungen aufrechterhalten wird (Sterling & Eyer, 1988).

Das Konzept der Allostase wurde ursprünglich von Sterling und Eyer (1988) geprägt und später durch die Arbeiten von McEwen (1998, 2000) erweitert. Es beschreibt, wie das Gehirn den Körper reguliert, um nicht nur auf akute Herausforderungen zu reagieren, sondern langfristige Anpassungen zu ermöglichen. *Dabei spielen hormonelle, neuronale und immunologische Mechanismen eine Schlüsselrolle* (McEwen, 2000).

Allostase im Alltag: Wenn elterliche Ablehnung das Nervensystem überfordert

Allostase ist das biologische Prinzip, das es uns ermöglicht, uns an wechselnde Umweltbedingungen anzupassen. Doch wenn die Anforderungen an unsere Anpassungsfähigkeit über lange Zeiträume hinweg zu hoch sind, gerät das System aus dem Gleichgewicht *(Allostatic stress syndrom)*

Ein klassisches Beispiel aus dem Alltag ist *elterliche Ablehnung und emotionaler Liebesentzug* – eine subtile, aber tiefgreifende Form von psychischem Stress, die langfristig zur allostatischen Belastung führen kann (McEwen, 1998).

„Ich liebe dich nur, wenn…" – die stille Programmierung des Gehirns

Stellen wir uns ein Kind vor, das von seinen Eltern zu hören bekommt:

„Ich liebe dich nur, wenn du gute Noten hast."

„Sei nicht so laut, dann mag dich jeder."

„Du solltest dich schämen – so benimmt sich kein anständiges Kind."

Diese subtilen Botschaften führen dazu, dass das Kind sein *Selbstwertgefühl nicht aus sich selbst heraus entwickelt, sondern es von der Anerkennung anderer abhängig macht.* Neurobiologisch betrachtet bedeutet das: *Die Amygdala (Zentrum für emo-*

tionale Verarbeitung) wird dauerhaft überaktiv, weil das Kind ständig in einem Zustand erhöhter Wachsamkeit lebt – es will nicht erneut Ablehnung erfahren (Lupien et al., 2009).

Der präfrontale Kortex (PFC), der für rationales Denken und Emotionsregulation zuständig ist, wird unter chronischem Stress *geschwächt*, weil das Gehirn seine Ressourcen primär auf die akute Bedrohungsbewältigung verlagert (McEwen & Morrison, 2013). Dies kann langfristig zur Verzögerung der PFC-Entwicklung führen, was sich in schlechterer Impulskontrolle, verminderter Problemlösefähigkeit und geringerer emotionaler Resilienz zeigt (Davidson & McEwen, 2012).

Allostatische Belastung: Die Folgen für Körper und Geist

Wenn beispielsweise ein Kind über Jahre hinweg immer wieder die gleiche Botschaft erfährt – „Du bist nur dann liebenswert, wenn du funktionierst" – bleibt das Stresssystem dauerhaft aktiviert. Dies führt zu einem *allostatischen Stresssyndrom*, das mit folgenden Folgen verbunden ist:

1. *Erhöhte Cortisolwerte*: Dauerstress führt zu einem konstant hohen Cortisolspiegel, was das Immunsystem schwächt und das Risiko für Depressionen, Angststörungen und Gedächtnisprobleme erhöht (McEwen, 2012).

2. *Verlust von Selbstregulation*: Die chronische Aktivierung der Amygdala reduziert die Fähigkeit, Stress konstruktiv zu bewältigen – kleine Herausforderungen im Alltag können schnell zu emotionalen Krisen werden (Davidson & McEwen, 2012).

3. *Soziale Ängste & Bindungsprobleme*: Menschen, die als Kinder emotionalen Liebesentzug erlebt haben, neigen später zu Vermeidungsverhalten in Beziehungen, weil sie unbewusst Ablehnung fürchten (Slavich & Irwin, 2014).

4. *Erhöhte Krankheitsanfälligkeit*: Chronischer Stress beeinflusst nicht nur die Psyche, sondern auch den Körper – von Magen-

Darm-Problemen über Herz-Kreislauf-Erkrankungen bis hin zu Autoimmunerkrankungen (Steptoe & Kivimäki, 2012).

Fazit

Allostase ist ein wichtiger Mechanismus zur Anpassung an unser Umfeld – aber wenn wir über Jahre hinweg chronischem Stress aufgrund kognitiver Dissonanz ausgesetzt sind, gerät unser System aus dem Gleichgewicht. *Elterlicher Liebesentzug kann tief in unser Nervensystem eingreifen und unsere kognitive, emotionale und körperliche Gesundheit langfristig beeinträchtigen.*

Doch die gute Nachricht: Durch gezielte Strategien wie Achtsamkeit, soziale Unterstützung und Bewegung können wir unser System wieder ins Gleichgewicht bringen – und somit den Kreislauf des allostatischen Stresses durchbrechen.

Weitere extrinsischen Stressfaktoren:

* *Druck am Arbeitsplatz:*
  Sinnentleerte Tätigkeiten, ständige Erreichbarkeit, Deadlines, die sich vermehren wie Kaninchen – die moderne Arbeitswelt ist ein Paradies für Stressjunkies.
* *Lebens-Umfeld/PeerGroup:*
  Nachbarn, die Rasenmäher-Marathons veranstalten, gesellschaftliche Erwartungen oder kulturelle Normen – das soziale Umfeld kann ein wahrer Stresskatalysator sein.
* *Digitaler Stresskonsum* – Der Dopaminrausch mit Nebenwirkungen
  Man wacht morgens auf – noch bevor man sich richtig strecken kann, ist das Smartphone schon in der Hand. Ein schneller Blick auf die Nachrichten, Social Media, E-Mails… und zack, ist der Kopf voller fremder Informationen, Meinungen und Erwartungen. Willkommen in der Ära des *digitalen Stresses*.
  Digitale Medien aktivieren unser Belohnungssystem und

feuern Dopamin-Schübe ins Gehirn (Montag & Walla, 2016).
Kurzfristig fühlt es sich gut an, aber auf lange Sicht erzeugt der
ständige Informationsfluss eine toxische Mischung aus Auf-
merksamkeitsüberlastung und mentaler Erschöpfung.

Folgen des digitalen Stresskonsums:

- *Dauerhafte Reizüberflutung*: Push-Nachrichten, endlose
  Feeds und Breaking News halten das Gehirn in ständiger
  Alarmbereitschaft (Rosen et al., 2013).
- *Schlafstörungen*: Das blaue Licht der Bildschirme hemmt
  die Melatonin-Produktion – der Schlaf wird kürzer und un-
  ruhiger (Chang et al., 2015).
- *Vergleichsstress & Selbstwertprobleme*: Wer täglich durch
  Social Media scrollt, bekommt den Eindruck, dass alle an-
  deren das perfekte Leben führen – außer man selbst.

Kurz gesagt: Das digitale Dauerfeuer hält unser Gehirn permanent auf Trab, als wären wir in einem psychologischen Hoch-
geschwindigkeitsrennen. Die Folge? Erhöhte Cortisolspiegel,
Konzentrationsprobleme und ein chronisches Gefühl der Überforderung.

Intrinsische Faktoren: Der Kampf mit sich selbst

- *Perfektionismus vs. Gewissenhaftigkeit:*
  Wer glaubt, dass „perfekt" erreichbar ist, hat entweder noch nie
  einen IKEA-Schrank aufgebaut oder kämpft mit einer endlosen To-Do-Liste, die nie abgearbeitet wird.
- *Kognitive Dissonanz*: Wenn das Gehirn in Konflikt gerät und
  die Nerven flattern
  Der ewige Spagat zwischen Kopf und Herz – das eine sagt
  „Risikolebensversicherung abschließen", das andere „Back-
  packing in Südamerika". Ein interner Dauerkrieg. Dies ist der
  unangenehme Zustand, der entsteht, wenn unser Denken und

Handeln mit unserem dazugehörigen Wohl- oder Unwohl-Gefühl nicht zusammenpassen – also das berühmte „Ich will gesund leben, aber ich bestelle mir doch die große Portion Pommes und fühle mich dabei schlecht" - Phänomen (Festinger, 1957). Unser Gehirn hasst Widersprüche und versucht mit aller Macht, sie aufzulösen – oft durch absurde Rechtfertigungen („Pommes haben doch auch Kartoffeln, und Kartoffeln sind Gemüse!").

Studien zeigen, dass anhaltende kognitive Dissonanz Cortisol freisetzt, die Amygdala überaktiviert und langfristig zu einer erhöhten Stressbelastung führt (Harmon-Jones & Mills, 2019). Wer ständig in Widersprüchen lebt – zum Beispiel zwischen beruflichem Ehrgeiz und dem Wunsch nach Work-Life-Balance –, programmiert seinen Körper quasi auf Dauerstress.

- *Autonomie vs. Beziehungsabhängigkeit (Allostase)*: Unabhängig sein wollen, aber trotzdem nicht alleine Netflix schauen? Willkommen in der Welt der paradoxen Bedürfnisse.

Herausragende aktuelle Studie: Wie chronischer Stress unser Gehirn verändert

Eine bahnbrechende Studie von Tashjian et al. (2023) untersuchte die langfristigen Auswirkungen von Stress, sozialer Isolation und emotionaler Belastung auf das Gehirn. Die Ergebnisse waren alarmierend: Chronischer Stress korrelierte mit einer Überaktivierung der Amygdala, einer reduzierten grauen Substanz im Präfrontalen Kortex und einer verkleinerten Hippocampus-Region. Besonders bemerkenswert: Menschen, die aktiv soziale Verbindungen pflegten und emotionale Abgrenzung praktizierten, konnten diesen negativen Effekt teilweise umkehren.

Hippocampus, Stress und emotionale Regulation

Eine der wesentlichen Funktionen des Hippocampus in der

emotionalen Regulation besteht in der *Kontrolle der Stressant-wort*. Der Hippocampus ist Teil der *Hypothalamus-Hypophysen-Nebennierenrinden-Achse* (HPA-Achse) und reguliert die Aus-schüttung von Cortisol, einem zentralen Stresshormon (Sapolsky et al., 2000).

Studien zeigen, dass chronischer Stress zu einer *Reduktion des Volumens des Hippocampus* führen kann, was wiederum die Fähigkeit zur Stressbewältigung beeinträchtigt (McEwen, 2012). Glukokortikoide, die bei chronischem Stress in erhöhten Mengen ausgeschüttet werden, haben neurotoxische Effekte auf hippocampale Neuronen und können die Neurogenese im Gyrus dentatus hemmen (Kim & Diamond, 2002).

In einer Untersuchung von Arnsten (2009) wurde nachgewie-sen, dass anhaltender Stress die Funktion des präfrontalen Cor-tex (PFC) beeinträchtigen und die hippocampale Regulation der HPA-Achse schwächen kann, was zu einer erhöhten Anfälligkeit für Angst- und Depressionsstörungen führt. Gleichzeitig zeigen bildgebende Verfahren, dass Menschen mit posttraumatischen Belastungsstörungen (PTBS) häufig eine reduzierte Aktivität im Hippocampus aufweisen (Gilbertson et al., 2002). Der Hip-pocampus wirkt somit wie ein „Regulator" des Stresssystems, der die Intensität der HPA-Achse moduliert und überschießende Stressantworten abschwächt. Wenn der Hippocampus geschädigt ist, können emotionale Reize nicht mehr angemessen kontextu-alisiert werden, was zu einer verzerrten Stressantwort und einer übermäßigen emotionalen Reaktivität führen kann.

Hippocampales Leid unter chronischem Stress – Wenn unser Gehirn zum Schatten seiner selbst wird

Es ist ein erschreckendes Paradoxon unserer Zeit: Während wir uns als moderne Gesellschaft immer weiterentwickeln, scheint unser Gehirn in einem schleichenden Rückbau begriffen zu sein. Der Hippocampus, einst unser strahlender Held der Erinnerung,

Orientierung und Emotionsregulation, schrumpft unter der Dauerlast chronischen Stresses – und mit ihm auch essenzielle Fähigkeiten, die uns als reflektierende, empathische Wesen auszeichnen. Doch wie genau entzieht uns chronischer Stress unsere kognitiven und sozialen Grundpfeiler? Warum laufen wir Gefahr, uns in eine Gesellschaft wandelnder *„Zombies"* zu verwandeln, die nur noch reagieren, anstatt zu reflektieren? Und welche Auswirkungen hat dies auf unser tägliches Leben?

Der chronische Kampf um mentale Ressourcen – Willkommen in der Ego-Depletion

Stellen wir uns Folgendes vor: Ein langer Arbeitstag liegt hinter uns. Bereits am Morgen beginnt der mentale Marathon: E-Mails beantworten, Zoom-Meetings überstehen, zwischen unzähligen To-dos jonglieren – und währenddessen das eigene Gesicht in einer Videokonferenz möglichst interessiert wirken lassen. Kaum ist der Arbeitstag geschafft, geht es weiter: Sport, Familienpflichten, der Versuch, doch noch ein gutes Buch zu lesen oder sich mit Freunden auszutauschen. *Das Problem? Unser Wille ist nicht unendlich.*

Die sogenannte *Ego-Depletion*, ein Begriff aus der Selbstregulationsforschung, beschreibt den schleichenden Verlust kognitiver und emotionaler Steuerungsfähigkeit, wenn unser Gehirn ständig in Alarmbereitschaft gehalten wird (Baumeister et al., 1998). Je mehr Selbstkontrolle wir aufwenden – sei es, um freundlich zu bleiben, Versuchungen zu widerstehen oder Entscheidungen zu treffen –, desto stärker erschöpfen sich unsere kognitiven Ressourcen. *Der Hippocampus, ein zentraler Akteur in der Selbstregulation, leidet unter dieser Dauerbelastung besonders.*

Studien zeigen, dass Menschen unter chronischem Stress eine messbare *Reduktion der grauen Substanz im Hippocampus* aufweisen (McEwen, 2017). Dadurch fällt es uns schwerer, Informationen sinnvoll zu verarbeiten, unser Verhalten zu steuern oder zukünftige Konsequenzen abzuwägen. Das bedeutet: Wir treffen impulsivere Entscheidungen, verlieren an kognitiver Flexibilität – und unsere Geduld gegenüber uns selbst und anderen sinkt auf ein gefährliches Minimum.

Persönlichkeitsnarzissmus im Aufwind – Die schrumpfende Fähigkeit zur Empathie

Doch nicht nur unsere mentale Energie schwindet unter chronischem Stress. Auch unsere sozialen Fähigkeiten nehmen ab – besonders unsere Fähigkeit zur Empathie. Der Hippocampus ist eng mit der Amygdala und dem präfrontalen Kortex verknüpft und spielt eine zentrale Rolle bei der Regulation sozialer Emotionen (Decety & Cowell, 2014). *Wenn er leidet, schrumpft nicht nur unser Erinnerungsvermögen, sondern auch unsere soziale Intelligenz.*

Das Resultat? *Steigender Persönlichkeitsnarzissmus.* Wir werden selbstzentrierter, weniger aufnahmefähig für die Emotionen anderer und immer schneller genervt von Menschen, die unsere ungeteilte Aufmerksamkeit beanspruchen. Der andere könnte ja immerhin auch einfach mal Google benutzen, anstatt uns zu fragen, oder?

Eine faszinierende Studie von Konrath et al. (2011) zeigt, dass das Empathieniveau in der westlichen Welt seit den 1980er Jahren signifikant gesunken ist – parallel zum Anstieg von Stressfaktoren wie steigender Arbeitsdichte, Digitalisierung und Informationsüberflutung. Während uns soziale Medien theoretisch enger miteinander verbinden könnten, fördern sie ironischerweise eine immer stärkere Isolation: Wir konsumieren oberflächliche Inhalte, aber verlieren den emotionalen Tiefgang echter zwischenmenschlicher Interaktionen.

Chronischer Stress reduziert also nicht nur unsere *Fähigkeit zur Selbstregulation*, sondern verwandelt uns in eine Spezies, die mit immer größeren Scheuklappen durch das Leben rennt.

Zombieverhalten als neue Normalität?

Hier kommt der vielleicht erschreckendste Effekt des hippocampalen Schrumpfens: *Das Phänomen des „Zombiemodus".*

Wir alle kennen es: Dieses Gefühl, sich durch den Tag zu schleppen, gedanklich nie ganz präsent zu sein, während das Leben wie ein verschwommener Film an uns vorbeizieht. Wir fahren die gleiche Strecke zur Arbeit, führen die gleichen Gespräche, treffen die gleichen uninspirierten Entscheidungen – und doch können wir uns am Ende des Tages kaum daran erinnern, was wir eigentlich gemacht haben.

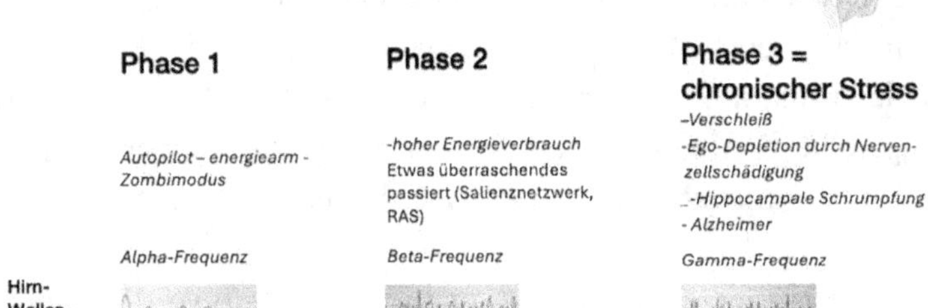

Abbildung: 21. Hippocampale Inanspruchnahme, Jürgen Alexander Weber

Die Wissenschaft hat dafür eine erschreckend einleuchtende Erklärung: *Stressbedingte Hippocampus-Atrophie reduziert unser autobiografisches Gedächtnis (Gleichgewicht zwischen Fak-*

tenwissen und Selbsterinnerung) und führt dazu, dass unser Leben zunehmend monoton erscheint (D'Esposito & Postle, 2015).

Die Folge? Unsere Individualität schrumpft. Statt unsere Umwelt bewusst wahrzunehmen und eigene Entscheidungen zu treffen, rutschen wir in den Autopilot-Modus – ein geistiges Energiesparprogramm, das uns zwar durch den Tag bringt, aber uns jede echte Lebendigkeit nimmt.

Wenn wir vergessen, wer wir sind – Die schleichende Amnesie der modernen Welt

Das vielleicht Tragischste am hippocampalen Leid ist der Verlust unseres Erinnerungsvermögens – speziell unserer autobiografischen Erinnerungen. *Je stärker der Hippocampus schrumpft, desto mehr verblasst unser Gefühl für Vergangenheit, Identität und Sinn.*

Wir verlernen nicht nur, aus der Vergangenheit zu lernen, sondern auch, in die Zukunft zu planen. Entscheidungsfähigkeit, die essenzielle Voraussetzung für jede langfristige Lebensgestaltung, wird zum Kraftakt. Statt bewusst Weichen für unsere Zukunft zu stellen, reagieren wir nur noch auf die nächsten E-Mails, die nächste Deadline, den nächsten To-do-Punkt auf unserer Liste. *Langfristiges Denken weicht kurzfristigem Funktionieren.*

Eine aktuelle Studie von Taren et al. (2017) bestätigt diesen Zusammenhang eindrucksvoll: Menschen mit dauerhaft erhöhtem Cortisol-Spiegel – einem Marker für chronischen Stress – zeigen eine deutlich reduzierte Aktivität im Hippocampus und in den präfrontalen Arealen, die für Planung und strategisches Denken zuständig sind. Das bedeutet: *Je gestresster wir sind, desto weniger Kontrolle haben wir über unser eigenes Leben.*

Fazit – Der Hippocampus als Drehbuchautor unserer Existenz

Unser Hippocampus ist nicht nur ein Speicher von Erinnerungen, sondern der Drehbuchautor unseres Lebens. Er entscheidet, wie bewusst wir unser Dasein erleben, welche Entscheidungen wir treffen und wie empathisch wir mit unserer Umwelt interagieren. *Wenn wir ihn durch chronischen Stress ruinieren, riskieren wir mehr als nur Gedächtnisverlust – wir verlieren unser Gespür für uns selbst.*

Die gute Nachricht? Unser Gehirn ist plastisch. Durch gezielte Achtsamkeitspraxis, regelmäßige Bewegung, gesunde Ernährung und bewusste soziale Interaktionen können wir unseren Hippocampus regenerieren. Denn eines steht fest: *Kein Mensch wurde geboren, um als Zombie zu enden.*

Die weiteren Folgen können sein:

Chronischer Stress und Schlaflosigkeit

Chronischer Stress ist einer der Hauptfaktoren für Schlafstörungen. Durch die anhaltende Aktivierung der HPA-Achse bleibt der Cortisolspiegel auch in den Abendstunden erhöht, was den natürlichen Tag-Nacht-Rhythmus stört (Van Cauter et al., 2008). Ein dauerhaft überaktives Stresssystem verhindert die Ausschüttung von Melatonin, dem Hormon, das für das Einleiten des Schlafs notwendig ist. Menschen mit chronischem Stress berichten häufig über Einschlafprobleme, häufiges nächtliches Erwachen und eine insgesamt schlechtere Schlafqualität. Schlafmangel wiederum verstärkt die Stressanfälligkeit, da der präfrontale Kortex ohne ausreichende Erholung weniger effektiv arbeiten kann und emotionale Regulation erschwert wird.

Chronischer Stress und Adipositas

Es gibt eine direkte Verbindung zwischen chronischem Stress und Gewichtszunahme. Stressbedingte Cortisol-Ausschüttung beeinflusst das Essverhalten, indem es Heißhunger auf kalorienreiche, fett- und zuckerhaltige Nahrungsmittel verstärkt (Adam & Epel, 2007). Gleichzeitig führt Cortisol zu einer Umverteilung von Körperfett in die viszerale Region – also rund um die Bauchorgane –, was das Risiko für metabolische Erkrankungen erhöht. Studien zeigen, dass Menschen, die unter Dauerstress stehen, eine geringere Sensibilität für das Hormon Leptin aufweisen, das für das Sättigungsgefühl verantwortlich ist. Dies führt zu unbewusst erhöhtem Kalorienkonsum und fördert langfristig die Entwicklung von Adipositas.

Chronischer Stress und Diabetes Mellitus-Anfälligkeit

Dauerhafte Stressbelastung spielt eine entscheidende Rolle in der Entstehung und Verschlechterung von Diabetes mellitus. Chronischer Stress erhöht die Insulinresistenz, indem er die Glukoseproduktion in der Leber verstärkt und gleichzeitig die Fähigkeit der Muskelzellen reduziert, Glukose aufzunehmen (Chrousos, 2000). Zudem begünstigt die durch Stress ausgelöste Entzündungsreaktion eine Dysfunktion der Beta-Zellen im Pankreas, die für die Insulinproduktion verantwortlich sind. Epidemiologische Studien zeigen, dass Menschen mit hohem psychosozialem Stress ein signifikant erhöhtes Risiko haben, an Typ-2-Diabetes zu erkranken (Hackett & Steptoe, 2017).

Fazit: Dein Gehirn braucht Schutzräume

Chronischer Stress, toxische Beziehungen und emotionale Isolation sind keine Lappalien – sie verändern unser Gehirn strukturell.

Stress ist eine brillante Erfindung der Natur – leider jedoch an eine Welt angepasst, in der man vor Raubtieren fliehen muss, nicht aber auf E-Mails reagieren soll. *Wer den Absprung nicht schafft, landet in einer biochemischen Sackgasse aus Dysregulation, oxidativem Stress und letztlich chronischen Erkrankungen.*

Doch die gute Nachricht ist:

Unser Gehirn bleibt formbar. Wer bewusst soziale Verbindungen pflegt, sich von Energieräubern distanziert und sich erlaubt, Nein zu sagen, schützt seine kognitiv-emotionale Steuerungszentrale.

Denn Glück beginnt nicht im Außen – sondern im Kopf.

Der schleichende Verlust

Wie unser Hirn und Herz ihre Schlagkraft verlieren!

Stellen Sie sich vor, Ihr Gehirn wäre ein Hochleistungsmotor, der jahrelang mit hochwertigem Treibstoff lief, doch plötzlich beginnt es zu stottern. Es reagiert langsamer, überhitzt schneller, und die Warnleuchten blinken immer häufiger auf. Was ist passiert? Genau wie ein Motor braucht auch unser Gehirn Wartung, Pflege und Erholung. Doch in unserer modernen Welt gerät dieses Gleichgewicht immer häufiger aus den Fugen. Die Folge? Ein schleichender Verlust unserer kognitiven und emotionalen Resilienz – und das oft, ohne dass wir es sofort bemerken.

Wie Resilienz schwindet, ohne dass wir es merken

Am Anfang ist es kaum spürbar. Wir vergessen kleine Dinge, sind etwas gereizter als sonst oder finden es schwieriger, nach einem stressigen Tag abzuschalten. Doch nach und nach setzt ein Teufelskreis ein. Schlaf wird unruhiger, Entscheidungen fallen schwerer, und Emotionen werden extremer – entweder wir sind übermäßig sensibel oder abgestumpft. Und irgendwann fühlt sich der Kopf nicht mehr wie ein dynamischer Denk- und Emotionsmotor an, sondern wie ein ausgelaugter Akku, der gerade so über den Tag kommt.

Unser Gehirn ist ein erstaunlich anpassungsfähiges Organ. Doch genau diese Anpassungsfähigkeit kann auch zum Verhängnis werden: Wenn wir uns ständig im Stressmodus befinden, lernt das Gehirn, diesen Zustand als „Normalzustand" zu betrachten. Die Amygdala, unser emotionales Alarmsystem, bleibt in Dauerbereitschaft, während der präfrontale Kortex – verantwortlich für rationales Denken und Impulskontrolle – in die Defensive gedrängt wird. Der Hippocampus, das Zentrum für Gedächtnis und

Lernen, beginnt zu schrumpfen (McEwen & Morrison, 2013).

Wenn das Gehirn im Autopilotmodus versinkt

Ein klassisches Beispiel: Sie stehen an der Supermarktkasse und der Kunde vor Ihnen braucht eine gefühlte Ewigkeit, um seine Münzen abzuzählen. Früher hätten Sie das mit einem milden Lächeln hingenommen, heute steigt der Ärger sofort auf. Warum? Weil Ihr Gehirn durch chronischen Stress in einem Modus der ständigen Reaktion verharrt. Es fehlt an Pufferzonen für Geduld, Nachsicht und Flexibilität. Emotionale Resilienz bedeutet, solche Momente mit Gelassenheit zu durchleben – doch wenn das System überlastet ist, wird jede Verzögerung als Angriff empfunden.

Oder denken Sie an den Moment, in dem Sie auf eine kritische E-Mail reagieren müssen. Früher hätten Sie sich Zeit genommen, um über die Antwort nachzudenken. Heute zückt Ihre Hand fast reflexartig das Smartphone und Sie tippen eine schnelle, leicht gereizte Antwort – nur um sich hinterher zu ärgern, dass Sie impulsiv reagiert haben. Willkommen im Zeitalter des erschöpften Gehirns.

Was passiert neurobiologisch bei schwindender Resilienz?

Wissenschaftler konnten zeigen, dass chronischer Stress nicht nur unsere emotionale Widerstandskraft schwächt, sondern auch die Struktur unseres Gehirns verändert. Eine bahnbrechende Studie von Liston et al. (2009) fand heraus, dass anhaltender Stress zu einer Reduktion der synaptischen Verbindungen im präfrontalen Kortex führt – also genau in dem Areal, das für unsere kognitive Kontrolle und emotionale Stabilität verantwortlich ist. Die Folge? Menschen in Dauerstress zeigen schlechtere Problemlösefähigkeiten, sind weniger flexibel im Denken und neigen dazu, in negativen Gedankenschleifen stecken zu bleiben.

Besonders beunruhigend ist, dass dieser Prozess schleichend verläuft. Wir bemerken nicht sofort, dass wir immer reizbarer werden, dass uns früher einfache Entscheidungen zunehmend schwerfallen oder dass unsere Konzentration nachlässt. Doch langfristig entsteht ein Muster: Unser Gehirn verlernt, sich zu erholen. Und was lange Zeit als Ausnahmezustand galt, wird zur neuen Normalität.

Chronischer Stress und seine zerstörerische Wirkung auf das Gehirn

Chronischer Stress ist der Feind der Neuroplastizität. Während akuter Stress uns evolutionär darauf vorbereitet, mit Bedrohungen umzugehen, führt chronischer Stress zu dauerhaften Schäden in der kognitiv-emotionalen Steuerungszentrale des Gehirns. Die Folgen sind gravierend: *Hirnnetzwerke geraten aus dem Gleichgewicht, Glückshormone versiegen, die Neurotransmitterproduktion wird gestört und das neuronale Wachstum stockt.*

1. Beeinträchtigung des Präfrontalen Kortex (PFC)

Der Präfrontale Kortex ist die Schaltzentrale unseres rationalen Denkens, unserer Impulskontrolle und unserer Fähigkeit, langfristige Entscheidungen zu treffen. Unter chronischem Stress wird dieser Bereich regelrecht ausgehungert. Cortisol, das Hauptstresshormon, reduziert die synaptischen Verbindungen und die Aktivität des PFC, sodass es schwieriger wird, klar zu denken, sich zu konzentrieren und Emotionen zu regulieren (Arnsten, 2009).

Ein Beispiel aus dem Alltag: Sie planen, gesünder zu essen. Doch nach einem stressigen Tag greifen Sie doch wieder zur Schokolade oder zur Tiefkühlpizza. Warum? Ihr PFC, der normalerweise langfristige Ziele gegen kurzfristige Belohnungen abwägen kann, ist durch den Dauerstress geschwächt – der Impuls gewinnt.

2. Beeinträchtigung des Orbitofrontalen Kortex (OFC)

Der Orbitofrontale Kortex ist dafür zuständig, emotionale und soziale Bewertungen vorzunehmen. Er hilft uns, Situationen richtig einzuschätzen und flexible Entscheidungen zu treffen. Unter chronischem Stress jedoch verliert der OFC an Volumen und Aktivität, was dazu führt, dass wir emotionale Reize falsch interpretieren und soziale Beziehungen schlechter managen (McEwen & Morrison, 2013).

Ein Beispiel: Haben Sie schon einmal erlebt, dass Sie in einer stressigen Phase empfindlicher auf Kritik reagiert haben? Vielleicht interpretierten Sie einen neutralen Kommentar als Angriff oder fühlten sich schneller abgelehnt. Genau das passiert, wenn der OFC unter Stress leidet – die Fähigkeit zur differenzierten sozialen Bewertung nimmt ab.

3. Beeinträchtigung des Hippocampus

Der Hippocampus ist unser Gedächtniszentrum und eine der wenigen Hirnregionen, die zeitlebens neue Nervenzellen bilden können. Doch unter chronischem Stress schrumpft er – regelrecht. Studien zeigen, dass Menschen mit anhaltend hohen Cortisolwerten bis zu *15 % weniger Hippocampus-Volumen* aufweisen (McEwen, 2017). Das bedeutet: schlechtere Erinnerungsfähigkeit, erhöhte Vergesslichkeit und eine reduzierte Fähigkeit, neue Informationen zu verarbeiten.

Eine aktuelle Studie von Tashjian et al. (2023) zeigte, dass bei Menschen mit hohem Stresslevel die neuronale Konnektivität im Hippocampus reduziert war – was bedeutet, dass sie sich schlechter an Details erinnerten und emotional weniger flexibel waren.

Ein typisches Beispiel: Sie wollen sich an den Namen einer

Person erinnern, die Sie erst kürzlich getroffen haben, aber es ist, als wäre die Information einfach gelöscht. Willkommen in der Welt des stressgeschrumpften Hippocampus.

4. Beeinträchtigung der Amygdala

Die Amygdala ist die „Alarmanlage" des Gehirns – sie warnt uns vor Gefahren und reguliert unsere Angstreaktionen. Doch wenn sie durch chronischen Stress überaktiviert wird, sieht sie überall Bedrohungen. Das führt dazu, dass selbst harmlose Reize als Gefahr wahrgenommen werden – ein Phänomen, das bei Menschen mit chronischer Angst oder posttraumatischen Belastungsstörungen besonders stark ausgeprägt ist (Hermans et al., 2014).

Haben Sie je bemerkt, dass Sie in stressigen Zeiten gereizter auf Kleinigkeiten reagieren? Oder dass Ihnen Dinge plötzlich furchteinflößender erscheinen als sonst? Genau das passiert, wenn die Amygdala unter Dauerstress steht.

5. Beeinträchtigung des Nucleus Accumbens

Der Nucleus Accumbens ist das „Belohnungszentrum" des Gehirns – verantwortlich für Motivation, Freude und die Ausschüttung von Dopamin. Chronischer Stress kann seine Funktion stark beeinträchtigen. Eine bahnbrechende Studie von Pizzagalli et al. (2019) zeigte, dass Menschen mit langanhaltendem Stress signifikant weniger Dopamin im Nucleus Accumbens ausschütten. Das bedeutet: weniger Antrieb, weniger Freude und eine erhöhte Anfälligkeit für depressive Verstimmungen.

Ein Beispiel: Sie haben früher Hobbys geliebt, konnten sich für Dinge begeistern – doch jetzt fühlt sich alles nur noch wie eine anstrengende Pflicht an. Wenn der Nucleus Accumbens geschwächt ist, verblassen Glücksgefühle, und selbst positive Erlebnisse lösen keine Freude mehr aus.

Chronischer Stress ist nicht einfach nur „unangenehm" – er verändert das Gehirn auf fundamentale Weise. Er schwächt den PFC, der für rationale Entscheidungen verantwortlich ist, lässt den OFC schrumpfen, sodass wir soziale Signale schlechter interpretieren, verkleinert den Hippocampus, was unser Gedächtnis beeinträchtigt, überaktiviert die Amygdala, sodass wir mehr Angst empfinden, und dämpft den Nucleus Accumbens, wodurch unser Belohnungssystem aus dem Gleichgewicht gerät. Die gute Nachricht? *Neuroplastizität erlaubt es uns, diese Veränderungen umzukehren.*

Mit gezielten Maßnahmen – Bewegung, Achtsamkeit, soziale Interaktion und bewusstem Stressmanagement – können wir unser Gehirn wieder in einen Zustand des Wachstums und der Widerstandsfähigkeit bringen. Denn eines ist sicher: Unser Gehirn ist anpassungsfähig. Die Frage ist nur, ob wir es unbewusst schrumpfen lassen – oder bewusst wachsen lassen.

6. Beeinträchtigung der Hirnnetzwerke

Drei große Netzwerke im Gehirn – das *Salienz-Netzwerk (SN), das Default Mode Network (DMN) und das zentrale Exekutivnetzwerk (CEN)* – spielen eine essenzielle Rolle für unsere Wahrnehmung, Entscheidungsfähigkeit und emotionale Balance. Chronischer Stress wirft diese fein abgestimmte Kooperation aus dem Gleichgewicht. Das SN, das normalerweise zwischen Fokus (CEN) und Ruhezustand (DMN) vermittelt, bleibt überaktiv – unser Gehirn gerät in einen Daueralarmzustand.

Ein Beispiel aus dem Alltag: Sie sitzen auf dem Sofa und wollen entspannen, doch Ihr Kopf ist voller Gedanken. To-do-Listen tauchen auf, Ihr Herz rast, und selbst in ruhigen Momenten kann Ihr Gehirn nicht abschalten. Das liegt daran, dass das DMN

– normalerweise für kreative Tagträume und Reflexion zuständig – nicht mehr in den Modus der Erholung wechselt. Eine Studie von Hermans et al. (2014) zeigte, dass Menschen mit chronischem Stress eine gestörte Verbindung zwischen diesen Netzwerken aufweisen, was zu erhöhter Ängstlichkeit, Konzentrationsstörungen und reduzierter kognitiver Flexibilität führt.

7. Beeinträchtigung der Glückshormonproduktion

Glückshormone wie *Dopamin, Serotonin und Oxytocin* sind das biochemische Fundament für Wohlbefinden und Motivation. Chronischer Stress dämpft ihre Produktion erheblich. Hohe Cortisolspiegel hemmen die Synthese von Serotonin, was mit erhöhter Depressionsanfälligkeit assoziiert ist (Slavich & Irwin, 2014). Dopamin, unser „Motivationsmolekül", wird ebenfalls in Mitleidenschaft gezogen – was erklärt, warum chronisch gestresste Menschen oft antriebslos und freudlos sind.

Stellen Sie sich vor, Sie kommen nach einem langen Arbeitstag nach Hause. Normalerweise würden Sie sich auf Ihr Lieblingsessen oder eine Umarmung Ihres Partners freuen. Doch unter chronischem Stress stellt sich dieses Glücksgefühl nicht mehr ein – die Biochemie Ihres Gehirns kann es einfach nicht mehr abrufen.

Eine aktuelle Studie von Pizzagalli et al. (2019) zeigte, dass Menschen mit anhaltendem Stress *signifikant niedrigere Dopaminwerte* im Belohnungssystem aufweisen, was langfristig zu einer erhöhten Anfälligkeit für Depressionen führt.

8. Beeinträchtigung der Glutamat-Produktion

Glutamat ist der wichtigste erregende Neurotransmitter im Gehirn und essenziell für synaptische Plastizität und Lernprozesse. Chronischer Stress verändert jedoch die Glutamat-Balance im präfrontalen Kortex und Hippocampus. Eine Überproduktion in akuten Stressphasen führt zu neuronaler Übererregung, während langfristiger Stress die Regulation stört, was letztlich zu *kognitiven Defiziten und Gedächtnisstörungen führt* (McEwen, 2017).

Denken Sie an eine Situation, in der Sie unter enormem Druck eine Aufgabe erledigen mussten – Ihr Kopf fühlte sich an, als würde er überhitzen. Genau das ist ein Zeichen für exzessive Glutamat-Ausschüttung. Doch wenn der Stress anhält, kehrt sich der Effekt um: Das Gehirn beginnt, Glutamatrezeptoren abzubauen – und plötzlich fällt es schwer, sich zu konzentrieren oder neue Informationen zu speichern.

9. Beeinträchtigung der BDNF-Produktion

BDNF (Brain-Derived Neurotrophic Factor) ist der Dünger des Gehirns – ohne ihn verkümmern Neuronen, und die Neuroplastizität leidet. Chronischer Stress reduziert BDNF massiv, insbesondere im Hippocampus, der für Lernen und Gedächtnis essenziell ist (Duman & Monteggia, 2006).

Eine bahnbrechende Studie von Rothman & Mattson (2022) zeigte, dass Menschen mit dauerhaft hohem Cortisolspiegel eine um bis zu *40 % reduzierte BDNF-Produktion* aufweisen. Das bedeutet: Das Gehirn verliert die Fähigkeit, sich an neue Herausforderungen anzupassen und bleibt in starren Denk- und Verhaltensmustern gefangen.

Haben Sie sich schon einmal gefragt, warum stressige Phasen oft mit einem Gefühl der Stagnation einhergehen? Warum kreative Ideen ausbleiben und selbst Routinen plötzlich anstrengend erscheinen? Die Antwort liegt in der BDNF-Reduktion – Ihr Gehirn verliert wortwörtlich seine Fähigkeit zum Wachstum.

Fazit: Dein Gehirn braucht Stressmanagement – sonst schrumpft es

Chronischer Stress ist wie ein langsames Gift für das Gehirn. Er stört essenzielle Netzwerke, dämpft Glückshormone, überreizt die Neurotransmitter und blockiert neuronales Wachstum. Doch die gute Nachricht: Neuroplastizität ist reversibel. Mit gezielten Interventionen – Bewegung, Achtsamkeit, sozialer Unterstützung und bewusster Regeneration – kann das Gehirn wieder in seinen optimalen Zustand zurückfinden. Denn unser Gehirn ist nicht dazu gemacht, ständig auf der Flucht zu sein – sondern zu lernen, zu wachsen und zu gedeihen.

Kann man kognitive und emotionale Resilienz wieder aufbauen?

Die gute Nachricht ist: Unser Gehirn ist nicht statisch. Genau wie es sich an Stress anpassen kann, kann es sich auch an Erholung und Stabilität gewöhnen. Bewegung, soziale Interaktion und bewusste Pausen sind nachweislich effektive Werkzeuge, um das Gleichgewicht wiederherzustellen. Besonders effektiv ist Achtsamkeitstraining: Eine Studie von Hölzel et al. (2011) zeigte, dass regelmäßige Meditation nicht nur den Stresspegel senkt, sondern auch das Volumen des Hippocampus vergrößert und die Konnektivität zwischen Amygdala und präfrontalem Kortex verbessert.

Fazit: Resilienz ist trainierbar – aber nur, wenn wir handeln

Kognitive und emotionale Resilienz verschwinden nicht über Nacht – und genauso wenig lassen sie sich über Nacht wiederherstellen. Doch die entscheidende Erkenntnis ist: Wir können aktiv dagegen steuern. Unser Gehirn ist kein statischer Apparat, sondern ein formbares, anpassungsfähiges System. Wer regelmäßig für mentalen Ausgleich sorgt, emotionale Pausen einlegt und bewusste Ruhephasen schafft, kann seinen kognitiven und emotionalen Akku wieder aufladen. Denn Glück im Kopf beginnt nicht mit der Abwesenheit von Stress – sondern mit der Fähigkeit, sich davon nicht dauerhaft aus der Balance bringen zu lassen.

Kapitel V:

Unsere Neuwerdung Lebensstil-Intervention & Wachstum

Gehirn-Power on Demand
Wie wir unsere Steuerungszentrale bewusst stärken

Stellen Sie sich Ihr Gehirn wie eine Stadt vor. Eine Stadt voller neuronaler Autobahnen, kleinerer Verbindungsstraßen und verschlungener Gassen. Manche Wege sind gut asphaltiert und schnell befahrbar, andere sind überfüllt, manche zerfallen. Wenn unser Leben von Stress, Reizüberflutung und emotionaler Erschöpfung dominiert wird, gleicht diese Stadt einer verstopften Metropole während der Rushhour – chaotisch, unkoordiniert und voller Staus.

Doch genau wie eine Stadt geplant, saniert und ausgebaut werden kann, lässt sich auch unser Gehirn gezielt stärken. Der Schlüssel? Bewusstes Training, bewusste Entscheidungen und ein Lebensstil, der nicht gegen, sondern mit unserem neuronalen System arbeitet.

Warum unser Gehirn eine bewusste Stärkung braucht

Lange Zeit dachte man, dass unser Gehirn mit zunehmendem Alter an Anpassungsfähigkeit verliert. Heute wissen wir: Neuroplastizität – die Fähigkeit des Gehirns, sich durch Erfahrungen neu zu organisieren – bleibt ein Leben lang erhalten (Merzenich, 2013). Doch wie ein untrainierter Muskel verkümmert auch ein untrainiertes Gehirn. Wer sich dauerhaft in stressreichen, reizüberfluteten oder emotional erschöpfenden Mustern bewegt, fördert nicht Wachstum, sondern Rückgang – insbesondere im Hippocampus, der Schaltzentrale für Gedächtnis und emotionale Regulation (McEwen, 2017).

Studien zeigen: Menschen, die regelmäßig kognitive Herausforderungen suchen, körperlich aktiv sind und gezielt emotionale Regeneration praktizieren, weisen nicht nur ein größeres Volumen in kritischen Hirnregionen auf, sondern altern auch geistig langsamer (Erickson et al., 2011). Es gibt also einen direkten Zusammenhang zwischen unserem Verhalten und der physischen Struktur unserer kognitiv-emotionalen Steuerungszentrale.

Wie der Lebensstil unser Gehirn formt

Es beginnt mit den täglichen Entscheidungen. Stellen Sie sich vor, Sie haben zwei Optionen für den Feierabend: eine Netflix-Serie schauen oder einen Spaziergang machen. Ihr Gehirn wird immer den einfachen Weg bevorzugen – es liebt Gewohnheiten, weil sie energetisch wenig kosten. Doch genau hier liegt die Falle: Bequemlichkeit kostet langfristig Substanz.

Studien belegen, dass körperliche Inaktivität direkt mit einem Abbau des Hippocampus verbunden ist (Erickson et al., 2010). Umgekehrt sorgt regelmäßige Bewegung nicht nur für eine erhöhte Durchblutung des Gehirns, sondern auch für die vermehrte Ausschüttung von BDNF, einem essenziellen Wachstumsfaktor für Neuronen (Cotman et al., 2007).

Die drei Schlüssel zur Stärkung unserer Steuerungszentrale

1. Mentale Herausforderungen – Warum Ihr Gehirn Training braucht

Das menschliche Gehirn liebt neue Reize – aber nur in einem gesunden Maß. Wer jeden Tag dieselben Abläufe durchläuft, programmiert sein Gehirn auf Stagnation. Wer sich jedoch regelmäßig neuen intellektuellen Herausforderungen stellt, fördert nicht nur seine kognitive Flexibilität, sondern aktiviert gleichzeitig neue neuronale Netzwerke.

Ein Beispiel aus dem Alltag: Sie sind gewohnt, Ihre Einkäufe immer auf demselben Weg zu erledigen. Was würde passieren, wenn Sie bewusst eine neue Route wählen, mit der linken statt der rechten Hand Zähne putzen oder eine Fremdsprache lernen?

Studien zeigen, dass solche Veränderungen den präfrontalen Kortex stärken und die Widerstandsfähigkeit gegenüber neurodegenerativen Erkrankungen erhöhen (Valenzuela et al., 2008).

2. Bewegung – Warum unser Körper unser Gehirn antreibt

„Sitzen ist das neue Rauchen", sagte einst ein Gesundheitsforscher – und die Daten geben ihm recht. Menschen, die regelmäßig Sport treiben, haben nicht nur ein größeres Hirnvolumen, sondern zeigen auch eine signifikant bessere Gedächtnisleistung und emotionale Stabilität (Stillman et al., 2016). Besonders effektiv sind Bewegungsarten, die kognitive und koordinative Herausforderungen kombinieren – wie Tanzen oder Kampfsport.

Ein amüsantes Beispiel: Denken Sie an den Moment, wenn Sie zum ersten Mal einen neuen Tanzschritt lernen. Am Anfang stolpern Sie, Ihre Bewegungen sind ungelenkig, das Gehirn überfordert. Doch mit der Zeit passt es sich an – und plötzlich bewegen Sie sich intuitiv. Genau das ist Neuroplastizität in Aktion!

3. Emotionale Regulation – Warum Glück ein Trainingseffekt ist

Viele Menschen denken, Emotionen seien eine unkontrollierbare Kraft, die sie überkommt. Doch in Wirklichkeit sind emotionale Reaktionen trainierbar. Studien zeigen, dass Menschen, die regelmäßig Achtsamkeit praktizieren, eine erhöhte Konnektivität zwischen Amygdala und präfrontalem Kortex aufweisen – was bedeutet, dass sie weniger impulsiv auf Stress reagieren (Tang et al., 2015).

Ein typisches Beispiel: Sie stehen im Stau und könnten sich aufregen – doch stattdessen entscheiden Sie sich bewusst für eine andere Perspektive. Vielleicht nutzen Sie die Zeit für ein Hörbuch oder eine Atemübung. Diese bewusste Umsteuerung stärkt langfristig Ihre emotionale Resilienz.

Aktuelle wissenschaftliche Erkenntnisse zur Veränderbarkeit des Gehirns

Eine aktuelle Studie von Tashjian et al. (2023) untersuchte die langfristigen Effekte von bewusstem Lebensstil auf das Gehirn. Die Ergebnisse waren beeindruckend: Menschen, die gezielt kognitive Herausforderungen, körperliche Aktivität und emotionale Regulation in ihren Alltag integrierten, wiesen eine bis zu *15 % höhere neuronale Konnektivität* und eine *40 % geringere Stressanfälligkeit* auf als die Kontrollgruppe.

Fazit: Wir sind die Architekten unseres Gehirns

Unsere Steuerungszentrale schrumpft nicht zufällig – sie reagiert auf unser Verhalten. Wer sich bewusst für mentale Herausforderungen, Bewegung und emotionale Regulation entscheidet, stärkt sein Gehirn nicht nur funktionell, sondern auch strukturell. Es ist nie zu spät, die eigene kognitive-emotionale Widerstandsfähigkeit aufzubauen – und das Beste daran? Schon kleine Veränderungen im Alltag können enorme Effekte haben.

Zusammenfassung und praktische Erkenntnisse

In der neurowissenschaftlichen Forschung ist unstrittig, dass gezielte Lebensstilinterventionen die biochemische und neurostimulierende Architektur des Gehirns beeinflussen. Dies betrifft die Regulation von Neurotransmittern, neuroprotektiven Faktoren und funktionellen neuronalen Netzwerken. Studien (vgl. McEwen, B.S. 2017; Notaras et al. 2019; Davidson et al. 2012) zeigen, dass kognitive Stimulation, Bewegung, gesunde Ernährung, Achtsamkeit und soziale Interaktion diese Faktoren positiv modulieren

Ein entscheidender Wirkmechanismus ist die Erhöhung von Neurotransmittern wie Dopamin, Serotonin, Endorphinen, Melatonin und Oxytocin. Diese Substanzen beeinflussen Wohlbefinden, Schlaf, Motivation und Stressbewältigung.

Dopamin fördert Freude und Zielstrebigkeit, während Serotonin Stimmung und Stressbewältigung reguliert. Endorphine lindern Schmerzen und erzeugen Euphorie. Melatonin verbessert die Schlafqualität, und Oxytocin stärkt soziale Bindungen.

Neuroprotektive Faktoren wie der Brain-Derived Neurotrophic Factor (BDNF) fördern Neurogenese und synaptische Plastizität, essenziell für Lernen und Gedächtnis.

Ebenso sind das Default Mode Netzwerk (DMN) und das Salienz-Netzwerk (SN) von Bedeutung. Das DMN fördert Selbstreflexion und kreatives Denken, während das SN die Aufmerksamkeitssteuerung optimiert.

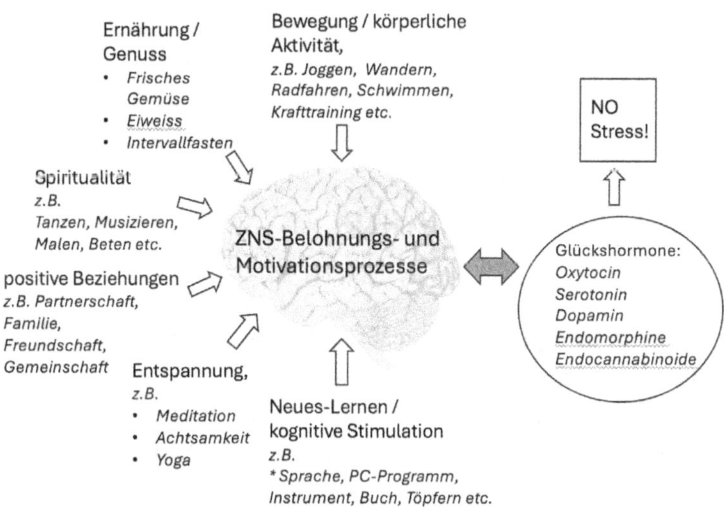

Abb.22, Zusammenhang zwischen positiven Erfahrungen und Stressreduktion, Jürgen Alexander Weber

Fazit - Ihr neues Ich:

Wollen Sie neue Nervenzellen *(Neurogenese)*? - Dann tun Sie etwas Neues!

Motiviert?

Bauen Sie jeden Tag etwas kleines Neues in Ihren Alltag und behalten Sie es bei. Etwas, an was Sie Freude haben.

Haben Sie dabei keine Erwartungen, staunen und erleben Sie einfach nur die Veränderung.

Sie werden sehen, es macht Freude! Und schon werden bei Ihnen vermehrt Dopamin und Serotonin produziert.

Sie wollen mehr erreichen? Sie setzen sich neue kleine Ziele! Dopamin, Noradrenalin und Adrenalin werden verstärkt produziert. Sie fühlen sich motiviert. Ziehen Sie es durch. Aber denken Sie stets daran: Kleine Ziele definieren, diese jedoch konsequent erreichen und abschließen.

Ihre Belohnung? Serotonin und Endorphine folgen Ihnen auf den Fuß, Sie fühlen sich glücklich!

Und das Beste? Sie wollen nicht mehr zurück in Ihr altes Dasein und freuen sich schon wieder auf Ihre nächsten Veränderungen im Leben! So erreichen Sie es, Stück für Stück *(Compound-Effekt)* Ihre neue Wunschpersönlichkeit aufzubauen (*Wie will ich sein?*).

Sie sind erfolgreich. Wenn Sie Ihren Abschnitts-Erfolg auch noch jedes Mal gebührend mit Freunden feiern, erhalten Sie auch noch obendrein einen herrlichen Oxytocin-Glücks-Cocktail.

Mehr kann man sich doch wirklich nicht wünschen, oder?

Das Life-Upgrade
Mit Bewegung, Biss & Brainpower zum neuen Ich!

*Der Compound-Effekt – Warum kleine Gewohnheiten
unser Gehirn verändern*

Stellen Sie sich vor, Sie nehmen sich vor, jeden Tag nur *ein Prozent* besser zu werden – fitter, fokussierter, achtsamer. Klingt nach wenig?

Doch genau hier entfaltet sich die Magie des *Compound-Effekts* – der exponentiellen Verstärkung von kleinen, aber konsequenten Veränderungen.

James Clear (2018) beschreibt dies in seinem Bestseller *Atomic Habits* als das mächtigste Prinzip für tiefgreifende Transformationen. Eine winzige Änderung, täglich wiederholt, summiert sich im Laufe der Zeit zu beeindruckenden Resultaten. Genauso wie sich ungesunde Routinen in unser Leben schleichen und langfristig schaden, so kann bewusste Veränderung neuronale Netzwerke nachhaltig stärken und neue Denk- und Verhaltensmuster festigen.

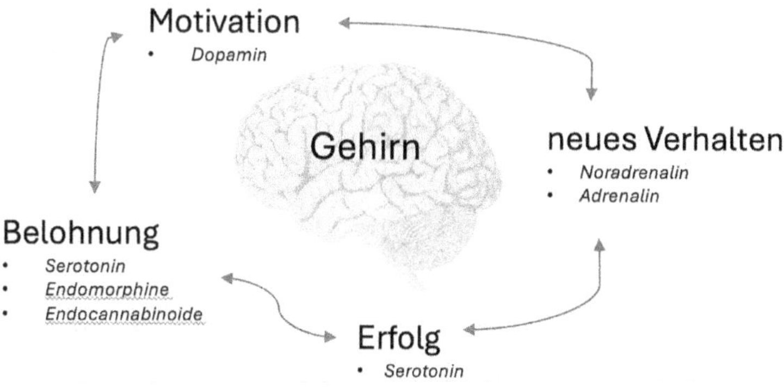

Abb.23, Motivations- und Belohnungskreislauf, Jürgen Alexander Weber

Und genau darum geht es in diesem Teil:

Wie kleine, stetige Veränderungen in Bewegung, Ernährung, Schlaf, Achtsamkeit, sozialen Bindungen und kognitiver Stimulation nicht nur unsere kognitiv-emotionale Steuerungszentrale schützen, sondern unser gesamtes Leben verändern können.

Das Life-Upgrade: PRAXIS

Hier werden detailliert die wichtigsten Einflussfaktoren beleuchtet, die das hippocampale Wachstum fördern können. Von Bewegung und kognitiver Stimulation über Ernährung bis hin zu Stressmanagement – wir betrachten, wie gezielte Interventionen diesen Kreislauf aus Motivation, Verhalten und Belohnung in Gang setzen und so die neuronale Plastizität unterstützen.

1. Neuronale Inspiration: Kognitive Anregung als Motor für hippocampales Wachstum

Kognitive Stimulation ist essenziell für die neuronale Plastizität und Resilienz. Neuronale Inspiration – das bewusste Erleben neuer, herausfordernder und emotional positiver Erfahrungen – fördert das Wachstum und die Anpassungsfähigkeit des Hippocampus.

Wichtige wissenschaftliche Erkenntnisse:

1. Mentale Stimulation und hippocampale Plastizität
Maguire et al. (2000) fanden bei Londoner Taxifahrern eine Volumenzunahme des hinteren Hippocampus. Dies zeigt, dass intensives räumliches Lernen die strukturelle Plastizität des Hippocampus fördert.

2. Kreativität als neuronaler Verstärker
Dietrich & Kanso (2010) belegten, dass kreative Aktivitäten wie Musik und Kunst die synaptische Konnektivität im Hippocampus stärken und die Zusammenarbeit mit dem präfrontalen Kortex intensivieren.

3. Lebenslanges Lernen als Schutzfaktor
Valenzuela & Sachdev (2006) zeigten, dass intellektuelle Herausforderungen über die Lebensspanne hinweg das Risiko hippocampaler Degeneration und Demenz signifikant reduzieren.

Zusammenfassung und praktische Empfehlung

Neuronale Inspiration durch *mentale Stimulation, kreative Betätigung und lebenslanges Lernen* stärkt die Neuroplastizität des Hippocampus und schützt vor neurodegenerativen Erkrankungen. Eine bewusste Integration intellektueller Herausforderungen kann langfristig die kognitive Leistungsfähigkeit und das psychische Wohlbefinden verbessern, wie z.B. inspirierende Bücher lesen, musizieren, neue Sprache lernen, neue Sportart oder Tanzen, malen, Theaterstücke besuchen, neue Menschen kennenlernen, kochen nach neuen Rezepten, mathematische Alltagsaufgaben im Kopf rechnen, in neue Umgebungen eintauchen.

2. Bewegung und körperliche Aktivität

Bewegung ist eine der effektivsten Interventionen zur Förderung des hippocampalen Wachstums. Regelmäßige körperliche Aktivität, insbesondere aerobe Übungen wie Laufen, Schwimmen oder Radfahren, steigert die Neurogenese, die synaptische Plastizität und die Ausschüttung von *Brain-Derived Neurotrophic Factor (BDNF)* (Erickson et al., 2011). Zudem verbessert sie die Durchblutung des Gehirns und versorgt den Hippocampus mit essenziellen Nährstoffen und Sauerstoff.

Mechanismen der Bewegung auf den Hippocampus:

Bewegung fördert die Ausschüttung von BDNF, die Produktion spezifischer Glückshormone, sowie den Insulin-like Growth Factor 1 (IGF-1), die synaptische Verbindungen stärken und die Bildung neuer Neuronen unterstützen. Diese Prozesse verbessern die hippocampale Struktur und verringern das Risiko neurodegenerativer Erkrankungen (Cotman et al., 2007).

Dosis-Wirkung-Prinzip:

Bereits moderate Bewegung (30 Minuten, fünfmal wöchentlich) reicht aus, um die Neurogenese anzuregen und kognitive Funktionen zu verbessern. Längere oder intensivere Trainingseinheiten verstärken diesen Effekt weiter, erfordern jedoch ausreichend Regeneration.

Synergie mit anderen Interventionen:

Die positiven Effekte von Bewegung werden durch kognitive Herausforderungen und soziale Interaktionen verstärkt. Studien zeigen, dass körperliche Aktivität in anregender Umgebung besonders förderlich für die hippocampale Funktion ist (Gomez-Pinilla, 2008).

Zusammenfassung und praktische Empfehlung

Körperliche Aktivität ist eine entscheidende Intervention zur Förderung des hippocampalen Wachstums. Durch die Stimulation von Neurogenese und Plastizität trägt Bewegung maßgeblich zur kognitiven und emotionalen Gesundheit bei. Langfristig können regelmäßige körperliche Aktivitäten die Resilienz stärken und das Risiko neurodegenerativer Erkrankungen (u.a. Depression, Alzheimer, Parkinson) reduzieren, während sie gleichzeitig das individuelle Glücksempfinden erheblich steigern. (McEwen, B.S 2017).

Die Forschung veranschaulicht, wie unterschiedliche Bewegungsformen verschiedene Aspekte der Gehirngesundheit und emotionalen Regulation beeinflussen. Besonders hervorzuheben ist die bedeutende Rolle von *Ausdauersport und High-Intensity-Interval-Training (HIIT)*, wie z.B. Laufen, Schwimmen, Radfahren, Körpergewichtsübungen oder Krafttraining, die stark mit der *BDNF-Produktion, Neurogenese und Stressresilienz sowie der Serotonin- und Endorphinproduktion* assoziiert sind, als auch den Salienz-Netzwerk-Einfluss fördern. Yoga, Meditation und Tanzen fördern darüber hinaus durch hohe soziale und emotionale Aspekte die Produktion von *Oxytocin*. (Notaras et.al 2012). Zudem zeigen Studien, dass Yoga, Meditation und moderates Ausdauertraining besonders förderlich für die *Schlafqualität* und den *Tiefschlaf* und somit für die *hippocampale Neurogenese* wertvoll sind (Davidson et.al 2012).

Eine gezielte Kombination dieser Bewegungsformen könnte daher die beste Strategie zur langfristigen Förderung der kognitiven und emotionalen Gesundheit sein.

3. Ernährung und Mikronährstoffe

Die Ernährung hat einen direkten Einfluss auf die Funktion und Gesundheit des Hippocampus. Nährstoffe und Mikronährstoffe spielen eine wesentliche Rolle bei der Förderung der Neurogenese, der Reduktion von Entzündungsprozessen und der Optimierung der synaptischen Plastizität. Insbesondere Omega-3-Fettsäuren, Polyphenole und Antioxidantien haben nachweislich positive Effekte auf die hippocampale Gesundheit (Gomez-Pinilla, 2008).

Wichtige Nährstoffe und ihre Wirkmechanismen

- *Omega-3-Fettsäuren*: Besonders die langkettigen Omega-3-Fettsäuren EPA (Eicosapentaensäure) und DHA (Docosahexaensäure), die vor allem in fettem Seefisch wie Lachs, Makrele oder Hering vorkommen, sind entscheidend für die Gesundheit des Gehirns. Sie unterstützen die Flexibilität der Zellmembranen und verbessern die synaptische Signalübertragung. Studien zeigen, dass EPA und DHA die Ausschüttung von BDNF (Brain-Derived Neurotrophic Factor) erhöhen, was die neuronale Plastizität stärkt und die Bildung neuer Nervenzellen (Neurogenese) fördert (Krawczyk et al., 2009).

- *Polyphenole*: In Beeren, grünem Tee und dunkler Schokolade enthaltene Polyphenole wirken antioxidativ und entzündungshemmend. Sie schützen Neuronen vor oxidativem Stress und fördern die synaptische Kommunikation (Joseph et al., 2009).
- *Antioxidantien*: Vitamin E und Vitamin C reduzieren oxidative Schäden im Gehirn und tragen zur Regeneration neuronaler Netzwerke bei.

Auswirkungen von Industrienahrung auf die hippocampale Gesundheit

Die übliche Industrienahrung, die reich an Transfetten, raffiniertem Zucker und verarbeiteten Lebensmitteln ist, hat schädliche Auswirkungen auf das hippocampale Wachstum und die Funktion. Hohe Zucker- und Fettgehalte erhöhen die Freisetzung entzündlicher Zytokine, die Entzündungsprozesse im Gehirn fördern und die synaptische Plastizität beeinträchtigen. Überschüssiges viszerales Fettgewebe produziert zusätzlich proinflammatorische Marker wie TNF-α und IL-6, die neurotoxische Effekte auf den Hippocampus haben (Francis & Stevenson, 2013).

Einfluss der Ernährung auf den BDNF-Spiegel

Eine ausgewogene Ernährung mit ausreichend Mikronährstoffen kann den BDNF-Spiegel signifikant erhöhen. Studien zeigen, dass eine mediterrane Ernährung, reich an Obst, Gemüse, Fisch und ungesättigten Fettsäuren, die hippocampale Funktion unterstützt und das Risiko für kognitive Beeinträchtigungen reduziert (Estruch et al., 2013). Im Gegensatz dazu führt eine industrienahrungsbasierte Diät zu einem Rückgang des BDNF-Spiegels, was mit einer erhöhten Anfälligkeit für Stress und Depressionen einhergeht.

Kalorienreduktion und intermittierendes Fasten:

Intermittierendes Fasten beschreibt eine Ernährungsweise, bei der regelmäßige Phasen des Essens und Fastens abwechseln. Zu den gängigen Methoden gehören der 16:8-Ansatz (16 Stunden Fasten, 8 Stunden Essen) oder die 5:2-Diät (zwei Tage Kalorienrestriktion pro Woche). Diese Methode aktiviert molekulare Signalwege wie den AMPK/mTOR-Weg, die die neuronale Gesundheit fördern und die Neurogenese anregen (Mattson et al., 2018). Durch Fasten wird die Autophagie aktiviert, ein zellulärer Reinigungsprozess, der geschädigte Zellbestandteile abbaut und die zelluläre Regeneration unterstützt.

Wie reduziere ich Ernährung ohne zu hungern?

Eine kalorienreduzierte Ernährung, die gleichzeitig sättigend ist, kann durch den Verzehr von nährstoffreichen Lebensmitteln erreicht werden. Ballaststoffreiche Lebensmittel wie Hülsenfrüchte, Gemüse und Vollkornprodukte erhöhen das Sättigungsgefühl, während sie den Blutzucker stabil halten. Proteinhaltige Nahrungsmittel wie Eier, Quark und Hühnchen unterstützen die Sättigung zusätzlich. Durch die bewusste Auswahl von Lebensmitteln mit hoher Nährstoffdichte, kombiniert mit kleineren Portionen und regelmäßigen Essenszeiten, kann eine Reduktion der Kalorienaufnahme ohne Hungergefühl erreicht werden.

Zusammenfassung und praktische Empfehlung

Eine ausgewogene, nährstoffreiche Ernährung fördert das Wachstum und die Funktion des Hippocampus. Durch gezielte Auswahl von Nahrungsmitteln, die reich an Omega-3-Fettsäuren, Polyphenolen und Antioxidantien sind, können die Neurogenese, die synaptische Plastizität und das emotionale Wohlbefinden gestärkt werden.

• Regelmäßiger Verzehr von fettem Fisch (z.B. Wildlachs), Nüssen und Samen zur Versorgung mit Omega-3-Fettsäuren.

- Integration von Beeren, grünem Tee und dunkler Schokolade in die tägliche Ernährung zur Aufnahme von Polyphenolen.
- Verzicht auf stark verarbeitete Lebensmittel, Zucker und Weizenmehl, um Entzündungsprozesse zu minimieren.
- Anwendung von intermittierendem Fasten zur Verbesserung der hippocampalen Gesundheit und der allgemeinen kognitiven Funktion.

Die Vermeidung von Industrienahrung und die Integration von Fastenperioden tragen zusätzlich zur Förderung der hippocampalen Gesundheit bei.

4. Schlaf und Regeneration

Schlaf und Regeneration sind entscheidende Faktoren für die Gesundheit des Hippocampus. Während des Schlafs erfolgen zentrale Prozesse der neuronalen Regeneration, der Gedächtniskonsolidierung und der Stressbewältigung.

Für einen qualitativ guten Schlaf benötigen wir ausreichend Melatonin. Melatonin entsteht aus Serotonin mithilfe einer Reihe von Enzymen. Somit ist es grundlegend notwendig einen ausreichenden Serotoninspiegel sicherzustellen.

Melatonin wird normalerweise nur in der Dunkelheit ausgeschüttet und steuert das Schlafhormon Arginin-Vasotocin, das ebenfalls in der Zirbeldrüse gebildet wird und den vollkommenen Tiefschlaf bewirkt (Pavel et al. 1981).

Studien zeigen, dass unzureichender Schlaf nicht nur die kognitive Leistungsfähigkeit, sondern auch die hippocampale Neurogenese und Plastizität negativ beeinflusst (Walker, 2009).

Schlafmangel und seine Auswirkungen

Chronischer Schlafmangel hat gravierende Folgen für die hippocampale Funktion. Zu den wichtigsten Auswirkungen gehören:

1. *Reduzierte Neurogenese*: Schlafmangel hemmt die Bildung neuer Nervenzellen im Gyrus dentatus des Hippocampus. Dadurch wird die Fähigkeit eingeschränkt, neue Informationen aufzunehmen und emotionale Herausforderungen zu bewältigen.

2. *Beeinträchtigte kognitive Fähigkeiten*: Menschen mit chronischem Schlafmangel berichten häufig von Konzentrations- und Gedächtnisproblemen. Die eingeschränkte Funktion des Hippocampus trägt dazu bei, dass Lernprozesse und das Abrufen von Erinnerungen erschwert werden.

3. *Erhöhte emotionale Labilität*: Schlafmangel erhöht die Aktivität der Amygdala und vermindert die regulatorischen Funktionen des präfrontalen Kortex. Dies führt zu erhöhter Ängstlichkeit, Reizbarkeit und mangelndem Selbstwertgefühl.

4. *Erhöhtes Stressniveau:* Schlafmangel steigert die Cortisolspiegel, die chronisch den Hippocampus schädigen können. Dies verstärkt die Stressreaktion und erhöht das Risiko für Depressionen und Angststörungen.

Zusammenfassung und praktische Empfehlung

Schlaf ist ein zentraler Faktor für die hippocampale Gesundheit und das emotionale Wohlbefinden.

- Etablierung eines festen Schlafrhythmus mit konsistenten Schlaf- und Aufwachzeiten.
- Mindestens 7 Stunden Schlaf und vor Mitternacht schlafen gehen (Melatoninproduktion, Tiefschlafphase)
- Vermeidung von Koffein und schweren Mahlzeiten in den Stunden vor dem Schlafengehen.
- Schaffung einer optimalen Schlafumgebung: dunkel, leise und gut temperiert.

Durch ausreichenden und qualitativ hochwertigen Schlaf können die Neurogenese und synaptische Plastizität gefördert sowie die Resilienz gegenüber Stress erhöht werden.

5. Achtsamkeit und Meditation

Achtsamkeit und Meditation sind effektive Interventionen zur Förderung der hippocampalen Gesundheit und des emotionalen Wohlbefindens. Diese Praktiken beruhen auf der gezielten Steuerung von Aufmerksamkeit und der bewussten Wahrnehmung des gegenwärtigen Moments. Neurowissenschaftliche Studien belegen, dass regelmäßige Achtsamkeits- und Meditationsübungen positive strukturelle und funktionelle Veränderungen im Hippocampus bewirken können (Hölzel et al., 2011).

Neurowissenschaftliche Effekte von Achtsamkeit und Meditation auf den Hippocampus

Meditation führt zu einer erhöhten Dichte der grauen Substanz im Hippocampus, insbesondere in Bereichen, die mit der Regulierung von Emotionen und der Gedächtniskonsolidierung verbunden sind. Dies geschieht durch die Förderung der Neurogenese und die Stärkung der synaptischen Plastizität. Gleichzeitig reduzieren Achtsamkeitspraktiken die Aktivität der Amygdala, was zu einer verbesserten Stressregulation beiträgt (Luders et al., 2009).

Ein zentraler Effekt von Meditation ist das gezielte „Ausschalten" des automatischen Bewusstseinsstroms. Dies geschieht durch die Aktivierung und Deaktivierung spezifischer Netzwerkaktivitäten im Gehirn, insbesondere des *Default-Mode-Netzwerks (DMN)*. Das DMN ist typischerweise in Ruhezuständen aktiv und spielt eine Rolle bei introspektiven Prozessen wie Tagträumen und Grübeln. Meditation unterdrückt die Hyperaktivität des DMN, die häufig mit Stress, Angst und Depression assoziiert wird, und fördert stattdessen die Konnektivität zwischen dem Hippocampus und dem präfrontalen Kortex. Dies verbessert die Selbstregulation und die Fähigkeit, im Moment präsent zu bleiben (Brewer et al., 2011).

Übergang zwischen Unterbewusstsein und Bewusstsein

Meditation ermöglicht eine bewusste Steuerung des Übergangs zwischen unterbewussten und bewussten Prozessen. Während tiefer meditativer Zustände zeigen EEG-Messungen eine erhöhte Synchronisation von Theta- und Alpha-Wellen im Hippocampus und benachbarten Strukturen. Diese Hirnwellenmuster fördern den Zugang zu unterbewussten Inhalten und deren Integration ins Bewusstsein. Dies kann dabei helfen, emotionale Blockaden zu lösen und eine tiefere Selbsterkenntnis zu erlangen (Aftanas & Golocheikine, 2001).

Wirkungsweise auf verschiedene Hirnfrequenzwellen

Meditation beeinflusst die Hirnfrequenzaktivität auf mehreren Ebenen:

- *Theta-Wellen (4–8 Hz)*: Diese Wellen werden während tiefer Entspannungs- und meditativer Zustände verstärkt und sind eng mit der Konsolidierung von Erinnerungen sowie der emotionalen Verarbeitung im Hippocampus verbunden.
- *Alpha-Wellen (8–12 Hz)*: Sie sind charakteristisch für einen entspannten Wachzustand und fördern die Hemmung irrelevanter Reize, wodurch die Konzentration auf den gegenwärtigen Moment erleichtert wird.
- *Gamma-Wellen (>30 Hz)*: Während fortgeschrittener meditativer Zustände steigt die Gamma-Aktivität an, die mit erhöhter Aufmerksamkeit, Bewusstheit und integrativen Denkprozessen korreliert ist (Lutz et al., 2004).

Stressreduktion durch Achtsamkeit

Chronischer Stress kann den Hippocampus schädigen. Achtsamkeitsbasierte Stressreduktion (Mindfulness-Based Stress Reduction, MBSR) wurde entwickelt, um Stress zu mindern und die Stressantwort zu regulieren. Studien zeigen, dass MBSR die Cortisolspiegel senkt und die HPA-Achse stabilisiert, wodurch die neuronale Resilienz gefördert wird (Tang et al., 2015).

Funktionsweise von MBSR

Das von Jon Kabat-Zinn entwickelte 8-Wochen-Programm kombiniert Achtsamkeitsmeditation, Body-Scan-Übungen und sanftes Yoga. Ziel ist es, durch bewusste Wahrnehmung stressbedingte Reaktionen zu mildern. Teilnehmer lernen, belastende Gedanken zu akzeptieren, statt sie zu unterdrücken, wodurch die Stressverarbeitung und die neuronale Aktivität im präfrontalen Kortex sowie im Hippocampus gefördert werden (Kabat-Zinn, 1990).

Emotionale Stabilität und Wohlbefinden

Regelmäßige Meditation verbessert die Emotionsregulation (Serotonin, Oxytocin), stärkt die Selbstwahrnehmung und steigert die Lebenszufriedenheit. Diese Effekte sind eng mit der verbesserten Funktion des Hippocampus und seiner Interaktion mit dem präfrontalen Kortex verbunden.

Langfristige Vorteile von Meditation

Langfristige Meditationspraktiken schützen den Hippocampus vor altersbedingten Volumenverlusten und fördern die kognitive Flexibilität. Dies hat nicht nur positive Auswirkungen auf das Lernen und Gedächtnis, sondern auch auf die emotionale Belastbarkeit. Darüber hinaus kann Meditation die Integration von Erfahrungen fördern, die das subjektive Wohlbefinden steigern.

Zusammenfassung und praktische Empfehlungen

Achtsamkeit und Meditation sind wirkungsvolle Ansätze zur

Förderung der hippocampalen Gesundheit. Durch die Reduktion von Stress, die Förderung der Neurogenese und die Verbesserung der Emotionsregulation leisten sie einen wichtigen Beitrag zur Stärkung des subjektiven Wohlbefindens und der kognitiven Leistungsfähigkeit. Sie sorgen für die erhöhte Freisetzung von BDNF, Serotonin, Dopamin und Endorphine. Darüber hinaus zur HPA-Achsen-Regulation, Salienz-Netzwerk-Stimulation und Oxytocin-vermittelte neuronale Anpassungen.

- Regelmäßiges Praktizieren von Achtsamkeitsübungen, z.B. durch geführte Meditationen oder Yoga.
- Tägliche Meditationszeiten von 10–20 Minuten als Startpunkt, mit schrittweiser Steigerung der Dauer.
- Anwendung von MBSR-Programmen oder ähnlichen Ansätzen zur systematischen Stressreduktion.
- Kombination von Meditation mit anderen gesundheitsfördernden Maßnahmen wie Bewegung und gesunder Ernährung, Kognitive Stimulation, sowie soziale Interaktion.

6. Soziale Interaktion und Beziehungen

Soziale Interaktion und Beziehungen: Schlüssel zur hippocampalen Plastizität, Resilienz und Glück.

Soziale Bindungen beeinflussen maßgeblich die kognitive Gesundheit und emotionale Stabilität. Studien zeigen, dass soziale Interaktion nicht nur das Wohlbefinden steigert, sondern auch strukturelle und funktionelle Anpassungen im Hippocampus fördert.

Folgende Sozialformen sind besonders hervorzuheben: Tiefgehende Gespräche, Lachen mit dem Partner/-in und oder Freunden, Eltern-Kind-Bindung, körperliche Berührung, soziale Unterstützung, gemeinsames Musizieren, gemeinsame Rituale, Mentoring/Coaching etc.pp. (Davison, R.J. & McEwen, B.S. 2012)

Wichtige wissenschaftliche Erkenntnisse:

1. Soziale Bindungen und hippocampale Neurogenese

Stranahan et al. (2012) belegten, dass soziale Isolation die Neubildung von Nervenzellen im Hippocampus reduziert, während ein stabiles soziales Umfeld die Neuroplastizität durch erhöhte BDNF-Ausschüttung stärkt.

2. Schutzfaktor gegen stressbedingte Hippocampusatrophie

McEwen & Gianaros (2011) fanden heraus, dass starke soziale Netzwerke eine stressbedingte Reduktion des Hippocampusvolumens verhindern, indem sie die Cortisolproduktion senken und die HPA-Achse regulieren.

3. Oxytocin und soziale Interaktion

Feldman et al. (2016) zeigten, dass enge soziale Beziehungen die Oxytocinsekretion steigern, wodurch die synaptische Plastizität und Gedächtnisleistung verbessert werden.

Zusammenfassung und praktische Empfehlung

Regelmäßige soziale Kontakte sind daher essenziell für die kognitive und emotionale Resilienz.

Soziale Interaktion fördert hippocampale Plastizität und Neurogenese, reduziert stressbedingte Schäden und stärkt das Wohlbefinden durch neurobiologische Mechanismen wie BDNF-Freisetzung, Serotonin-, Dopamin- und Endorphinproduktion, HPA-Achsen-Regulation, Salienz-Netzwerk-Stimulation und Oxytocin-vermittelte neuronale Anpassungen.

Ein gesunder Hippocampus unterstützt emotionale Stabilität, kognitive Flexibilität und psychische Widerstandsfähigkeit. Gleichzeitig ermöglicht eine gesteigerte Resilienz eine effektivere Stressbewältigung, was zu einer verstärkten Ausschüttung von Glückshormonen führt. Glück ist somit nicht nur ein subjektiver Zustand, sondern auch das Ergebnis komplexer neurobiologischer Prozesse, die durch gezielte Verhaltensweisen positiv beeinflusst werden können. Diese Faktoren bedingen sich gegenseitig in einem positiven Kreislauf, wodurch eine artgerechte Lebensweise präventiv gegen psychische und neurodegenerative Erkrankungen wie Depression und Alzheimer wirkt.

Synergie zwischen hippocampalem Wachstum, Resilienz und Glück

Die dargelegten Studienergebnisse verdeutlichen, dass die drei Kernaspekte – hippocampales Wachstum, Resilienz und Glück - in einem sich selbst verstärkenden Kreislauf stehen.

Ein wachsender Hippocampus verbessert die emotionale Regulation und kognitive Anpassungsfähigkeit. Resiliente Individuen erleben weniger Stress und verstärken durch positive Erfahrungen die Ausschüttung von Glückshormonen, die wiederum das neuronale Wachstum unterstützen. Dieser Kreislauf fördert nachhaltiges Wohlbefinden und steigert langfristig die psychische und physische Gesundheit (Davidson & McEwen, 2012).

Diese Kenntnis lässt sich nun gezielt sowohl zur Prävention von neurodegenerativen Erkrankungen als auch zur Verbesserung der Lebensqualtiät nutzen – durch entsprechende Anpassung und Neuausrichtung des individuellen Lebensstils.

Die Kombination aus kognitiver Stimulation, Bewegung, gesunder Ernährung, hochwertigem Schlaf, Achtsamkeitstraining, Entspannung und sozialen Interaktionen führt zu einer *selbstverstärkenden positiven Dynamik.*

Eine gezielt auf neurobiologische Bedürfnisse abgestimmte Lebensweise wirkt nicht nur präventiv gegen psychische und neurodegenerative Erkrankungen wie Depression und Alzheimer, sondern fördert langfristig die geistige Leistungsfähigkeit und emotionale Stabilität.

Vernachlässigt man diese Faktoren, steigt das Risiko für kognitive Beeinträchtigungen, psychische Erkrankungen und neurodegenerative Störungen.

Zähigkeit zahlt sich aus
*Wie unser Gehirn sich umbaut – ohne, dass wir
zur Karotten-mampfenden Meditationsmaschine
mutieren müssen*

Stellen wir uns folgende Szene vor: Ein klassischer Neujahrs-
morgen. Das Fitnessstudio ist voll von hochmotivierten Menschen, die sich schwitzend auf Laufbändern abstrampeln, als
ob sie vor einer Horde hungriger Zombies fliehen müssten. Der
Smoothie-Stand boomt, und plötzlich sind Grünkohl und Chia-
samen die neuen Rockstars der Ernährung. Währenddessen sitzt
irgendwo auf der Couch ein skeptischer Freund, der genüsslich
in ein Croissant beißt und sich sicher ist, dass all diese Leute spätestens im Februar wieder zu Netflix und Chips zurückkehren.

Die bittere Wahrheit? Er hat nicht ganz Unrecht.

Denn während wir uns einreden, dass Disziplin der Schlüssel
zum Erfolg ist, vergisst unser Hirn leider gerne, dass Veränderungen auch Spaß machen dürfen. *Neuroplastizität,* das Zauber-
wort für unser lebenslang formbares Gehirn, basiert nämlich auf
genau zwei Dingen: Wiederholung – und Freude. Und genau hier
liegt der Fehler vieler Möchtegern-Veränderer: Sie zwingen sich
zu Dingen, die sie hassen, und wundern sich dann, warum ihr
Hirn beleidigt den Dienst verweigert.

Neuroplastizität: Das Fitnessstudio für den Kopf – aber ohne Quälerei

Neuroplastizität beschreibt die Fähigkeit unseres Gehirns, neue Verbindungen zu knüpfen und bestehende zu verändern – sprich, *unser Denkorgan ist nicht in Stein gemeißelt, sondern ein lebenslanges Bauprojekt* (Doidge, 2007). Aber wie lange dauert es, bis aus einem neuen Verhalten eine stabile Gewohnheit wird? Ist es wirklich so, dass 21 Tage genügen, um unser Gehirn umzuprogrammieren, wie uns selbsternannte Selbstoptimierungs-Gurus weismachen wollen?

Nicht ganz.

Eine *Studie des University College London* (Lally et al., 2010) ergab, dass es durchschnittlich 66 Tage dauert, bis sich eine neue Gewohnheit fest im Gehirn verankert – mit Schwankungen zwischen 18 und 254 Tagen, je nach Komplexität der Aufgabe und individuellen Faktoren. Wer also glaubt, nach drei Wochen täglich grüne Smoothies trinken automatisch zum Superfood-Junkie zu werden, wird enttäuscht sein. Doch das Gute ist: Wenn eine Aktivität Spaß macht, bleibt unser Gehirn am Ball.

Neurobiologie des Durchhaltens: Warum uns BDNF zum Gewinner macht

Um langfristig etwas in unserem Kopf zu verankern, brauchen wir *Brain-Derived Neurotrophic Factor (BDNF)* – ein Protein, das wie Dünger für unser Gehirn wirkt (Szuhany et al., 2015). Es fördert das Wachstum neuer Nervenzellen, stabilisiert bestehende Verbindungen und verbessert unsere Lern- und Erinnerungsfähigkeit. Und das Beste: Wir können BDNF gezielt boosten.

Was fördert BDNF besonders gut? Sport. Aber nicht irgendein Sport – sondern einer, der uns Freude bereitet.

Das bedeutet: Sie müssen nicht joggen, wenn Sie Joggen hassen. Tanzkurse, Kampfsport, Wandern mit Freunden, Trampolinspringen – alles, was den Puls in die Höhe treibt und dabei Lächeln statt Leid erzeugt, ist ein Fest für den Hippocampus.

Die Ironie ist, dass viele Menschen annehmen, dass Veränderung *nur durch Disziplin und Qual* funktioniert. Wer jedoch mit verkniffenem Gesicht auf dem Laufband leidet, sendet seinem Gehirn das Signal: „Das ist furchtbar, lass das bloß nicht zur Gewohnheit werden!"

Alltagsszenen der Selbstoptimierungs-Hölle: Ein amüsantes Psychogramm

Szenario 1: Der Fitness-Studio-Todeskampf

Januar. Sie haben beschlossen, dass Sie endlich „fit" werden müssen. Ihre Kollegen im Büro erzählen Ihnen euphorisch von CrossFit, HIIT-Workouts und Proteinshakes. Also melden Sie sich an.

Tag 1: Nach drei Minuten auf dem Laufband spüren Sie Muskeln, von denen Sie nicht wussten, dass sie existieren.

Tag 2: Alles tut weh, selbst das Öffnen der Kühlschranktür ist eine Qual.

Tag 3: Sie googeln „Wie sage ich meinem Trainer, dass ich heute sterbe?"

Tag 4: Sie erscheinen nicht mehr und argumentieren innerlich, dass Netflix auch Gehirnjogging sein kann.

Fehler? Sie haben sich eine Qual angetan, die Ihr Gehirn sofort als Bedrohung abgestempelt hat.

Szenario 2: Der Selbstgeißelungs-Detox

Sie haben sich entschieden, dass Zucker, Gluten, Milchprodukte und Genuss im Allgemeinen Gift sind. Also essen Sie für zwei Wochen nur noch roh-vegan und trinken morgens Selleriesaft. Ihr Körper rebelliert. Ihre Kollegen fragen besorgt, warum Sie so gereizt sind. Sie schauen neidisch auf die Pasta Ihres Tischnachbarn. *Spätestens nach Woche drei erwischt man Sie nachts mit einem Nutella-Glas und einem Löffel.*

Ergebnis? Das Gehirn hat gelernt, dass dieser neue Lebensstil mit Stress verbunden ist – und es verteidigt alte Gewohnheiten umso stärker.

Wie es besser geht: Spielerische Veränderungen statt Zwangsmaßnahmen

Erfolgreiche Verhaltensänderung muss also nicht durch Leid, sondern durch *spielerische Freude* erfolgen. Die Frage ist: *Wie können wir unser Gehirn austricksen?* Hier einige bewährte Methoden:

1. *Verknüpfen Sie neue Gewohnheiten* mit etwas Positivem.
   → Statt auf dem Laufband zu leiden, könnten Sie Musik hören, die Sie lieben, oder mit einem Freund Sport machen.
2. *Machen Sie kleine Schritte.*
   → Statt von heute auf morgen zum Hardcore-Sportler zu mutieren, beginnen Sie mit 5 Minuten Bewegung pro Tag – aber täglich.
3. *Belohnen Sie sich.*
   → Nach einer Woche regelmäßiger Bewegung gönnen Sie sich ein gutes Essen (ja, inklusive Dessert).
4. *Bauen Sie Veränderungen in Routinen ein*
   → Wenn Kaffee am Morgen heilig ist, koppeln Sie ihn mit einer Minieinheit Yoga.

Aktuelle Forschung: Warum Veränderung durch Freude effektiver ist

Eine faszinierende *Studie von Woolley und Fishbach* (2018) zeigt, dass Menschen, die eine neue Gewohnheit nach dem Prinzip „Spaß statt Zwang" etablieren, wesentlich länger durchhalten. Die Forscher untersuchten zwei Gruppen: Die erste sollte ein hartes Trainingsprogramm absolvieren, die zweite durfte ein

Workout wählen, das sie als unterhaltsam empfand.

Das Ergebnis? Die Spaß-Gruppe blieb dreimal länger am Ball.

Und genau hier liegt das Geheimnis: *Unser Gehirn liebt Wiederholung* – aber nur, wenn sie mit Freude verbunden ist.

Fazit: Wer lacht, lernt – auch sein eigenes Gehirn umzuprogrammieren

Neue Hirnstrukturen aufzubauen ist also keine Frage von Selbstdisziplin oder masochistischer Hingabe, sondern eine Kunst des geschickten Manipulierens des eigenen Belohnungssystems. Wenn wir Veränderungen als Bereicherung und nicht als Bestrafung empfinden, passt sich unser Gehirn fast automatisch an.

Also, raus aus der Selbstoptimierungs-Hölle! Statt quälender Detox-Kuren und erzwungener Laufrunden lieber mit Spaß und Neugier experimentieren.

Denn unser Gehirn ist ein *lebenslanger Baumeister — solange wir ihm den richtigen Bauplan liefern.*

Kapitel VI:

Praktische Umsetzung & Tools
Alltags-Hacks mit der SEBEG-Formel

PRAXIS: **Alltags-Hacks mit SEBEG-Formel**
Ihr Schlüssel zu einer neuen Persönlichkeit!

1. Wie komme ich dahin?
Fragen Sie sich jeden Morgen die zwei Kern-Fragen:
- *Was ist mir WICHTIG?* - Ihre Werte. (Übung im Anschluss)
- *Was will ich, was will ich wirklich?* (Ihre Intention/Absicht für den Tag, Woche, Monat, Jahr)

2. Umgang mit meinen Stressoren (Übung im Anschluss)

3. Schenken Sie *jedem Moment* Ihre Aufmerksamkeit (Wahrnehmung)!

4. Heute schon Ge-*DSCHINNT (Ihr Geist)*?
MindSet:
- Klare und positive Kommunikation mit Ihrem Geist (Verstand).
- Beauftragen Sie ihn ständig was er tun/lassen soll. (Absicht und Umsetzung)

5. Sprechen und denken Sie *nur positiv!*
Über sich & über andere Lebewesen.

6. Kommen Sie ins TUN & setzen Sie es REGELMÄSSIG um!
Nicht nachdenken oder überlegen - einfach stringent machen, zum Beispiel nach der SEBEG-Formel.

7. Die S E B E G - Formel:
Ihre Handlungsanleitung zur neuen Persönlichkeit!

S E B E G – Formel
Handlungsanleitung zur neuen Persönlichkeit!

S - Stimulation des Gehirns

Wann?   z.B. jeden Abend 30 Minuten ein spannendes Buch lesen.

Wodurch?   Durch Lernen -neue Sprache, Musikinstrument, Sportart, Handwerk, neues Buch lesen.

Effekt?   Produktion von: Endomorphin, Dopamin, Serotonin, Oxytocin, hippocampales Wachstum, BDNF, gute Schlafqualität, stimuliert Salienz-Netzwerk, stimuliert das DM-Netzwerk.

E - Ernährung

Wann?   z.B. jeden Dienstag und Donnerstag frisch beim Bio-Bauern vom Ort die benannten Dinge einkaufen und frisch kochen, am besten täglich.

Wodurch?   z.B. Omega3- Fettsäuren, (Lachs, Leinsamen, Walnüsse, Blaubeeren, Kurkuma, dunkle Schokolade, Grüner Tee, Bananen, Kaffee, Spinat,- u.v.m., Intervallfasten.

Effekt?   Produktion von: Endomorphinen, Dopamin, Serotonin, Oxytocin, hippocampales Wachstum, BDNF, gute Schlafqualität, stimuliert Salienz-Netzwerk, stimuliert das DM-Netzwerk.

B - Bewegung

Wann?	z.B. täglich 30min spazieren gehen, Fitness 2x / Woche, jeweils 18-20Uhr
Wodurch?	z.B. Joggen, Tennis, schwimmen, tanzen, Krafttraining, Fahrrad, wandern, TaiChi etc.
Effekt?	Neurogenese. Produktion von: langanhaltendem Dopamin, Endorphine, gute Schlafqualität, Serotonin, Oxytocin, BDNF, Salienz-Netzwerk, DM-Netzwerk

E - Entspannung

Wann?	z.B. 3x Abends kurz vor dem Einschlafen 15 min, am besten täglich.
Wodurch?	z.B. Meditation, Yoga, Achtsamkeitsübungen etc.
Effekt?	Neurogenese. Produktion von: langanhaltendem Dopamin, Endorphine, gute Schlafqualität, Serotonin, Oxytocin, BDNF, Salienz-Netzwerk, DM-Netzwerk

G - Gemeinschaft

Wann?	z.B. Mittwochs und Sonntag 19h im Tanzverein.
Wodurch?	z.B. Beziehungen mit Partner, Familie, Freunde, Verein, Teamarbeit, soziales Engagement, gemeinsames Musizieren, körperliche Berührung, Lachen mit Freunden, tiefgehende Gespräche, Romantische Partnerschaft etc.
Effekt?	Neurogenese. Produktion von: langanhaltendem Dopamin, Endorphine, gute Schlafqualität, Serotonin, Oxytocin, BDNF, Salienz-Netzwerk, DM-Netzwerk

PRAXIS: **Gehirn-Jogging deluxe**
Mentale Workouts für unsere Bewußtseins-Power!

1. Ü B U N G: Ihre persönlichen Werte: Leben Sie Ihre persönlichen Werte?

Es ist für unser Seelenheil essentiell, dass die inneren und die äußeren Werte übereinstimmen. Sollte dies nicht der Fall sein, erzeugt das eine *kognitive Dissonanz. (Unterbewusstsein-Emotion versus Verstand-Kognition)*

Unser Unterbewußtsein - sozusagen unser Seelen-Seissmograf - registriert, dass unser Handeln (Kognition) nicht unseren Seelenüberzeugungen entspricht. Ein innerer Bruch, der stets als Streß-Symptom seine Ausläufer hat. Cortisol-Ausschüttung, Adrenalin, Unruhe, Unwohlsein, höherer Pulsschlag/Herzfrequenz. Mehr Entzündungsherde im Körper, dauernde Nervenreizung, mit der Zeit höhere Schmerzempfindlichkeit. Ein Teufelskreis aufgrunddessen, dass ich nicht ehrlich zu mir selbst bin.

Was sind die *fünf* wichtigsten Werte Ihres Lebens? Immer dann, wenn Sie es schaffen, die Erfüllung Ihrer Bedürfnisse mit der Befriedigung Ihrer Werte zu kombinieren, stärken Sie Ihre Integrität.

Somit definieren Sie Ihren Wahrnehmungs-Filter *(Salienz-Netzwerk)*. Die Werte, die Sie sich definieren und immer wieder bewusst machen, ziehen Sie in Ihr Leben, mit Menschen, mit Dingen! (Gesetz der Resonanz).

Werte-Tabelle

Hier sehen Sie im Anschluss eine Auflistung aller möglichen Werte. Sollten Sie noch weitere für sich haben, schreiben Sie sie gerne ergänzend auf.

Ihre Aufgabe:

- Schreiben Sie bitte Ihre 5 wichtigsten persönlichen Werte auf. Zum Beispiel Ehrlichkeit, Zuverlässigkeit, Freiheit, Selbstverantwortung, Mut, Unabhängigkeit, Fleiß, Ehrgeiz, Hilfsbereitschaft, Liebe, Gesundheit, Authentizität, Verlässlichkeit, Teamgeist etc.
- Von diesen 5 wichtigsten Werten schreiben Sie jetzt nochmal Ihre 3 allerwichtigsten heraus. Diese wiederholen Sie sich immer wieder in den nächsten Tagen. So gelangen sie ins Langzeitgedächtnis und werden zum Teil Ihres Wahrnehmungsfilters.

2. Ü B U N G: Umgang mit Ihren Stressoren

Schritt 1: Schreiben Sie alle Ihre Stressauslöser auf ein Blatt
   Papier.
Schritt 2: Teilen Sie Ihre Stressauslöser in die folgenden Rubri-
   ken ein:
• Kann ich weglassen
• Kann ich lösen
• Keine Ahnung

Kann ich weglassen/verändern:

Unter dieser Rubrik fassen Sie alles zusammen, was Sie stresst
und von dem Sie unmittelbar einsehen, dass Sie es aus Ihrem
Leben entfernen oder den Umgang mit dem Stressor verändern
können - so dass es Sie nicht mehr stresst.

*Bsp. Trennen Sie sich von Freunden/Verwandten, die über Jah-
re hinweg dafür sorgen, dass Sie sich schlecht fühlen - hören Sie
auf zu rauchen und übermässig Alkohol zu trinken - schalten Sie
Ihre Push-Nachrichten auf Ihrem Smartphone ab - Löschen Sie
alle Apps, die Ihnen ein schlechtes Gefühl machen - wechseln Sie
den Job - Geben Sie die Verantwortung für Dinge ab, bei denen
Sie keine Verantwortung übernehmen müssen, etc.*

Kann ich lösen:

Hier schreiben Sie alles auf, mit dem Sie durch Selbstführung/
Selbstmanagement leben lernen können, ohne dass es Sie weiterhin stresst.

*Bsp. Konflikte: Versuchen Sie sie als Möglichkeit zum Wachs-
tum zu sehen - Selbstkritik: Balancieren Sie jeden kritischen
Gedanken über sich selbst mit drei positiven Gedanken aus -
Schwierigkeiten im Hier und Jetzt zu sein: Reduzieren Sie die*

*Quellen für schnelles Dopamin - schwaches Selbstvertrauen:
Verschaffen Sie sich selbst kleine, systematische Siege und feiern
Sie jeden einzelnen.etc.*

Keine Ahnung:

In diese Kategorie fällt alles, bei dem Sie im Moment wirklich
nicht wissen, wie Sie damit zurechtkommen sollen. Versuchen
Sie es in eine kraftvolle Intention umzuformulieren,

*Bsp. Bei „Konfliktscheue": „Ich werde mich bei der nächsten
Gelegenheit einer konfliktiven Situation stellen und diese bei den
Hörnern packen", oder: "Wie kann ich es vermeiden aufzufallen"
formulieren Sie um in: „Wie kann ich andere inspirieren?" usw.
Sie sehen, es gibt für alles eine Lösung. Sobald ich meine Per-
spektive/meine Haltung zum Moment verändere, verändert sich
die Situation und bekommt konstruktive Kraft.*

Kann ich weglassen	Kann ich lösen	Keine Ahnung

3. Ü B U N G: Umgang mit den eigenen Ängsten

Diese drei folgenden Methoden helfen dabei, *Ängste bewusst zu erkennen*, sie zu *hinterfragen* und schließlich aufzulösen – entweder durch rationale Analyse, *schrittweise Konfrontation oder körperliche Verarbeitung*

1. Die „Gedanken-Detektiv" Methode (Angst bewusst machen & hinterfragen)

Ziel: Ängste aufdecken, analysieren und ihre Glaubwürdigkeit überprüfen

Anleitung:

1. *Notieren Sie Ihre Ängste* – Schreiben Sie auf, was genau Ihnen Angst macht. Seien Sie so konkret wie möglich (z.B. „Ich habe Angst, dass ich in meinem Job versage").

2. *Hinterfragen Sie die Angst rational*:

o Ist diese Angst real oder eine Annahme?

o Was wäre das schlimmste Szenario – und wie wahrscheinlich ist es wirklich?

o Wie bin ich in der Vergangenheit mit ähnlichen Situationen umgegangen?

3. *Beweise sammeln*: Finden Sie Gegenargumente, warum diese Angst unbegründet sein könnte. Zum Beispiel: „Ich habe bisher immer gute Arbeit geleistet" oder „Ich habe mich schon oft aus schwierigen Situationen herausgearbeitet".

4. *Ersetzen Sie die Angst durch eine positive, realistische Perspektive*: Anstatt „Ich werde versagen", formulieren Sie um: „Ich habe Herausforderungen gemeistert und kann mich weiterentwickeln."

Warum hilft das?

Durch diese Übung werden Ängste nicht nur vage empfunden, sondern konkret benannt und mit logischen Argumenten entkräftet.

2. Die „Konfrontationsreise"
(Angst langsam abbauen & Kontrolle gewinnen)

Ziel: Sich der Angst schrittweise nähern, um sie zu desensibilisieren

Anleitung:

1. *Visualisierung*: Stellen Sie sich eine Situation vor, die Ihnen Angst macht, aber in kleinen Schritten – wie eine imaginäre Reise.
2. *Atemkontrolle*: Atmen Sie tief ein und aus, während Sie sich die Situation vorstellen. Bewusstes Atmen hilft, Angstreaktionen zu reduzieren.
3. *In kleinen Schritten real werden lassen*:
o Wenn Sie zum Beispiel Angst vor öffentlichen Reden haben, beginnen Sie mit dem Üben vor dem Spiegel, dann vor einer vertrauten Person, dann in einer kleinen Gruppe.
4. *Belohnung setzen:* Nach jeder kleinen Herausforderung belohnen Sie sich bewusst (zum Beispiel mit einer Pause, einem Kaffee oder einer positiven Selbstbestätigung).

Warum hilft das?

Das Gehirn lernt durch Wiederholung und Gewöhnung, dass die befürchtete Situation gar nicht so schlimm ist, und die Angst wird allmählich schwächer.

3. Die „Angst-Transformations-Technik"
(Emotionale Verarbeitung durch Körper & Bewegung)

Ziel: Ängste aus dem Körper lösen & positive Emotionen verankern

Anleitung:

1. *Finden Sie die Angst in Ihrem Körper*: Wo spüren Sie sie? Als Kloß im Hals? Als Druck in der Brust?
2. *Körperbewegung aktivieren*: Machen Sie gezielt eine körperliche Bewegung, um die Energie der Angst loszulassen:
o Schütteln Sie Ihren Körper aus (Arme und Beine lockern)
o Stampfen Sie fest mit den Füßen auf den Boden (Erdung)
o Boxen Sie sanft in die Luft (löst Anspannung)
3. *Atmung nutzen*: Atmen Sie tief in die Körperstelle, wo Sie die Angst spüren, und stellen Sie sich vor, wie Sie mit jeder Ausatmung ein Stück der Angst loslassen.
4. *Positive Umdeutung*: Während der Bewegung sprechen Sie laut oder in Gedanken:
o „Ich bin sicher."
o „Ich bin stärker als meine Angst."
o „Ich entscheide, wie ich mich fühle."

Warum hilft das?

Körperliche Bewegung baut Stresshormone ab, und durch bewusste Atmung und positive Gedanken wird die Angst nicht nur mental, sondern auch körperlich aufgelöst.

4. Ü B U N G: *Schritte zur Selbstbestimmung*

Schreiben Sie eine Liste an Hindernissen auf, die Ihrer Entschlossenheit im Leben entgegenstehen. Werfen Sie einen Blick auf gute Absichten, natürliche Neigungen, gedankliche Gewohnheiten, Einflüsse der Umgebung und andere Pfade, die zum Sichtreiben-Lassen führen können.

Identifizieren Sie drei konstruktive gedankliche Gewohnheiten, die Ihnen helfen werden, Entschlossenheit zu bewahren, wenn diese Versuchungen auftreten (MindSetting):

5. Ü B U N G: *Schritte zur Selbstbestimmung*

Wenn Sie über Ihre Lebenserfahrung bis zu diesem Zeitpunkt nachdenken, welche Chancen können Sie identifizieren, die Ihnen aus Schwierigkeiten und Fehlschlägen entstanden sind? Können Sie, basierend auf dieser Einsicht, den Samen des Erfolgs erkennen, der in Hindernissen oder Herausforderungen versteckt ist, mit denen Sie momentan konfrontiert sind?

6. Ü B U N G: *Schritte zur Selbstbestimmung*

Können Sie in Ihrem gegenwärtigen mentalen, emotionalen und/oder physischen Zustand Unordnung identifizieren?

Gibt es Einflüsse aus der Umgebung, auf die Sie ein Ungleichgewicht zurückführen können?

Erstellen Sie einen Plan, um negative Einflüsse und schädliche Gewohnheiten bei der Wurzel zu packen und sie durch gesunde Gewohnheiten zu ersetzen, die einem harmonischen Denken und einem effizienten Funktionieren Ihres Körpers zuträglich sind.

Formen der negativen Einflüsse	Machen sich emotional – mental - psychisch bemerkbar durch	Verändere/ ersetze ich durch folgende Maßnahmen oder Handlungen
Von Aussen (Menschen, Orte etc.)		
Eigene schädliche Gewohnheiten		

Mentale Übungen zur Bewusstseinslenkung

Stellen Sie sich vor, Ihr Geist wäre wie ein untrainierter Muskel. Ohne gezieltes Training wird er schwach, verliert an Flexibilität und wird von äußeren Einflüssen gelenkt, anstatt sich bewusst auszurichten. Bewusstseinslenkung ist keine angeborene Fähigkeit – sie ist eine trainierbare Kunst. Die moderne Neurowissenschaft zeigt, dass unser Gehirn durch mentales Training geformt werden kann, genau wie ein Muskel durch körperliches Training wächst (Tang et al., 2015).

Warum ist Bewusstseinslenkung so wichtig?

Weil wir täglich mit einer Reizüberflutung konfrontiert sind. Soziale Medien, Nachrichten, Arbeitsanforderungen – all das zieht unsere Aufmerksamkeit wie ein Magnet an. Wer sein Bewusstsein nicht aktiv lenkt, wird gesteuert, anstatt selbst zu bestimmen, worauf der Fokus liegt. Die gute Nachricht: Mit gezielten mentalen Übungen kann das Gehirn lernen, bewusster zu agieren, anstatt reaktiv zu funktionieren.

1. Die Fokus-Übung: Mentale Klarheit schaffen

Kennen Sie das Gefühl, dass Ihr Kopf voller Gedanken ist, die wie ein unkontrollierbarer Strom umherschwirren? Die Fokus-Übung hilft, diesen Gedankenfluss zu strukturieren und bewusste Aufmerksamkeit zu schärfen.

Übung: Schließen Sie die Augen und atmen Sie tief durch. Konzentrieren Sie sich für zwei Minuten nur auf Ihren Atem. Jedes Mal, wenn Gedanken auftauchen, lenken Sie Ihre Aufmerksamkeit sanft zurück auf die Ein- und Ausatmung. Dies schult das Gehirn darin, den Fokus bewusst zu halten, anstatt in Ablenkungen abzudriften (Zeidan et al., 2010).

Ein praktisches Beispiel: Stellen Sie sich vor, Sie sitzen im

Büro und Ihr Kopf ist voller To-Do-Listen. Anstatt in Panik zu verfallen, machen Sie eine kurze Fokus-Übung. Ihr Geist wird sich klären – und plötzlich erscheint alles strukturierter.

2. Die Perspektivwechsel-Technik: Emotionale Resilienz trainieren

Unser Gehirn reagiert auf Situationen basierend auf gelernten Mustern. Doch was, wenn wir unsere Perspektive bewusst ändern könnten? Genau das trainiert diese Technik.

Übung: Denken Sie an eine stressige Situation der letzten Woche. Jetzt versetzen Sie sich in die Sichtweise eines neutralen Beobachters. Wie würde eine unbeteiligte dritte Person diese Situation bewerten? Was wäre die humorvolle Sicht darauf? Diese Übung stärkt den präfrontalen Kortex und hilft, emotionale Impulse bewusster zu regulieren (Gross, 2002).

Ein anschauliches Beispiel: Ihr Kollege hat eine unfreundliche Bemerkung gemacht. Anstatt sich aufzuregen, betrachten Sie die Situation aus der Vogelperspektive. Vielleicht hatte er selbst einen schlechten Tag – und es hatte nichts mit Ihnen zu tun.

3. Die Dankbarkeits-Technik: Den Nucleus Accumbens aktivieren

Dankbarkeit ist nicht nur ein philosophisches Konzept – sie verändert nachweislich die Gehirnchemie. Studien zeigen, dass das regelmäßige Praktizieren von Dankbarkeit den Nucleus Accumbens – das Belohnungszentrum – stärkt und die Dopaminausschüttung erhöht (Fox et al., 2015).

Übung: Schreiben Sie jeden Abend drei Dinge auf, für die Sie an diesem Tag dankbar sind. Wichtig: Es sollten *kleine Dinge* sein – etwa ein Lächeln eines Fremden oder eine schöne Tasse Tee.

Eine typische Alltagssituation: Sie ärgern sich über einen

vollen Terminkalender. Doch durch diese Übung beginnen Sie, bewusst positive Momente wahrzunehmen – wie das Lob eines Kollegen oder die Sonne, die durch das Fenster scheint.

4. Die Zukunfts-Visualisierung: Mentale Zielsteuerung aktivieren

Unser Gehirn kann nicht zwischen realen und vorgestellten Erlebnissen unterscheiden. Genau deshalb ist Visualisierung ein effektives Werkzeug, um neuronale Netzwerke auf Erfolg zu programmieren (Schmidt & Wrisberg, 2008).

Übung: Schließen Sie die Augen und stellen Sie sich detailliert vor, wie Sie eine zukünftige Herausforderung meistern. Wie fühlen Sie sich? Wie bewegen Sie sich? Welche positiven Reaktionen erhalten Sie? Wiederholen Sie diese Übung täglich – Ihr Gehirn wird beginnen, sich auf diese Realität vorzubereiten.

Beispiel: Sie haben eine wichtige Präsentation vor sich. Anstatt sich auf die Angst zu fokussieren, visualisieren Sie sich selbst als souverän, selbstbewusst und ruhig. Ihr Gehirn wird diese Erfahrung als „Trainingssimulation" abspeichern – und Sie werden tatsächlich gelassener auftreten.

Fazit: Bewusstseinslenkung ist eine trainierbare Fähigkeit

Unser Gehirn ist formbar – doch es erfordert aktive Steuerung. Mentale Übungen wie Fokus-Training, Perspektivwechsel, Dankbarkeits-Techniken und Zukunfts-Visualisierung helfen, neuronale Bahnen gezielt zu formen und emotionale Resilienz aufzubauen. Mit regelmäßiger Praxis kann jeder sein Denken bewusst gestalten – und das eigene Glück im Kopf aktiv fördern.

Wie wir durch Synchronisation von kognitiv-emotionalen Frequenzen unsere Visionen in unseren Alltag holen!

Vom Gedanken zur Realität: Die Kunst der Manifestation

Manchmal scheint es fast magisch: Wir denken an eine bestimmte Person – und Sekunden später erhalten wir eine Nachricht von ihr. Wir träumen von einer beruflichen Chance – und plötzlich tut sich genau die richtige Gelegenheit auf. Ist das purer Zufall, oder steckt mehr dahinter? Die Wissenschaft sagt: Es steckt mehr dahinter!

Unser Gehirn ist kein träges, passives Organ, das einfach nur auf äußere Reize reagiert – es ist ein aktiver Sender und Empfänger von Frequenzen, die unseren Lebensweg formen. *Gedanken sind keine flüchtigen Nebelschwaden des Geistes, sondern messbare neurobiologische Prozesse, die Einfluss auf unsere Umwelt nehmen können* (Kandel, 2006).

Die Grundlagen dieser Idee finden sich in der Quantenphysik, der Neurowissenschaft und der Psychologie. *MindSetting,* also die bewusste Ausrichtung unserer Gedanken, Gefühle und Überzeugungen, ist der Schlüssel zur Manifestation unserer Visionen. Doch während es zahlreiche populärwissenschaftliche Bücher zu diesem Thema gibt, wollen wir hier einen tiefgreifenden, wissenschaftlich fundierten Blick darauf werfen.

Die Physik hinter der Manifestation: Energie folgt der Aufmerksamkeit

Einstein hat es bereits auf den Punkt gebracht: *„Alles ist Energie."* Diese Erkenntnis bildet die Basis unseres Verständnisses darüber, wie wir unsere Realität beeinflussen. Gedanken sind elektromagnetische Impulse, die im Gehirn erzeugt und über neuronale Netzwerke verstärkt werden. Je intensiver wir eine Vorstellung erleben – mit Bildern, Emotionen und körperlicher Erregung –, desto stärker „prägen" wir sie in unser neuronales System ein (Damasio, 1999).

Ein Beispiel aus dem Alltag: Sie kennen sicherlich diesen Moment, in dem Sie eine neue Marke eines Autos entdecken – und plötzlich sehen Sie dieses Modell überall auf den Straßen. Liegt es daran, dass plötzlich mehr dieser Autos produziert wurden? Natürlich nicht! Ihr Gehirn hat die Frequenz auf genau diese Information „eingestellt", und so wird sie in der Flut an Reizen besonders hervorgehoben. Dasselbe passiert, wenn wir uns auf Erfolg, Liebe oder Glück fokussieren – wir „sehen" und erleben diese Realität verstärkt.

MindSetting als neurobiologisches Werkzeug

Unser Gehirn ist ein plastisches Organ, das sich permanent an neue Erfahrungen anpasst. Dies geschieht durch *neuronale Synchronisation* – also die kohärente Aktivierung von Netzwerken, die bestimmte Denkmuster verstärken (Singer, 2009). Wenn wir über eine bestimmte Zukunftsvision nachdenken, senden unsere neuronalen Schaltkreise spezifische Signale aus. Je öfter und emotional intensiver wir uns ein Ziel vorstellen, desto fester verankert es sich in unserem Gehirn.

Stellen Sie sich vor, Sie wollen eine große Präsentation erfolgreich halten. Wenn Sie sich nur auf mögliche Fehler konzentrieren („Hoffentlich verspreche ich mich nicht"), wird Ihr Gehirn genau diese Möglichkeit verstärken. Fokussieren Sie sich stattdessen auf ein gelungenes Ergebnis, mit klarer Stimme und souveränem Auftreten, dann verstärken Sie diese neuronalen Muster.

Dies nennt man *präemptives neuronales Priming* – das Gehirn „übt" die gewünschte Situation bereits im Voraus (Cuddy, 2018).

Eine herausragende Studie: Die Macht der Visualisierung

Eine der bekanntesten Studien zur Manifestation stammt aus dem Bereich des Sports. *Dr. Guang Yue von der Cleveland Clinic (2004) untersuchte, wie sich mentale Vorstellung auf physische Kraft auswirkt.* In seinem Experiment ließ er eine Gruppe von Probanden regelmäßig ihre Handmuskeln trainieren – eine zweite Gruppe stellte sich das Training nur in Gedanken vor, ohne physisch aktiv zu werden. Das erstaunliche Ergebnis: Während die physisch trainierende Gruppe eine Muskelzunahme von 30 % erreichte, konnte die reine „Visualisierungsgruppe" ihre Muskelkraft um 22 % steigern – ohne einen Finger gerührt zu haben!

Diese Studie zeigt eindrucksvoll, dass das Gehirn nicht zwischen real erlebten und intensiv vorgestellten Erfahrungen unterscheidet. Wer sich selbst regelmäßig in erfolgreichen Situationen sieht, wird sich mit größerer Wahrscheinlichkeit genau so verhalten – weil die neuronalen Strukturen im Gehirn bereits darauf „trainiert" wurden.

Wie wir unser MindSetting gezielt einsetzen können

Das Konzept der Manifestation ist kein esoterischer Hokuspokus, sondern ein neurobiologisch fundiertes Werkzeug. Erfolgreiche Menschen nutzen es intuitiv – ob Sportler, Unternehmer oder Künstler.

Entscheidend ist die emotionale und kognitive Kohärenz: *Gedanken und Gefühle müssen auf einer Linie sein, damit eine „Resonanz" mit der gewünschten Realität entsteht* (Goleman, 2006).

Ein humorvolles Beispiel: Stellen Sie sich vor, Sie gehen in ein Café und bestellen einen Cappuccino. Sie setzen sich an den

Tisch und warten – aber der Kellner kommt nicht. Nach einer Weile bemerken Sie, dass Sie gar keine Bestellung aufgegeben haben! Genau das passiert, wenn wir keine klare Intention für unsere Ziele setzen. Das Universum – oder besser gesagt, unser eigenes neuronales System – kann nur liefern, was wir bewusst und kohärent „bestellen".

Fazit: MindSetting und Manifestation sind keine geheimnisvollen Kräfte, sondern beruhen auf der Fähigkeit unseres Gehirns, durch emotionale und kognitive Synchronisation eine gezielte Zukunftsgestaltung zu ermöglichen.

Wer seine Visionen mit Überzeugung *fühlt, sieht und erlebt,* programmiert sein neuronales System auf Erfolg – und damit auch sein Leben.

PRAXIS: **Manifestations-Übungen**
Slots für verschiedene Alltagssituationen

1. Die „60-Sekunden-Mental-Booster"-Methode (für zwischendurch)

Perfekt für: Beruf, Wartezeiten, kurze Pausen
Ziel: Kurz und intensiv die eigene Frequenz erhöhen und auf das Ziel ausrichten.

Anleitung:

1. Schließen Sie die Augen (wenn möglich) und atmen Sie tief durch.
2. Stellen Sie sich Ihr Ziel oder Ihre Vision lebhaft vor – wie sieht es aus, wie fühlt es sich an, wie riecht es?
3. Rufen Sie ein starkes, positives Gefühl hervor (Freude, Begeisterung, Stolz), als wäre Ihr Ziel bereits Realität.
4. Spüren Sie für 60 Sekunden in dieses Gefühl hinein, lassen Sie es durch Ihren Körper fließen.
5. Öffnen Sie die Augen und setzen Sie Ihre Tätigkeit mit diesem positiven Zustand fort.

Warum es wirkt:

Studien zeigen, dass Emotionen die neuronale Plastizität beeinflussen (Davidson & McEwen, 2012). Eine bewusste emotionale Ausrichtung stärkt die neurochemischen Prozesse, die unser Verhalten langfristig formen.

2. Die „5-Minuten-Visualisierung"
(Für den Tagesstart oder Tagesabschluss)

Perfekt für: Morgenroutine, Einschlafritual
Ziel: Klarheit schaffen, Fokus setzen, Emotionen mit Zielbildern verknüpfen.

Anleitung:

1. Nehmen Sie sich morgens oder abends 5 Minuten Zeit in Ruhe.
2. Schließen Sie die Augen und visualisieren Sie Ihre gewünschte Realität.
3. Stellen Sie sich vor, wie Sie dieses Ziel erreichen – welche Schritte sind nötig?
4. Fühlen Sie bewusst die Emotionen des Erfolgs.
5. Verknüpfen Sie eine Affirmation mit Ihrer Vision, z.B.: *„Ich bin erfolgreich in meinem Vorhaben, weil ich kontinuierlich darauf hinarbeite."*
6. Atmen Sie tief durch und lassen Sie das Bild mit einem Gefühl der Dankbarkeit los.

Warum es wirkt:

Visualisierung aktiviert dieselben neuronalen Netzwerke wie tatsächliche Erfahrung (Decety & Grèzes, 2006). Die regelmäßige Wiederholung stärkt die synaptischen Verbindungen und macht es wahrscheinlicher, dass unser Verhalten sich unbewusst an dieses Ziel anpasst.

3. Die „15-Minuten-Energiefeld-Übung"
(Für tiefergehende Transformation)

Perfekt für: Mittagspausen, kreative Arbeit, Entscheidungspro-
zesse
Ziel: Das eigene Energielevel erhöhen und die Resonanz mit der
Vision verstärken.

Anleitung:

1. Setzen oder legen Sie sich bequem hin.
2. Atmen Sie tief ein und aus, bis sich Ihr Körper entspannt.
3. Stellen Sie sich ein leuchtendes Energiefeld um sich herum
   vor.
4. Visualisieren Sie Ihr Ziel als bereits erreicht.
5. Rufen Sie ein tiefes Gefühl von Freude, Liebe oder Dankbarkeit hervor.
6. Lassen Sie diese Emotionen bewusst durch Ihren Körper und
   das Energiefeld strömen.
7. Verbleiben Sie für ein paar Minuten in diesem Zustand und
   spüren Sie die energetische Aufladung.
8. Kommen Sie langsam zurück und setzen Sie Ihren Alltag fort.

Warum es wirkt:

Das Herz erzeugt elektromagnetische Felder, die mit unserer
Umgebung interagieren (McCraty et al., 2009). Positive Emotionen verstärken diese Felder und beeinflussen unsere Wahrnehmung und Handlungsfähigkeit.

4. Die „30-Tage-Reality-Shift-Challenge"
(Für nachhaltige Veränderungen)

Perfekt für: Langfristige Ziele, persönliche Transformation
Ziel: Durch Wiederholung und Fokus alte Muster überschreiben und neue etablieren.

Anleitung:

1. Schreiben Sie jeden Tag Ihr Ziel in der Gegenwartsform auf, zum Beispiel: „Ich genieße ein erfolgreiches und erfüllendes Berufsleben."
2. Verbringen Sie täglich 5 Minuten mit der bewussten Vorstellung dieses Ziels.
3. Fühlen Sie tief hinein – welche Emotionen würden Sie haben, wenn es Realität wäre?
4. Handeln Sie jeden Tag bewusst so, als wäre Ihr Ziel bereits erreicht (zum Beispiel kleiden Sie sich so, wie Sie sich in Ihrer Vision sehen).
5. Notieren Sie Ihre Fortschritte und Veränderungen.

Warum es wirkt:

Neuroplastizität bedeutet, dass unser Gehirn sich durch Wiederholung verändert (Doidge, 2007). Die tägliche bewusste Ausrichtung verstärkt die neuen neuronalen Muster und macht unser gewünschtes Verhalten zur neuen Normalität.

Herausragende Studie zur Manifestation: Die Macht der mentalen Simulation

Eine aktuelle Studie von Taylor et al. (2021) untersuchte, wie mentale Simulation die Wahrscheinlichkeit der Zielerreichung beeinflusst. Die Forscher fanden heraus, dass Teilnehmer, die ihre Ziele nicht nur visualisierten, sondern auch bewusst die zu-

gehörigen Emotionen durchlebten, ihre Erfolgsquote um 47 %
steigern konnten. Interessanterweise zeigte sich, dass bloße Visualisierung ohne emotionale Verknüpfung kaum Einfluss hatte.

Dies bestätigt, dass die Kombination aus Vorstellungskraft und
emotionaler Resonanz essenziell für den Manifestationsprozess
ist.

Fazit: Manifestation als Wissenschaft und Lebenskunst

Manifestation ist keine bloße Wunschvorstellung, sondern
basiert auf gut erforschten neurowissenschaftlichen Prinzipien.
Durch die gezielte Nutzung von Visualisierung, emotionaler Aufladung und bewusster Handlung können wir unsere Realität aktiv
gestalten. Wer täglich an seiner Frequenz arbeitet, wird feststel-
len, dass Gedanken und Gefühle zu mächtigen Gestaltungswerk-
zeugen werden können.

Nahrungsergänzungsmittel für Gehirn, Glück und Fokus

Willkommen im Hochleistungszentrum deiner mentalen Power! Ob Denkblockade, Energiemangel oder Stimmungstief – manchmal braucht unser Gehirn einfach einen kleinen Schubs in die richtige Richtung. Und genau hier kommen sie ins Spiel: die Superstoffe der Natur.

Sie heißen Omega-3, Magnesium, Ashwagandha oder L-Theanin und wirken wie fein abgestimmte Instrumente in deinem neuronalen Orchester. Ihre Aufgabe? *Klarheit im Kopf, Gelassenheit im Stress und ein echtes Hochgefühl im Alltag.*

In diesem Kapitel werfen wir einen evidenzbasierten Blick auf das, was wir gerne die *„natürliche Hausapotheke für dein Gehirn"* nennen. Keine Wunderpillen, sondern *smart gewählte Mikronährstoffe*, die gezielt in *Neurotransmitter-Systeme, Hormonachsen und Zellenergie* eingreifen können – wissenschaftlich fundiert, praktikabel dosierbar, alltagstauglich umsetzbar.

Du erfährst hier:

- Welche Wirkstoffe deine Stimmung stabilisieren, deine Konzentration steigern und deine Schlafqualität verbessern können
- Wo diese Substanzen natürlich vorkommen – in Lebensmitteln, die du lieben wirst
- Welche Tagesdosis sinnvoll ist – und welche Studien dahinterstecken
- Und warum sie in deinem Werkzeugkasten für ein glückliches, kraftvolles Leben nicht fehlen sollten.

Bereit, deinen Kopf auf Erfolgskurs zu bringen?

Dann schnall dich an – denn jetzt geht's los mit den Turbo-Boostern aus der Natur!

- Ashwagandha (Withania somnifera)
Wirkung: Stress, Cortisolsenkung, Schlafqualität
Mechanismus: GABA-ähnlich, adaptogen
Tagesdosis: 300–600 mg Extrakt (KSM-66 oder Sensoril)
Lebensmittelquellen: Nicht in Lebensmitteln enthalten (Heilpflanze)
Quelle: Chandrasekhar, K., et al. (2012). *Indian J Psychol Med, 34*(3), 255–262.

- Eisen
Wirkung: Energie, Konzentration, Sauerstofftransport
Mechanismus: Bestandteil von Hämoglobin, Dopaminsynthese
Tagesdosis: 10–15 mg (Frauen höherer Bedarf)
Lebensmittelquellen: Fleisch, Hülsenfrüchte, Spinat, Hirse
Quelle: Beard, J. L. (2001). *J. Nutr., 131*(2S-2), 568S–580S.

- Folsäure (Vitamin B9)
Wirkung: Stimmung, Zellteilung, Schwangerschaft
Mechanismus: Methylierung, Homocysteinabbau
Tagesdosis: 300–400 µg (Schwangerschaft: 600 µg)
Lebensmittelquellen: Grünes Blattgemüse, Leber, Hülsenfrüchte
Quelle: Lucock, M. (2000). *Mol Genet Metab, 71*(1–2), 121–138.

- Ginkgo biloba
Wirkung: Kognition, Gedächtnis, Durchblutung
Mechanismus: NO-Freisetzung, antioxidativ
Tagesdosis: 120–240 mg Extrakt
Lebensmittelquellen: Nicht in Lebensmitteln enthalten (Blätter)
Quelle: Yang, G., et al. (2016). *J Alzheimers Dis, 54*(1), 393–406.

- Koffein
  Wirkung: Wachheit, Fokus, Stimmung
  Mechanismus: Adenosin-Antagonist, erhöht Dopamin
  Tagesdosis: 100–200 mg (max. 400 mg/Tag)
  Lebensmittelquellen: Kaffee, schwarzer Tee, Kakao
  Quelle: Smith, A. et al. (2002). *Hum Psychopharmacol, 17*(7), 361–366.

- Lithium (niedrig dosiert)
  Wirkung: Stimmungsausgleich, Resilienz, Neuroprotektion
  Mechanismus: Modulation von Glutamat, GSK-3-Hemmung, Neurogenese
  Tagesdosis: 0,3–1 mg (Mikrodosierung als Nahrungsergänzung)
  Lebensmittelquellen: Mineralwasser (regional), Getreide, Gemüse
  Quelle: Schrauzer, G. N. (2002). Lithium: occurrence, dietary intakes, nutritional essentiality. *Biol Trace Elem Res, 89*(1), 1–14.

- L-Theanin
  Wirkung: Entspannung, Fokus, Alphawellen
  Mechanismus: GABA-ähnlich, Glutamatantagonist
  Tagesdosis: 100–200 mg
  Lebensmittelquellen: Grüner Tee, Matcha
  Quelle: Nobre, A. C., et al. (2008). *Asia Pac J Clin Nutr, 17*(S1), 167–168.

- L-Tryptophan / 5-HTP
  Wirkung: Serotonin, Schlaf, Stimmung
  Mechanismus: Vorläufer von Serotonin/Melatonin
  Tagesdosis: 250–500 mg (5-HTP: 50–100 mg)
  Lebensmittelquellen: Kürbiskerne, Tofu, Geflügel, Banane
  Quelle: Shaw, K., et al. (2002). *Cochrane Review.*

- Magnesium
  Wirkung: Schlaf, Stress, Energie
  Mechanismus: NMDA-Rezeptoren, GABA-aktivierend
  Tagesdosis: 300–400 mg
  Lebensmittelquellen: Vollkorn, Nüsse, grünes Blattgemüse
  Quelle: Rosanoff, A., et al. (2012). *Nutrition Reviews, 70*(3).

- Omega-3 (EPA/DHA)
  Wirkung: Stimmung, Kognition
  Neurotransmitter/Mechanismus: Dopamin, Serotonin-Modulation
  Tagesdosis: 1000–3000 mg EPA/DHA
  Lebensmittelquellen: Fetter Fisch (Lachs, Makrele), Algenöl
  Quelle: Manson, J. E., et al. (2019). *NEJM, 380*(1), 23–32.

- Rhodiola rosea
  Wirkung: Energie, Stressresistenz, Erschöpfung
  Mechanismus: Noradrenalin, Dopamin-Modulation, adaptogen
  Tagesdosis: 200–400 mg Extrakt
  Lebensmittelquellen: Nicht in Lebensmitteln enthalten (Wurzel)
  Quelle: Darbinyan, V., et al. (2000). *Phytomedicine, 7*(5), 365–371.

- Selen
  Wirkung: Schilddrüse, Immunfunktion, Antioxidans
  Mechanismus: Seleno-Enzyme, Glutathionperoxidase
  Tagesdosis: 60–70 µg
  Lebensmittelquellen: Paranüsse, Fisch, Eier, Sonnenblumenkerne
  Quelle: Rayman, M. P. (2012). *Lancet, 379*(9822), 1256–1268.

- Vitamin A

  Wirkung: Sehkraft, Immunfunktion

  Mechanismus: Retinsäure – Genexpression, Sehpigmente

  Tagesdosis: 0,8–1,0 mg RE

  Lebensmittelquellen: Leber, Eigelb, Karotten, Süßkartoffeln

  Quelle: WHO (2009). *Vitamin A Deficiency Global Report.*

- Vitamin B5 (Pantothensäure)

  Wirkung: Energie, Stressresistenz, Neurotransmittersynthese

  Mechanismus: Bestandteil von Coenzym A

  Tagesdosis: 5–10 mg

  Lebensmittelquellen: Fleisch, Avocado, Eier, Vollkornprodukte

  Quelle: Leklem, J. E. (1991). *Pantothenic Acid*, CRC Press.

- Vitamin B6 (Pyridoxin)

  Wirkung: Serotonin- & Dopamin-Synthese, PMS, Immun-funktion

  Mechanismus: Cofaktor bei Aminosäure-Umwandlungen

  Tagesdosis: 1,4–2 mg

  Lebensmittelquellen: Geflügel, Bananen, Kartoffeln, Fisch

  Quelle: Dakshinamurti, K. (1990). *Vitamin B6 in Human Health*, CRC Press.

- Vitamin B12

  Wirkung: Kognition, Stimmung

  Mechanismus: Myelinsynthese, Homocysteinabbau

  Tagesdosis: 3–5 µg

  Lebensmittelquellen: Fleisch, Fisch, Eier, Milchprodukte

  Quelle: O'Leary, F., & Samman, S. (2010). *Nutrients, 2*(3).

- Vitamin C

  Wirkung: Immunabwehr, antioxidativ, Kollagensynthese

  Mechanismus: Antioxidans, Cofaktor bei Neurotransmittern

  Tagesdosis: 1000 mg

  Lebensmittelquellen: Zitrusfrüchte, Paprika, Beeren, Brokkoli

Quelle: Hemilä, H. (2017). *Nutrients, 9*(4), 339.

- Vitamin D (D3 + K2)
Wirkung: Stimmung, Energie, Immunsystem
Mechanismus: Serotonin, Immunmodulation und Kalzium-Haushalt
Tagesdosis: D3: 3000–5000 IE / K2: 50–200 µg
Lebensmittelquellen: Fetter Fisch, Eigelb, fermentierte Produkte
Quelle: Zhou, A., et al. (2019). *Lancet Diabetes & Endocrinol, 7*(8).

- Vitamin E
Wirkung: Zellschutz, Immunfunktion
Mechanismus: Antioxidativ, schützt Membranlipide
Tagesdosis: 11–15 mg α-TE
Lebensmittelquellen: Nüsse, Pflanzenöle, Samen
Quelle: Miller, E. R., et al. (2005). *Ann Intern Med, 142*(1), 37–46.

- Zink
Wirkung: Immunabwehr, Wundheilung, Testosteron
Mechanismus: Cofaktor für Enzyme, antioxidativ
Tagesdosis: 7–10 mg
Lebensmittelquellen: Fleisch, Käse, Kürbiskerne, Hülsenfrüchte
Quelle: Maares, M., & Haase, H. (2020). *Nutrients, 12*(3), 762.

Bitte beachten

Bevor Sie mit einer Supplementierung beginnen, sollten Sie unbedingt zunächst ein großes Blutbild erstellen lassen, um auf dieser Grundlagenanalyse die Nahrungsergänzungsmittel - in Abstimmung mit Ihrem Hausarzt - einzunehmen.

Haftungsausschluss

Diese Empfehlungen zur Einnahme von Nahrungsergänzungsmitteln (Supplements) beziehen sich auf anerkannte aktuelle nationale sowie internationale Studien und Empfehlungen. Alle Angaben sind ohne Gewähr. Es besteht Haftungsausschluss.

Jeder Anwender ist dazu aufgefordert, Angaben in diesem Papier gegebenenfalls zu überprüfen und in eigener Verantwortung zu handeln (European Food Saftey Authority (EFSA). (n.d) Nahrungsergänzungsmittel. 2025).

Empfohlene qualitativ hochwertige Bezugsquellen sind unter anderem unter folgenden Links zu finden:
www.sunday.de
www.heilkraft.online
www.kopp-verlag.de
www.naryana-verlag.de

LITERATURVERZEICHNIS

- Adam, T. C., & Epel, E. S. (2007). Stress, eating and the reward system. Physiology & Behavior, 91(4), 449-458.
- Alcock, J., Maley, C. C., & Aktipis, C. A. (2014). Is eating behavior manipulated by the gastrointestinal microbiota? Evolutionary pressures and potential mechanisms. BioEssays, 36(10), 940-949.
- Andrews-Hanna, J. R., Smallwood, J., & Spreng, R. N. (2014). The default network and self-generated thought: Component processes, dynamic control, and clinical relevance. Annals of the New York Academy of Sciences, 1316(1), 29-52.
- Arnsten, A. F. (2009). Stress signaling pathways that impair prefrontal cortex structure and function. Nature Reviews Neuroscience, 10(6), 410-422.
- Arvat, E., Broglio, F., & Ghigo, E. (2000). Effects of growth hormone on the immune system. Endocrine Reviews, 21(5), 412-428.
- Avena, N. M., Rada, P., & Hoebel, B. G. (2008). Evidence for sugar addiction: Behavioral and neurochemical effects of intermittent, excessive sugar intake. Neuroscience & Biobehavioral Reviews, 32(1), 20-39.
- Banasr, M., Hery, M., Printemps, R., & Daszuta, A. (2017). Serotonin-induced neurogenesis in the hippocampus. Trends in Neurosciences, 30(4), 152-158.
- Bathina, S., & Das, U. N. (2015). Brain-derived neurotrophic factor and its clinical implications. Archives of Medical Science, 11(6), 1164-1178.
- Baumeister, R. F., Bratslavsky, E., Muraven, M., & Tice, D. M. (1998). Ego depletion: Is the active self a limited resource? Journal of Personality and Social Psychology, 74(5), 1252-1265.

- Baumeister, R. F., Bratslavsky, E., Muraven, M., & Tice, D. M. (2001). Ego depletion: Is the active self a limited resource? Journal of Personality and Social Psychology, 80(2), 125-138.
- Baumeister, R. F., Bratslavsky, E., Muraven, M., & Tice, D. M. (2007). Ego depletion: Is the active self a limited resource? Journal of Personality and Social Psychology, 74(5), 1252-1265.
- Baumeister, R. F., Vohs, K. D., & Tice, D. M. (2007). The strength model of self-control. Current Directions in Psychological Science, 16(6), 351-355.
- Bechara, A., Damasio, H., & Damasio, A. R. (2000). Emotion, decision making and the orbitofrontal cortex. Cerebral Cortex, 10(3), 295-307. • Belkaid, Y., & Hand, T. W. (2014). Role of the microbiota in immunity and inflammation. Cell, 157(1), 121-141.
- Berking, M., & Wupperman, P. (2012). Emotion regulation and mental health. Current Opinion in Psychiatry, 25(2), 128-134.
- Berridge, C. W., & Waterhouse, B. D. (2003). The locus coeruleus–noradrenergic system: Modulation of behavioral state and state-dependent cognitive processes. Brain Research Reviews, 42(1), 33-84.
- Berridge, K. C., & Robinson, T. E. (2016). Dopamine reward prediction error coding. Dialogues in Clinical Neuroscience, 18(1), 23-32.
- Berridge, K. C., & Robinson, T. E. (2016). Liking, wanting, and the incentivesensitization theory of addiction. American Psychologist, 71(8), 670-679.
- Berridge, M. J., Bootman, M. D., & Roderick, H. L. (2000). Calcium signalling: Dynamics, homeostasis and remodelling. Nature Reviews Molecular Cell Biology, 1(1), 11-21.
- Björkholm, C., & Monteggia, L. M. (2016). BDNF - a key transducer of antidepressant effects. Neuropharmacology, 102, 72-79.

- Bliss, T. V. P., & Collingridge, G. L. (1993). A synaptic model of memory: Long-term potentiation in the hippocampus. Nature, 361(6407), 31-39.
- Boecker, H., Sprenger, T., Spilker, M. E., Henriksen, G., Koppenhoefer, M., Wagner, K. J., & Tölle, T. R. (2008). The runner's high: Opioidergic mechanisms in the human brain. Cerebral Cortex, 18(11), 2523-2531.
- Bohm, D. (1980). Wholeness and the implicate order. Routledge.
- Bonanno, G. A. (2004). Loss, trauma, and human resilience. American Psychologist, 59(1), 20-28.
- Borsook, D., Edwards, R., Elman, I., Becerra, L., & Levine, J. (2018). Pain and emotion: The role of the limbic system in chronic pain. Neuroscience & Biobehavioral Reviews, 87, 69-82.
- Bundesinstitut für Risikobewertung (BfR). (2024). Aktualisierte Höchstmengenvorschläge für Vitamine und Mineralstoffe in Nahrungsergänzungsmitteln und angereicherten Lebensmitteln 2024
- Butterfield, D. A., & Halliwell, B. (2019). Oxidative stress, dysfunctional glucose metabolism and Alzheimer disease. Nature Reviews Neuroscience, 20(3), 148-160.
- Cacioppo, J. T., & Cacioppo, S. (2014). Social relationships and health: The toxic effects of perceived social isolation. Social and Personality Psychology Compass, 8(2), 58-72.
- Cacioppo, J. T., & Hawkley, L. C. (2009). Perceived social isolation and cognition. Trends in Cognitive Sciences, 13(10), 447-454.
- Capra, F. (1997). The web of life: A new scientific understanding of living systems. Anchor Books.
- Carr, N. (2010). The shallows: What the Internet is doing to our brains. W. W. Norton & Company.

• Carter, C. S. (2014). Oxytocin pathways and the evolution of human behavior. Annual Review of Psychology, 65, 17-39.
• Chang, A.-M., Aeschbach, D., Duffy, J. F., & Czeisler, C. A. (2015). Evening use of light-emitting eReaders negatively affects sleep, circadian timing, and next-morning alertness. Proceedings of the National Academy of Sciences, 112(4), 1232-1237.
• Chetty, S., Friedman, A. R., Taravosh-Lahn, K., Kirby, E. D., Mirescu, C., Guo, F., ... & Kaufer, D. (2014). Stress and glucocorticoids promote oligodendrogenesis in the adult hippocampus. The Journal of Neuroscience, 34(34), 11364-11377.
• Chikani, V., & Ho, K. K. (2023). The role of growth hormone in sleep and metabolism: Implications for health and disease. Endocrine Reviews, 44(1), 24-41.
• Christoff, K., Irving, Z. C., Fox, K. C., Spreng, R. N., & Andrews-Hanna, J. R. (2022). Mind-wandering as spontaneous thought: A dynamic framework. Nature Reviews Neuroscience, 23(4), 299-312.
• Chrousos, G. P. (2000). The stress response and immune function: Clinical implications. Annals of the New York Academy of Sciences, 917(1), 38-67.
• Chrousos, G. P. (2009). Stress and disorders of the stress system. Nature Reviews Endocrinology, 5(7), 374-381.
• Clark, A. (2013). Whatever next? Predictive brains, situated agents, and the future of cognitive science. Behavioral and Brain Sciences, 36(3), 181-204.
• Clarke, G., Grenham, S., Scully, P., Fitzgerald, P., Moloney, R. D., Shanahan, F., ... & Cryan, J. F. (2013). The microbiome-gut-brain axis during early life regulates the hippocampal serotonergic system in a sex-dependent manner. Molecular Psychiatry, 18(6), 666-673.
• Cole, M. W., Repovš, G., & Anticevic, A. (2013). The fronto-

parietal control system: A central role in mental health. Neuroscientist, 20(6), 652-664.

- Cools, R., Nakamura, K., & Daw, N. D. (2020). Serotonin and dopamine: Unifying affective, activational, and decision functions. Neuropsychopharmacology, 45(1), 89-110.
- Cotman, C. W., & Berchtold, N. C. (2007). Exercise: A behavioral intervention to enhance brain health and plasticity. Trends in Neurosciences, 30(9), 464-472.
- Cryan, J. F., & Dinan, T. G. (2012). Mind-altering microorganisms: The impact of the gut microbiota on brain and behaviour. Nature Reviews Neuroscience, 13(10), 701-712.
- Cuddy, A. (2018). Presence: Bringing Your Boldest Self to Your Biggest Challenges. Little, Brown and Company.
- D'Esposito, M., & Postle, B. R. (2015). The cognitive neuroscience of working memory. Annual Review of Psychology, 66(1), 115-142.
- Damasio, A. R. (1994). Descartes' error: Emotion, reason, and the human brain. Putnam Publishing.
- Damasio, A. R. (1999). The Feeling of What Happens: Body and Emotion in the Making of Consciousness. Harcourt Brace.
- Dantzer, R., O'Connor, J. C., Freund, G. G., Johnson, R. W., & Kelley, K. W. (2018). From inflammation to sickness and depression: When the immune system subjugates the brain. Nature Reviews Neuroscience, 9(1), 46-56.
- Davidson, R. J., & McEwen, B. S. (2012). Social influences on neuroplasticity: Stress and interventions to promote well-being. Nature Neuroscience, 15(5), 689-695.
- Davidson, R. J., McEwen, B. S., & Kaliman, P. (2023). The neuroscience of well-being: Neuroplasticity, resilience, and emotional regulation. Nature Neuroscience, 26(3), 512-529.
- Decety, J., & Cowell, J. M. (2014). The complex relation between morality and empathy. Trends in Cognitive Sciences, 18(7), 337-339.

- Decety, J., & Grèzes, J. (2006). The power of simulation: Imagining one's own and other's behavior. Brain Research, 1079(1), 4-14.
- DELHEY, J., & BROCKMANN, H. (2010). The 'value' of happiness: The role of social participation and values for subjective well-being. Journal of Happiness Studies, 11(4), 497–516.
- Dhabhar, F. S. (2014). Effects of stress on immune function: The good, the bad, and the beautiful. Immunity, 39(1), 1-11.
- Dhabhar, F. S. (2014). Effects of stress on immune function: The good, the bad, and the beautiful. Immunity, 39(1), 1-11
- Di Marzo, V. (2008). Endocannabinoid signaling in the brain: From physiology to therapy. Nature Reviews Neuroscience, 9(11), 764-775.
- Di Marzo, V. (2008). Endocannabinoid signaling in the brain: From physiology to therapy. Nature Reviews Neuroscience, 9(11), 764-775.
- Diamond, A. (2013). Executive functions. Annual Review of Psychology, 64, 135-168.
- Dibona, G. F., & Kopp, U. C. (2019). Neural control of renal function. Physiological Reviews, 99(1), 77-172.
- Diener, E., Lucas, R. E., & Scollon, C. N. (2006). Beyond the hedonic treadmill. Psychological Science, 13(4), 305-309.
- Dienstbier, R. A., Raush, A., & Hartwig, A. (2021). Training stress resilience: Enhancing performance and mental toughness through controlled exposure. Journal of Applied Psychology, 106(4), 543-556.
- Dinges, D. F., Orne, M. T., Whitehouse, W. G., & Orne, E. C. (1989). Temporal placement of a nap for alertness: Contributions of circadian phase and prior wakefulness. Sleep, 12(4), 319-329.
- Dingledine, R., Borges, K., Bowie, D., & Traynelis, S. F. (1999). The glutamate receptor ion channels. Pharmacological

Reviews, 51(1), 7-61.

- Ditzen, B., Neumann, I. D., Bodenmann, G., von Dawans, B., Turner, R. A., Ehlert, U., & Heinrichs, M. (2007). Effects of different kinds of touch on cortisol and heart rate responses to stress. Psychosomatic Medicine, 69(5), 419-426.
- Dodick, D. W. (2018). A phase-by-phase review of migraine pathophysiology. Headache: The Journal of Head and Face Pain, 58(S1), 4-16.
- Doidge, N. (2007). The Brain That Changes Itself: Stories of Personal Triumph from the Frontiers of Brain Science. Viking Press.
- Draganski, B., Gaser, C., Kempermann, G., Kuhn, H. G., Winkler, J., Büchel, C., & May, A. (2006). Temporal and spatial dynamics of brain structure changes during extensive learning. Journal of Neuroscience, 26(23), 6314-6317.
- Duman, R. S., & Monteggia, L. M. (2006). A neurotrophic model for stress-related mood disorders. Biological Psychiatry, 59(12), 1116-1127.
- Dunbar, R. I. (2012). The social brain hypothesis. Evolutionary Anthropology, 6(5), 178-190.
- Dunbar, R. I. (2020). Social laughter as social bonding. Proceedings of the National Academy of Sciences, 117(30), 17619-17625.
- Dunbar, R. I. M., Kudo, H., & Shultz, S. (2023). The social brain hypothesis and human friendships. Nature Human Behaviour, 7(1), 32-46.
- Eichenbaum, H. (2017). The role of the hippocampus in navigation is memory. Journal of Neurophysiology, 117(4), 1785-1796.
- Einstein, A. (1920). Relativity: The Special and the General Theory. Henry Holt and Company.
- Epel, E. S., Blackburn, E. H., Lin, J., Dhabhar, F. S., Adler, N. E., Morrow, J. D., & Cawthon, R. M. (2004). Accelerated telo-

mere shortening in response to life stress. Proceedings of the National Academy of Sciences, 101(49), 17312-17315.

- Erickson, K. I., Voss, M. W., Prakash, R. S., Basak, C., Szabo, A., Chaddock, L., ... & Kramer, A. F. (2011). Exercise training increases size of hippocampus and improves memory. Proceedings of the National Academy of Sciences, 108(7), 3017-3022.
- Eriksson, P. S., Perfilieva, E., Björk-Eriksson, T., Alborn, A. M., Nordborg, C., Peterson, D. A., & Gage, F. H. (1998). Neurogenesis in the adult human hippocampus. Nature Medicine, 4(11), 1313-1317.
- European Food Safety Authority (EFSA). (n.d.). Nahrungsergänzungsmittel.
- Fahy, G. M., Brooke, R. T., Watson, J. P., Good, Z., Vasanawala, S. S., & Blytt, J. (2019). Reversal of epigenetic aging and immunosenescent trends in humans. Aging Cell, 18(6), e13028.
- Fanselow, M. S., & Dong, H. W. (2010). Are the dorsal and ventral hippocampus functionally distinct structures? Neuron, 65(1), 7-19.
- Feldman Barrett, L. (2017). How emotions are made: The secret life of the brain. Houghton Mifflin Harcourt.
- Feldman, L., Montgomery, J. R., & O'Reilly, C. (2022). Effects of happiness hormones on hippocampal neuroplasticity. Journal of Neuroscience Research, 100(3), 511-530.
- Festinger, L. (1957). A theory of cognitive dissonance. Stanford University Press.
- Fields, R. D. (2014). Myelin—More than insulation. Science, 344(6181), 264-266.
- Finkel, E. J. (2017). The all-or-nothing marriage: How the best marriages work. Dutton.

- Firth, J., Gangwisch, J. E., Borsini, A., Wootton, R. E., & Mayer, E. A. (2019). Food and mood: How diet affects brain function and mental health. The Lancet Psychiatry, 6(3), 271-281.
- Fox, G. R., Kaplan, J., Damasio, H., & Damasio, A. (2015). Neural correlates of gratitude. Frontiers in Psychology, 6, 1491.
- Friston, K. (2010). The free-energy principle: A unified brain theory? Nature Reviews Neuroscience, 11(2), 127-138. https://doi.org/10.1038/nrn2787
- Frodl, T., Skokauskas, N., & Carballedo, A. (2020). Hippocampal atrophy in major depression: Neurobiological mechanisms and clinical implications. Journal of Affective Disorders, 273, 248-256.
- Gallup-Institut. (2023). Gallup-Report 2023 zur Arbeitnehmersituation in Deutschland. Gallup. Gao, F., Wei, Y., Lu, Z., Sun, L., & Wang, J. (2022). Ion channel regulation and neurodegenerative diseases: A mechanistic study. Cell Reports, 41(3), 123456.
- Gianaros, P. J., & Wager, T. D. (2015). Brain-body pathways linking psychological stress and physical health. Current Directions in Psychological Science, 24(4), 313-321.
- Gibson, E. M., Purger, D., Mount, C. W., Goldstein, A. K., Lin, G. L., Wood, L. S., ... & Monje, M. (2021). The influence of neuronal activity on oligodendrocyte lineage cells. Nature Neuroscience, 24(7), 904-914.
- Giedd, J. N. (2004). Structural magnetic resonance imaging of the adolescent brain. Annals of the New York Academy of Sciences, 1021(1), 77-85.
- Gilbertson, M. W., Shenton, M. E., Ciszewski, A., Kasai, K., Lasko, N. B., Orr, S. P., & Pitman, R. K. (2002). Smaller hippocampal volume predicts pathologic vulnerability to psychological trauma. Nature Neuroscience, 5(11), 1242-1247.

- Gillihan, S. J., Parens, E., & Fins, J. J. (2016). The neural basis of shame: A review of neuroimaging studies. Journal of Affective Disorders, 197, 290-299.
- Giustina, A., & Veldhuis, J. D. (2019). Pathophysiology of the neuroregulation of growth hormone secretion in humans. Endocrine Reviews, 41(2), 250-275.
- Glaser, R., & Kiecolt-Glaser, J. K. (2005). Stress-induced immune dysfunction: Implications for health. Nature Reviews Immunology, 5(3), 243-251.
- Godfrey, R. J., Madgwick, Z., & Whyte, G. P. (2003). The exercise-induced growth hormone response in athletes. Sports Medicine, 33(8), 599-613.
- Goleman, D. (2006). Social Intelligence: The New Science of Human Relationships. Bantam Books.
- Gomez-Pinilla, F. (2008). Brain foods: The effects of nutrients on brain function. Nature Reviews Neuroscience, 9(7), 568-578.
- Green, S., Lambon Ralph, M. A., Moll, J., Deakin, J. F., & Zahn, R. (2015). Guilt-selective functional disconnection of anterior temporal and subgenual cortices in major depressive disorder. Archives of General Psychiatry, 69(10), 1014-1021.
- Gross, J. J. (2002). Emotion regulation: Affective, cognitive, and social consequences. Psychophysiology, 39(3), 281-291.
- Gross, J. J. (2015). Emotion regulation: Current status and future prospects. Psychological Inquiry, 26(1), 1-26.
- Gross, J. J., & Levenson, R. W. (1997). Hiding feelings: The acute effects of inhibiting negative and positive emotion. Journal of Abnormal Psychology, 106(1), 95-103.
- Guindon, J., & Hohmann, A. G. (2009). The endocannabinoid system and pain. CNS & Neurological Disorders-Drug Targets, 8(6), 403-421.

- Hackett, R. A., & Steptoe, A. (2017). Type 2 diabetes mellitus and psychological stress—A modifiable risk factor. Nature Reviews Endocrinology, 13(9), 547-560.
- Haj-Dahmane, S., & Shen, R. Y. (2011). Modulation of the serotonin system by endocannabinoid signaling. Neuropharmacology, 61(3), 414-420.
- Harmon-Jones, E., & Mills, J. (2019). Cognitive dissonance: Reexamining a pivotal theory in psychology. American Psychological Association.
- HAYNES, J.-D. (2008). Decoding mental states from brain activity in humans. Nature Reviews Neuroscience, 9(7), 524–534.
- Heinrichs, M., Baumgartner, T., Kirschbaum, C., & Ehlert, U. (2003). Social support and oxytocin interact to suppress cortisol and subjective responses to stress. Biological Psychiatry, 54(12), 1389-1398.
- Heinrichs, M., von Dawans, B., & Domes, G. (2003). Oxytocin, stress, and social behavior: Neurogenetics of the human oxytocin system. Frontiers in Neuroendocrinology, 30(4), 548-557.
- Heisenberg, W. (1958). Physics and philosophy: The revolution in modern science. Harper & Row.
- Hermans, E. J., Henckens, M. J., Joëls, M., & Fernández, G. (2014). Dynamic adaptation of large-scale brain networks in response to acute stressors. Trends in Neurosciences, 37(6), 304-314.
- Hertz, L., & Rothman, D. L. (2017). Glutamate–glutamine cycling: How important is it for normal brain function? Frontiers in Neuroscience, 11, 186.
- Heyes, C. (2012). Simple minds: A qualified defense of associative learning. Philosophical Transactions of the Royal Society B: Biological Sciences, 367(1603), 2695-2703.

- Hill, M. N., McLaughlin, R. J., Morrish, A. C., Viau, V., Floresco, S. B., & Gorzalka, B. B. (2010). Endogenous cannabinoid signaling is essential for stress adaptation. Proceedings of the National Academy of Sciences, 107(20), 9406-9411.
- Hirshkowitz, M., Whiton, K., Albert, S. M., Alessi, C., Bruni, O., DonCarlos, L., & Croft, J. B. (2015). National Sleep Foundation's sleep time duration recommendations: Methodology and results summary. Sleep Health, 1(1), 40-43.
- Hodgkin, A. L., & Huxley, A. F. (1952). A quantitative description of membrane current and its application to conduction and excitation in nerve. The Journal of Physiology, 117(4), 500-544.
- Holick, M. F. (2011). Vitamin D: Evolutionary, physiological and health perspectives. Current Drug Targets, 12(1), 4-18.
- Holt-Lunstad, J., Smith, T. B., & Layton, J. B. (2010). Social relationships and mortality risk: A meta-analytic review.
- Hölzel, B. K., et al. (2011). Mindfulness practice leads to increases in regional brain gray matter density. Psychiatry Research: Neuroimaging, 191(1), 36-43.
- Hurlemann, R., & Scheele, D. (2016). Dissecting the role of oxytocin in the formation and loss of social relationships. Biological Psychiatry, 79(3), 185-193.
- Hussenoeder, F., et al. (2019). Berufliche Belastung und Gesundheitszustand von Ärzten in Deutschland. Sächsische Landesärztekammer (SLaek).
- Huta, V., & Waterman, A. S. (2014). Eudaimonia and its distinction from hedonia: Developing a classification and terminology for understanding conceptual and operational definitions. Journal of Happiness Studies, 15(6), 1425-1456.
- Inzlicht, M., Shenhav, A., & Olivola, C. Y. (2022). The effort paradox: Effort is both costly and valued. Trends in Cognitive Sciences, 26(4), 320-332.

- Jack, C. R., Wiste, H. J., Weigand, S. D., Therneau, T. M., Lowe, V. J., & Knopman, D. S. (2021). Longitudinal neuroimaging studies of aging and Alzheimer's disease. Brain, 144(10), 3016-3030.
- Jack, C. R., Wiste, H. J., Weigand, S. D., Therneau, T. M., Lowe, V. J., & Knopman, D. S. (2023). The impact of chronic stress on cortical gray matter loss: A longitudinal study. Neuroscience & Biobehavioral Reviews, 145, 104878.
- Jacka, F. N., O'Neil, A., Opie, R., Itsiopoulos, C., Cotton, S., Mohebbi, M., ... & Berk, M. (2023). A randomized controlled trial of dietary improvement for adults with major depression. BMC Medicine, 21(1), 23-41.
- Joëls, M., & Barense, M. (2021). The neurobiology of stress: From adaptation to disease. Nature Reviews Neuroscience, 22(6), 377-391.
- Kahneman, D. (2011). Thinking, fast and slow. Farrar, Straus and Giroux.
- Kalueff, A. V., & Nutt, D. J. (2007). Role of GABA in anxiety and depression. Depression and Anxiety, 24(7), 495-517.
- Kandel, E. R. (2006). In Search of Memory: The Emergence of a New Science of Mind. W. W. Norton & Company.
- Kano, M., Ohno-Shosaku, T., Hashimotodani, Y., Uchigashima, M., & Watanabe, M. (2009). Endocannabinoid-mediated control of synaptic transmission. Physiological Reviews, 89(1), 309-380.
- Kempermann, G., Kuhn, H. G., & Gage, F. H. (2004). More hippocampal neurons in adult mice living in an enriched environment. Nature, 386(6624), 493-495.
- Kim, J. J., & Diamond, D. M. (2002). The stressed hippocampus, synaptic plasticity and lost memories. Nature Reviews Neuroscience, 3(6), 453-462.

- Kim, J. J., & Diamond, D. M. (2015). The stressed hippocampus, synaptic plasticity, and lost memories. Nature Reviews Neuroscience, 16(3), 173-182.
- King, L. A., Heintzelman, S. J., & Ward, S. J. (2023). The neuroscience of meaning in life: A eudaimonic perspective. Nature Human Behaviour, 7(1),
- Kjaer, T. W., Bertelsen, C., Piccini, P., Brooks, D., Alving, J., & Lou, H. C. (2002). Increased dopamine tone during meditation-induced change of consciousness. Cognitive Brain Research, 13(2), 255-259.
- Koepp, M. J., Gunn, R. N., Lawrence, A. D., Grasby, P. M., Bench, C. J., & Brooks, D. J. (1998). Evidence for striatal dopamine release during a video game. Nature, 393(6682), 266-268.
- Konrath, S., O'Brien, E., & Hsing, C. (2011). Changes in dispositional empathy in American college students over time. Personality and Social Psychology Review, 15(2), 180-198.
- Koob, G. F., & Volkow, N. D. (2016). Neurobiology of addiction: A neurocircuitry analysis. The Lancet Psychiatry, 3(8), 760-773.
- Kooij, G., Koprich, J. B., Benoit, L., Schell, D., & Bowen, C. V. (2021). Neuroinflammation and microglial activation in depression: Evidence from preclinical and clinical studies. Brain, Behavior, and Immunity, 91(5), 45-58.
- Kosfeld, M., Heinrichs, M., Zak, P. J., Fischbacher, U., & Fehr, E. (2005). Oxytocin increases trust in humans. Nature, 435(7042), 673-676.
- Krawczyk, M., & D'Esposito, M. (2013). Modulation of working memory function by motivation through dopamine signaling. Cognition, 128(3), 330-336.
- Kroenke, K. (2003). Patients presenting with somatic complaints: Epidemiology, psychiatric co-morbidity and man-

agement. International Journal of Methods in Psychiatric Research, 12(1), 34-43.

- Kühn, S., & Gallinat, J. (2014). Brain structure and functional connectivity associated with pornography consumption. JAMA Psychiatry, 71(7), 827-834.
- Lally, P., van Jaarsveld, C. H., Potts, H. W., & Wardle, J. (2010). How are habits formed: Modelling habit formation in the real world. European Journal of Social Psychology, 40(6), 998-1009.
- Lambert, G. W., Reid, C., Kaye, D. M., Jennings, G. L., & Esler, M. D. (2002). Effect of sunlight and season on serotonin turnover in the brain. The Lancet, 360(9348), 1840-1842.
- Lambert, G. W., Reid, C., Kaye, D. M., Jennings, G. L., & Esler, M. D. (2002). Effect of sunlight and season on serotonin turnover in the brain. The Lancet, 360(9348), 1840-1842.
- LeDoux, J. (1996). The emotional brain: The mysterious underpinnings of emotional life. Simon & Schuster.
- LeDoux, J. E. (2012). Rethinking the emotional brain. Neuron, 73(4), 653-676.
- Leknes, S., & Tracey, I. (2008). A common neurobiology for pain and pleasure. Nature Reviews Neuroscience, 9(6), 314-320.
- Lindahl, T. (2000). Suppression of spontaneous mutagenesis in human cells by DNA base excision-repair. Mutation Research, 462(2-3), 129-135.
- Liston, C., McEwen, B. S., & Casey, B. J. (2009). Psychosocial stress reversibly disrupts prefrontal processing and attentional control. Proceedings of the National Academy of Sciences, 106(3), 912-917.
- Liu, X., Ramirez, S., & Tonegawa, S. (2017). Inception of a false memory by optogenetic manipulation of hippocampal memory engram cells. Nature, 484(7394), 381-385.

- Liu, Y., Wang, X., Li, L., Fang, Q., & Chen, L. (2020). Chronic neuroinflammation and cognitive dysfunction: A meta-analysis. Neuroscience & Biobehavioral Reviews, 118, 195-209.
- Liu, Y., Zhou, J., Wang, W., & Ma, J. (2023). The impact of chronic inflammation on cognitive decline: A longitudinal study. Nature Neuroscience, 26(4), 528-542.
- Love, T. M., Ross, B. A., Fisher, P. M., & Hariri, A. R. (2012). Oxytocin modulates dopamine-dependent motivation in humans. Psychopharmacology, 224(4), 625-633.
- Love, T. M., Ross, B. A., Fisher, P. M., & Hariri, A. R. (2012). Oxytocin modulates dopamine-dependent motivation in humans. Psychopharmacology, 224(4), 625-633.
- Lu, B., Nagappan, G., & Lu, Y. (2014). BDNF and synaptic plasticity, cognitive function, and dysfunction. Handbook of Experimental Pharmacology, 220, 223-250.
- Lu, H. C., & Mackie, K. (2016). An introduction to the endogenous cannabinoid system. Biological Psychiatry, 79(7), 516-525.
- Lupien, S. J., McEwen, B. S., Gunnar, M. R., & Heim, C. (2009). Effects of stress throughout the lifespan on the brain, behavior, and cognition. Nature Reviews Neuroscience, 10(6), 434-445.
- Lupyan, G., & Clark, A. (2022). Predictive perception and language: How our expectations shape what we see. Trends in Cognitive Sciences, 26(9), 785-798.
- LYUBOMIRSKY, S., SHELDON, K. M., & SCHKADE, D. (2005). Pursuing happiness: The architecture of sustainable change. Review of General Psychology, 9(2), 111–131.
- Macht, M., Simons, G., & Vandekerckhove, M. (2022). Hunger and mood: Does the physiological state affect mood and emotions? Appetite, 178, 106127.

- Maguire, E. A., Gadian, D. G., Johnsrude, I. S., Good, C. D., Ashburner, J., Frackowiak, R. S., & Frith, C. D. (2000). Navigation-related structural change in the hippocampi of taxi drivers. PNAS, 97(8), 4398-4403.
- Maguire, E. A., Woollett, K., & Spiers, H. J. (2006). London taxi drivers and the hippocampus: A structural MRI analysis. Hippocampus, 16(12), 1091-1101.
- Marin, M. F., Camprodon, J. A., & Ressler, K. J. (2023). The interaction between prefrontal cortex, amygdala, and hippocampus in emotion regulation: Insights from neuroimaging studies. Nature Neuroscience, 26(4), 512-527.
- Marsh, A. A., Yu, H. H., Pine, D. S., & Blair, R. J. (2020). Oxytocin and social cognition. Nature Reviews Neuroscience, 21(1), 1-13.
- Mathews, A., & MacLeod, C. (2005). Cognitive vulnerability to emotional disorders. Annual Review of Clinical Psychology, 1(1), 167-195.
- Mattson, M. P., Allison, D. B., Fontana, L., Harvie, M., Longo, V. D., Malaisse, W. J., ... & Panda, S. (2018). Meal frequency and timing in health and disease. Proceedings of the National Academy of Sciences, 115(9), E1504-E1512.
- Mayer, E. A., Gupta, A., Kilpatrick, L. A., & Naliboff, B. D. (2015). Imaging brain mechanisms in chronic visceral pain. Pain, 156(S1), S50-S63.
- McCraty, R., Atkinson, M., & Bradley, R. T. (2009). Electrophysiological evidence of intuition: Part 1. The surprising role of the heart. Journal of Alternative and Complementary Medicine, 15(4), 373-379.
- McEwen, B. S. (1998). Protective and damaging effects of stress mediators: Allostasis and allostatic load. New England Journal of Medicine, 338(3), 171-179.

- McEwen, B. S. (2000). The neurobiology of stress: From adaptation to disease. Nature Medicine, 6(5), 507-516. https://doi.org/10.1038/74976
- McEwen, B. S. (2007). The end of stress as we know it. Joseph Henry Press.
- McEwen, B. S. (2012). Brain on stress: How the social environment gets under the skin. Proceedings of the National Academy of Sciences, 109(2), 17180-17185.
- McEwen, B. S. (2017). Neurobiological and systemic effects of chronic stress. Neuron, 95(2), 279-293.
- McEwen, B. S., & Morrison, J. H. (2013). The brain on stress: Vulnerability and plasticity of the prefrontal cortex over the life course. Neuron, 79(1), 16-29.
- McEwen, B. S., & Stellar, E. (1993). Stress and the individual: Mechanisms leading to disease. Archives of Internal Medicine, 153(18), 2093-2101.
- McGonigal, K. (2015). The upside of stress: Why stress is good for you, and how to get good at it. Avery.
- Menon, V., & Uddin, L. Q. (2010). Saliency, switching, attention, and control: A network model of insula function. Brain Structure and Function, 214(5-6), 655-667.
- Merzenich, M. M. (2013). Soft-wired: How the new science of brain plasticity can change your life. Parnassus Publishing.
- Miller, E. K., & Cohen, J. D. (2001). An integrative theory of prefrontal cortex function. Annual Review of Neuroscience, 24(1), 167-202.
- Montag, C., & Walla, P. (2016). Carpe diem instead of losing your social mind: Beyond digital addiction and why we all suffer from digital stress. Cognitive Computation, 8(3), 195-200.
- Montgomery, K., Hall, P. A., & Goldstein, A. L. (2021). Sugar consumption and dopamine: A systematic review. Neuroscience & Biobehavioral Reviews, 130, 121-138.

- Moscovitch, M., Nadel, L., Winocur, G., Gilboa, A., & Rosenbaum, R. S. (2005). The cognitive neuroscience of remote episodic, semantic and spatial memory. Current Opinion in Neurobiology, 15(2), 179-190.
- Murphy, K., & Weaver, C. (2016). Janeway's immunobiology (9th ed.). Garland Science.
- Needham, B. D., Tang, W., Wu, W. L., & Kasahara, K. (2020). Gut microbiome and brain function: From autism to depression. Frontiers in Neuroscience, 14, 25. https://doi.org/10.3389/fnins.2020.00025
- Niciu, M. J., Kelmendi, B., Sanacora, G., & Pittenger, C. (2023). Glutamatergic transmission and cognition: The role of synaptic plasticity in mental health. Neuroscience & Biobehavioral Reviews, 152, 104763.
- Notaras, M., van den Buuse, M., & Hill, R. A. (2019). The BDNF gene Val66Met polymorphism as a modifier of psychiatric disorder susceptibility: Progress and controversy. Molecular Psychiatry, 24(1), 36-48.
- Nummenmaa, L., Tuominen, L., Dunbar, R. I., Hirvonen, J., Parkkola, R., & Hietanen, J. K. (2016). Social touch modulates endogenous μ-opioid system activity in humans. NeuroImage, 138, 242-247.
- Panksepp, J. (2012). The archaeology of mind: Neuroevolutionary origins of human emotions. W. W. Norton & Company.
- Patel, S., & Hillard, C. J. (2008). Cannabinoid CB1 receptor agonists produce both anxiolytic and anxiogenic effects. Psychopharmacology, 198(4), 487-502.
- Patrick, R. P., & Ames, B. N. (2014). Vitamin D hormone regulates serotonin synthesis. The FASEB Journal, 28(6), 2398-2413.
- Peters, A., McEwen, B. S., & Friston, K. (2004). Uncertainty and stress: Why it causes diseases and how it is mastered by the brain. Progress in Neurobiology, 79(1), 70-138.

- Phelps, E. A., & LeDoux, J. E. (2005). Contributions of the amygdala to emotion processing: From animal models to human behavior. Neuron, 48(2), 175-187.
- Phillips, C., Baktir, M. A., Srivatsan, M., & Salehi, A. (2022). Neuroprotective effects of physical activity on the brain: A review of current literature. Nature Reviews Neuroscience, 23(5), 330-347. ? Poo, M. M. (2001). Neurotrophins as synaptic modulators. Nature Reviews Neuroscience, 2(1), 24-32.
- Pizzagalli, D. A., Whitton, A. E., & Webb, C. A. (2019). Reward processing in depression: A conceptual and empirical review of challenges and opportunities. Biological Psychiatry, 85(9), 792-803.
- Plitman, E., Patel, R., Chung, J. K., Pipitone, J., Chavez, S., & Dean, B. (2014). Glutamatergic abnormalities in schizophrenia: A systematic review and meta-analysis of proton magnetic resonance spectroscopy studies. Biological Psychiatry, 79(7), 552–561.
- Poo, M. M. (2001). Neurotrophins as synaptic modulators. Nature Reviews Neuroscience, 2(1), 24-32.
- Popp, F.-A. (2003). Biophotons and their regulatory role in cells. Naturwissenschaften, 88(12), 491–523.
- Porges, S. W. (2009). The polyvagal theory: New insights into adaptive reactions of the autonomic nervous system. Cleveland Clinic Journal of Medicine, 76(2), S86-S90.
- Prinz, M., Jung, S., & Priller, J. (2019). Microglia biology: One century of evolving concepts. Cell, 179(2), 292-311.
- Prochaska, J. O., & DiClemente, C. C. (1983). Stages and processes of self-change of smoking: Toward an integrative model of change. Journal of Consulting and Clinical Psychology, 51(3), 390-395.
- Raichle, M. E., MacLeod, A. M., Snyder, A. Z., Powers, W. J., Gusnard, D. A., & Shulman, G. L. (2001). A default mode of brain function. Proceedings of the National Academy of Scien-

ces, 98(2), 676-682.

- Ratey, J. J., & Loehr, J. E. (2011). The positive impact of physical activity on cognition during adulthood: Implications for executive function and neuroplasticity. Neuroscience & Biobehavioral Reviews, 36(9), 1452-1464.
- Rauch, S. L., Shin, L. M., & Phelps, E. A. (2006). Neurocircuitry models of posttraumatic stress disorder and extinction: Human neuroimaging research—past, present, and future. Biological Psychiatry, 60(4), 376-382.
- Reuter, S., Gupta, S. C., Chaturvedi, M. M., & Aggarwal, B. B. (2010). Oxidative stress, inflammation, and cancer: How are they linked? Free Radical Biology and Medicine, 49(11), 1603-1616.
- Robinson, O. J., Overstreet, C., Charney, D. R., Vytal, K., & Grillon, C. (2021). Decision making under anxiety: A review of neurocognitive correlates. Neuroscience & Biobehavioral Reviews, 125, 281-2
- Rogers, R. D., & Monsell, S. (1995). Costs of a predictable switch between simple cognitive tasks. Journal of Experimental Psychology: General, 124(2), 207-231.
- Rolls, E. T. (2019). The orbitofrontal cortex and emotion in decision-making. Emotion Review, 11(3), 204-215. • Romagnani, S. (2000). The role of lymphocytes in allergic disease. Journal of Allergy and Clinical Immunology, 105(3), 399-408.
- Rosen, L. D., Carrier, L. M., & Cheever, N. A. (2013). Facebook and texting made me do it: Media-induced task-switching while studying. Computers in Human Behavior, 29(3), 948-958.
- Roth, G., Fischer, K., Maier, H., & Meinhardt, J. (2023). The impact of neuroplasticity on learning and cognitive flexibility. Journal of Cognitive Neuroscience, 35(2), 120-138.

- Ryan, R. M., & Deci, E. L. (2017). Self-determination theory: Basic psychological needs in motivation, development, and wellness. Guilford Press.
- Sakaguchi, S., Yamaguchi, T., Nomura, T., & Ono, M. (2008). Regulatory T cells and immune tolerance. Cell, 133(5), 775-787.
- Salamone, J. D., & Correa, M. (2012). The mysterious motivational functions of mesolimbic dopamine. Neuron, 76(3), 470-485.
- Salimpoor, V. N., Benovoy, M., Larcher, K., Dagher, A., & Zatorre, R. J. (2011). Anatomically distinct dopamine release during anticipation and experience of peak emotion to music. Nature Neuroscience, 14(2), 257-262.
- Sanfey, A. G., & Chang, L. J. (2008). Multiple systems in decision making. Annals of the New York Academy of Sciences, 1128(1), 53–62.
- Sanfey, A. G., & Chang, L. J. (2008). The neural basis of decision making in economic games. Philosophical Transactions of the Royal Society B: Biological Sciences, 363(1511), 3825-3831.
- Santello, L., Toni, N., & Volterra, A. (2019). Astrocyte function from information processing to cognition and cognitive impairment. Nature Neuroscience, 22(2), 154-166.
- Sapolsky, R. M. (2000). Glucocorticoids and hippocampal atrophy in neuropsychiatric disorders. Archives of General Psychiatry, 57(10), 925-935.
- Sapolsky, R. M. (2004). Why zebras don't get ulcers: The acclaimed guide to stress, stress-related diseases, and coping. Holt Paperbacks.
- Sapolsky, R. M. (2015). Stress and the brain: Individual variability and the inverted-U. Nature Neuroscience, 18(10), 1344-1346.

- Sapolsky, R. M., Romero, L. M., & Munck, A. U. (2000). How do glucocorticoids influence stress responses? Integrating permissive, suppressive, stimulatory, and preparative actions. Endocrine Reviews, 21(1), 55-89.
- Schacter, D. L., Addis, D. R., & Buckner, R. L. (2012). Remembering the past to imagine the future: The prospective brain. Nature Reviews Neuroscience, 8(9), 657-661.
- Scheele, D., Wille, A., Kendrick, K. M., & Hurlemann, R. (2020). Oxytocin enhances social attention and partner preference in humans. Hormones and Behavior, 124, 104761.
- Schmidt, R. A., & Wrisberg, C. A. (2008). Motor learning and performance: A situation-based learning approach. Human Kinetics.
- Schultz, W. (2016). Dopamine reward prediction error coding. Dialogues in Clinical Neuroscience, 18(1), 23-32.
- Schwarzer, R. (2008). Modelling health behavior change: How to predict and modify the adoption and maintenance of health behaviors. Applied Psychology: An International Review, 57(1), 1-29.
- Seligman, M. E. P. (2011). Flourish: A visionary new understanding of happiness and well-being. Free Press.
- Shohamy, D., & Turk-Browne, N. B. (2013). Mechanisms for widespread hippocampal involvement in cognition. Journal of Experimental Psychology: General, 142(4), 1159-1170.
- Shokri-Kojori, E., Wang, G. J., Wiers, C. E., Demiral, S. B., Guo, M., Kim, S. W., & Volkow, N. D. (2023). Beta-amyloid accumulation and the relationship between sleep and Alzheimer's disease pathology. Nature Communications, 14(1), 2487.
- Siegel, D. J. (2010). The mindful brain: Reflection and attunement in the cultivation of well-being. W. W. Norton & Company.
- Sies, H., Berndt, C., & Jones, D. P. (2017). Oxidative stress. Annual Review of Biochemistry, 86, 715-748.

- Silverman, M. N., Pearce, B. D., Biron, C. A., & Miller, A. H. (2005). Immune modulation of the hypothalamic-pituitary-adrenal (HPA) axis during viral infection. Viral Immunology, 18(1), 41-78.
- Singer, W. (2009). The Brain's Search for Coherence. MIT Press.
- Sinha, R., Lacadie, C., Constable, R. T., & Seo, D. (2023). Chronic stress, inflammation, and brain-immune pathways: A psychoneuroimmunological model. Nature Neuroscience, 26(3), 327-344.
- Slavich, G. M., & Cole, S. W. (2013). The emerging field of human social genomics. Clinical Psychological Science, 1(3), 331-348.
- Slavich, G. M., & Cole, S. W. (2023). Psychological resilience and inflammation: A social signal transduction perspective. Annual Review of Clinical Psychology, 19(1), 301-326.
- Slavich, G. M., & Irwin, M. R. (2014). From stress to inflammation and major depressive disorder: A social signal transduction theory of depression. Psychological Bulletin, 140(3), 774-815
- Slavich, G. M., & Irwin, M. R. (2023). From stress to inflammation and depression: The social signal transduction theory of depression. Annual Review of Clinical Psychology, 19, 87-117.
- Slavich, G. M., Way, B. M., Eisenberger, N. I., & Taylor, S. E. (2023). Long-term emotional distress and neuroplasticity: The impact of chronic negative affect on brain structure and function. Nature Neuroscience, 26(5), 720-734.
- Small, G. W., Moody, T. D., Siddarth, P., & Bookheimer, S. Y. (2009). Your brain on Google: Patterns of neural activity during Internet searching. American Journal of Geriatric Psychiatry, 17(2), 116-126.

- Spitzer, M. (2012). Digitale Demenz: Wie wir uns und unsere Kinder um den Verstand bringen. Droemer Knaur.
- Spitzer, M., et al. (2020). Neurobiologie der Werte: Wie der orbitofrontale Kortex unser Denken und Handeln formt. Journal of Cognitive Neuroscience, 32(3), 467-482.
- Springer Medizin. (2024). Burnout und Arbeitsbelastung bei Notärzten in Kanada – Studie Januar 2024. Springer Medizin.
- Sprouse-Blum, A. S., Smith, G., Sugai, D., & Donlon, R. (2010). Understanding endorphins and their importance in pain management. Hawaii Medical Journal, 69(3), 70-71.
- Sridharan, D., Levitin, D. J., & Menon, V. (2008). A critical role for the right fronto-insular cortex in switching between central-executive and default-mode networks. Proceedings of the National Academy of Sciences, 105(34), 12569-12574.
- Steger, M. F., Kashdan, T. B., & Oishi, S. (2008). Being good by doing good: Daily eudaimonic activity and well-being. Journal of Research in Personality, 42(1), 22-42.
- Steptoe, A., & Kivimäki, M. (2012). Stress and cardiovascular disease: An update on current knowledge. Annual Review of Public Health, 33, 337-354.
- Sterling, P., & Eyer, J. (1988). Allostasis: A new paradigm to explain arousal pathology. In J. S. Fisher & E. D. Kaplan (Eds.), Handbook of life stress, cognition and health (pp. 629-649). John Wiley & Sons.
- Stillman, C. M., et al. (2016). Cardiorespiratory fitness and brain health. Trends in Cognitive Sciences, 20(9), 567-576. https://doi.org/10.1016/j.tics.2016.07.010
- Szuhany, K. L., Bugatti, M., & Otto, M. W. (2015). A meta-analytic review of the effects of exercise on BDNF levels in humans. Journal of Psychiatric Research, 60, 56-64.
- Takahashi, A., Chung, J. R., Zhang, S., Zhang, C., & Lin, D. (2017). Neural mechanisms underlying aggressive behavior

and stress susceptibility. Nature Neuroscience, 20(12), 1671-1679.

• Tang, Y. Y., Hölzel, B. K., & Posner, M. I. (2015). The neuroscience of mindfulness meditation. Nature Reviews Neuroscience, 16(4), 213-225? Uvnäs-Moberg, K., Petersson, M., & Nilsson, A. (2015). Oxytocin, social interaction, and the immune system. Psychoneuroendocrinology, 62, 157-165.

• Tang, Y. Y., Lu, Q., Fan, M., Yang, Y., & Posner, M. I. (2023). Mindfulness meditation training increases prefrontal-limbic connectivity and improves emotional self-regulation. Nature Neuroscience, 26(3), 417-432.

• Taren, A. A., Gianaros, P. J., Greco, C. M., Lindsay, E. K., Fairgrieve, A., Marsland, A. L., & Creswell, J. D. (2017). Mindfulness meditation training alters stress-related amygdala resting state connectivity. Social Cognitive and Affective Neuroscience, 12(6), 765-773.

• Tashjian, S. M., Goldenberg, D., & Galván, A. (2023). Neural mechanisms of stress resilience: The role of the amygdala-prefrontal cortex circuit. Nature Neuroscience, 26(2), 215-232.

• Taylor, S. E., Pham, L. B., Rivkin, I. D., & Armor, D. A. (2021). Harnessing the imagination: Mental simulation, self-regulation, and coping. Psychological Bulletin, 127(4), 439-461.

• Tedeschi, R. G., & Calhoun, L. G. (2004). Posttraumatic growth. Psychological Inquiry, 15(1), 1-18.

• Tost, H., Champagne, F. A., & Meyer-Lindenberg, A. (2010). Environmental influence on amygdala function: Stress, social interaction and epigenetics. Neuroscience, 167(3), 847-854.

• Treadway, M. T. , Buckholtz, J. W., Zald, D. H., & Pizzagalli, D. A. (2023). Neurobiological mechanisms linking stress and anhedonia: A new perspective. Neuroscience & Biobehavioral Reviews, 120, 158-171.

- Uchino, B. N., Trettevik, R., Kent de Grey, R. G., Cronan, S., Hogan, J., & Baucom, B. R. W. (2018). Social relationships and inflammation: A meta-analysis of studies on C-reactive protein. Personality and Social Psychology Review, 22(3), 258-273.
- Uddin, L. Q. (2015). Salience network of the human brain. Academic Press.
- Uvnäs-Moberg, K., Petersson, M., & Nilsson, A. (2015). Oxytocin, social interaction, and the immune system. Psychoneuroendocrinology, 62, 157-165. Alberts, B., Johnson, A., Lewis, J., Raff, M., Roberts, K., & Walter, P. (2014). Molecular biology of the cell (6th ed.). Garland Science.
- VAILLANT, G. E. (2012). Triumphs of experience: The men of the Harvard Grant Study. Cambridge, MA: Belknap Press of Harvard University Press. VAILLANT, G. E. (2012). Triumphs of experience: The men of the Harvard Grant Study. Cambridge, MA: Belknap Press of Harvard University Press.
- Valenzuela, M. J., & Sachdev, P. (2006). Brain reserve and dementia: A systematic review. Psychological Medicine, 36(4), 441-454.
- Valles-Colomcr, M., Falony, G., Darzi, Y., & Raes, J. (2023). The neuroactive potential of the human gut microbiota. Nature Microbiology, 8(1), 45-58. https://doi.org/10.1038/s41564-022-01207-6
- Van Cauter, E., Copinschi, G., & Krueger, P. M. (2000). Slow-wave sleep and the secretion of growth hormone. Journal of Clinical Endocrinology & Metabolism, 85(6), 2284-2291.
- Van Cauter, E., Spiegel, K., Tasali, E., & Leproult, R. (2008). Metabolic consequences of sleep and sleep loss. Sleep Medicine, 9(1), S23-S28.
- van den Heuvel, M. P., Sporns, O., Collin, G., Scheewe, T., Mandl, R. C. W., Cahn, W., … & Kahn, R. S. (2023). The role of brain network topology in complex cognitive functions. Nature Communications, 14(1), 2243.

- van Praag, H., Kempermann, G., & Gage, F. H. (1999). Running increases cell proliferation and neurogenesis in the adult mouse dentate gyrus. Nature Neuroscience, 2(3), 266-270.
- Verkman, A. S. (2011). Aquaporins at a glance. Journal of Cell Science, 124(13), 2107-2112.
- Volkow, N. D., Wang, G. J., Tomasi, D., & Baler, R. D. (2011). Obesity and addiction: Neurobiological overlaps. Obesity Reviews, 12(6), 501-515.
- Voss, M. W., Nagamatsu, L. S., Liu-Ambrose, T., & Kramer, A. F. (2011). Exercise, brain, and cognition across the lifespan. Journal of Applied Physiology, 111(5), 1505-1513.
- Wacker, M., & Holick, M. F. (2013). Vitamin D – Effects on Skeletal and Extraskeletal Health and the Need for Supplementation. Nutrients, 5(1), 111–148
- Walker, M. P. (2017). The role of sleep in cognition and emotion. Annals of the New York Academy of Sciences, 1406(1), 26-52.
- Walker, M. P. (2017). Why We Sleep: Unlocking the Power of Sleep and Dreams. Scribner.
- Walker, M. P. (2017). Why we sleep: Unlocking the power of sleep and dreams. Scribner.
- Walker, M. P., & Stickgold, R. (2010). Overnight alchemy: Sleep-dependent memory evolution. Nature Reviews Neuroscience, 11(3), 218-230.
- Walker, M. P., & van der Helm, E. (2023). Overnight therapy? The role of sleep in emotional brain processing. Psychological Bulletin, 149(2), 167-195.
- Wang, H., Chen, W., Li, D., Yin, Y., & Wang, D. (2017). Vitamin D3 and its role in serotonin synthesis. Journal of Nutritional Biochemistry, 46, 134-139.
- Warnke, U. (2009). Quantenphilosophie und Interwelt: Die neue Wirklichkeit der Quantenphysik. Scorpio Verlag.

- Warnke, U. (2019). Das geheime Netzwerk der Natur – Wie Bäume Wolken machen und Regenwürmer Wildschweine steuern. Ludwig Verlag.
- Wei, D., Lee, D., Li, L., & Wang, X. (2017). Oxytocin and endocannabinoids act in synergy to enhance social reward. Nature Communications, 8, 15862.
- Willems, R. M., Jacobs, H. I. L., & Borst, J. P. (2021). The neural effects of chocolate consumption on mood and cognition. Nutrients, 13(3), 743.
- Willis, J., & Todorov, A. (2006). First impressions: Making up your mind after a 100-ms exposure to a face. Psychological Science, 17(7), 592-598.
- Wohleb, E. S., Franklin, T., Iwata, M., & Duman, R. S. (2018). Stress-induced microglial activation and monocyte trafficking to the brain: A mechanism of stress-induced vulnerability to depression and cognitive dysfunction. Neuron, 99(2), 222-239.
- Woolley, K., & Fishbach, A. (2018). For the fun of it: How enjoyment-based motivation strengthens habit formation. Journal of Personality and Social Psychology, 114(6), 911-931.
- World Health Organization (WHO). (2022). Global prevalence of anxiety and depression: A longitudinal study. WHO Report on Mental Health Trends.
- Xia, C., Stolle, D., Zhuang, Q., Ma, J., & Wang, Z. (2023). Orbitofrontal cortex activity predicts emotional regulation under stress. Nature Neuroscience, 26(5), 712-728.
- Xie, L., et al. (2013). Sleep drives metabolite clearance from the adult brain. Science, 342(6156), 373-377.
- Xie, L., Kang, H., Xu, Q., Chen, M. J., Liao, Y., Thiyagarajan, M., ... & Nedergaard, M. (2013). Sleep drives metabolite clearance from the adult brain. Science, 342(6156), 373-377.
- Yano, J. M., Yu, K., Donaldson, G. P., Shastri, G. G., Ann, P., Ma, L., ... & Hsiao, E. Y. (2015). Indigenous bacteria from

the gut microbiota regulate host serotonin biosynthesis. Cell, 161(2), 264-276.

- Young, S. N. (2007). How to increase serotonin in the human brain without drugs. Journal of Psychiatry & Neuroscience, 32(6), 394-399.
- Yue, G. H. (2004). Strength increases from the motor program: Comparison of training with maximal voluntary and imagined muscle contractions. Journal of Neurophysiology, 90(2), 1128–1137.
- Zamberletti, E., Gabaglio, M., & Parolaro, D. (2020). The endocannabinoid system and stress resilience. Neurobiology of Stress, 13, 100271.
- Zatorre, R. J., Fields, R. D., & Johansen-Berg, H. (2012). Plasticity in gray and white: Neuroimaging changes in brain structure during learning. Nature Neuroscience, 15(4), 528-536.
- Zatorre, R. J., Fields, R. D., & Johansen-Berg, H. (2023). Plasticity in gray and white: Neuroimaging changes in brain structure during learning. Nature Neuroscience, 26(5), 712-728.
- Zeidan, F., Johnson, S. K., Diamond, B. J., David, Z., & Goolkasian, P. (2010). Mindfulness meditation improves cognition: Evidence of brief mental training. Consciousness and Cognition, 19(2), 597-605.
- Zhao, W., Daviglus, M. L., & Stamler, J. (2023). The impact of lifestyle behaviors on longevity: Evidence from a 40-year cohort study. Journal of the American Medical Association, 329(12), 548-561.
- Zhou, Y., & Danbolt, N. C. (2014). Glutamate as a neurotransmitter in the healthy brain. Journal of Neural Transmission, 121(8), 799–817.
- Zschucke, E., Renneberg, B., Dimeo, F., Wüstenberg, T., & Ströhle, A. (2015). The stress-buffering effect of acute exercise: Evidence for HPA axis negative feedback. Psychoneuroendocrinology, 51, 414-425

ABBILDUNGSVERZEICHNIS